S. I. PEKAR

UNTERSUCHUNGEN ÜBER DIE ELEKTRONENTHEORIE DER KRISTALLE

S. I. PEKAR

UNTERSUCHUNGEN ÜBER DIE ELEKTRONENTHEORIE DER KRISTALLE

1954

AKADEMIE-VERLAG · BERLIN

С. И. ПЕКАР
ИССЛЕДОВАНИЯ ПО ЭЛЕКТРОННОЙ ТЕОРИИ КРИСТАЛЛОВ
Erschienen im Staatsverlag für technisch-theoretische Literatur der UdSSR
Moskau-Leningrad 1951

Übersetzt aus dem Russischen von Helmut Vogel
Wissenschaftliche Redaktion: Dr. K. W. Böer, Assistent und Lehrbeauftragter
am II. Physikalischen Institut der Humboldt-Universität Berlin

Die Herausgabe dieses Werkes wurde gefördert vom Kulturfonds
der Deutschen Demokratischen Republik

Erschienen im Akademie-Verlag GmbH, Berlin W 8, Mohrenstraße 39
Lizenz-Nr. 202 · 100/40/53

Satz, Druck, Einband: VEB Leipziger Druckhaus, Leipzig (III/18/203)
Bestell- und Verlagsnummer: 5117
Printed in Germany

In dieser Monographie wird eine neue theoretische Betrachtungsweise für die Leitfähigkeitselektronen und die lokalisierten Elektronen in Dielektrika und Halbleitern mit Ionengittern beschrieben.
Die Monographie wendet sich an Leser, welche die Grundlagen der Quantenmechanik beherrschen und mit der Elektronentheorie der Kristalle vertraut sind.

Vorwort des Verfassers

Die vorliegende Monographie bildet die systematische Darlegung der Arbeiten des Verfassers über die sogenannte Polaronentheorie sowie die Theorie der lokalisierten Elektronenzustände in Halbleitern und Dielektrika. Die Mehrzahl der Arbeiten wurde im Institut für Physik der Akademie der Wissenschaften der UdSSR in den Jahren 1944 bis 1950 ausgeführt und nach Maßgabe ihrer Vollendung in Form kurzer Artikel veröffentlicht. Einige der Arbeiten jedoch werden hier zum ersten Male abgedruckt. In die Monographie sind auch einige Ergebnisse der Arbeiten von Mitarbeitern und Aspiranten des Verfassers aufgenommen worden.

Hier wird nun der große Komplex der elektrischen, photoelektrischen und optischen Eigenschaften, die in der gewöhnlichen „Bändertheorie" der elektrischen Leitung keine befriedigende Deutung finden, von einem einheitlichen Standpunkt aus erklärt. Es wird ein neuer mathematischer Apparat entwickelt, der in günstigen Fällen (wenn die Parameter des Kristalls gewissen Ungleichungen genügen) quantitative Ergebnisse in zahlenmäßiger Übereinstimmung mit dem Experiment liefert. So wird z. B. die thermische Dissoziationsenergie der Ladungsträger, die Form des optischen Absorptionsspektrums, seine Temperaturabhängigkeit usw. berechnet. In den ungünstigen Fällen, in denen die Kriterien für die Anwendbarkeit dieser Behandlungsweise verletzt sind, liefert die Theorie nur qualitative Ergebnisse.

Die vorgeschlagene Theorie führt zu Vorstellungen, die sich wesentlich von den elementaren Anschauungen der Bändertheorie unterscheiden. Beispielsweise wird nachgewiesen, daß die träge Masse der Ladungsträger von der Grenzfrequenz der Polarisationsschwingungen der Ionen, vom Brechungsindex des Kristalls und von seiner Dielektrizitätskonstante abhängt. Die Anzahl der Schwingungsfreiheitsgrade der Ionen vermindert sich bei der Entstehung eines Ladungsträgers (eines Polarons) um drei. Die Eigenschaften der auf Verunreinigungen beruhenden lokalisierten Elektronenzustände mit genügend geringer thermischer Dissoziationsenergie hängen von der Natur der Verunreinigung nicht ab, sondern werden durch Parameter des Halbleiters bestimmt. Für die Beweglichkeit der Ladungsträger usw. werden neue Formeln gewonnen.

Der Vergleich mit dem Experiment fiel für unsere Theorie günstig aus. Sie muß jedoch auf eine bedeutend größere Anzahl von Objekten und Erscheinungen ausgedehnt werden. Das ist bisher noch nicht gelungen, weil vollständige experimentelle Angaben erst für einige Dutzend Ionenkristalle vorliegen. Diese Lücke muß von den Experimentatoren in enger Verbindung mit den Theoretikern ausgefüllt werden.

Zum Schluß komme ich meiner angenehmen Pflicht nach, L. D. Landau für seine zahlreichen, äußerst fruchtbaren Diskussionen und sein ständiges Interesse an der Arbeit sowie für die Durchsicht des Manuskriptes, weiterhin A. F. Joffé, I. W. Obreimow, J. I. Frenkel, N. N. Bogoljubow, I. J. Tamm sowie D. I. Blochinzew für die Durchsicht einzelner Ergebnisse der Arbeit, sowie dem Kollektiv meiner Mitarbeiter und Aspiranten, deren Namen im Text angeführt sind, meine tiefe Dankbarkeit auszusprechen. Von großer Bedeutung waren für mich die Bemerkungen des verschiedenen Akad. S. I. Wawilow.

Anmerkung der Redaktion: Der Aktualität des hier behandelten Stoffes entsprechend, sind seit der Herausgabe des Originalwerkes im Jahre 1951 bis jetzt eine ganze Reihe weitergehender Veröffentlichungen erschienen, die von S. I. Pekar wiederum zusammenfassend in den Uspechi Fiz. Nauk 197, 1953 publiziert wurden. Eine Übersetzung dieses neuen Berichtes liegt inzwischen vor und ist in den Fortschritten der Physik im Heft 7 1953 abgedruckt.

INHALTSÜBERSICHT

KAPITEL I

Einleitung

§ 1. Vorbereitende Bemerkungen

Im Laufe der letzten zwei bis drei Jahrzehnte haben die Kristalle vom nichtmetallischen Typ — Halbleiter und Dielektrika — in der Technik weite Verbreitung gefunden. Aus Elektronenhalbleitern stellt man beispielsweise Transistoren her, Vorrichtungen, welche die Funktionen von Mehrelektrodenröhren verrichten, ferner Photoelemente und Photowiderstände mit hoher Empfindlichkeit in verschiedenen Spektralbereichen, Thermoelemente mit hohem Wirkungsgrad, Luminophore, Kristallzähler für Röntgen- und radioaktive Strahlung usw. Das Interesse an den Halbleitermaterialien wächst in der Industrie ständig.

Die Verwendung nichtmetallischer Kristalle in der Technik liegt in ihrer besonderen Eigenschaft begründet. Diese Kristalle besitzen einen verhältnismäßig hohen elektrischen Widerstand, wodurch es möglich wird, an sie starke elektrische Felder anzulegen. In Halbleitern mit räumlich inhomogener Struktur hängt die Leitfähigkeit wesentlich von Größe und Richtung des angelegten Feldes ab; dies nutzt man für die Wirkungsweise der Transistoren aus. Die starke Abhängigkeit der elektrischen Leitfähigkeit vieler Halbleiter von der Belichtung und ihre verhältnismäßig gute Lichtdurchlässigkeit gestatten, aus ihnen Photoelemente und Photowiderstände herzustellen. Gleichzeitig geben große Temperaturkoeffizienten der elektrischen Leitfähigkeit und die hohe Thermokraft die Möglichkeit, Halbleiter in Thermometern und Thermoelementen zu verwenden. Das Anwachsen der elektrischen Leitfähigkeit bei Bestrahlung des Kristalls mit Röntgen- und radioaktiver Strahlung liegt der Wirkungsweise der Kristallzähler zugrunde. Die Verfärbung der Halbleiter bei Bestrahlung mit Kathodenstrahlen ermöglicht die Herstellung von Oszillographenschirmen „mit Gedächtnis“. Während in Metallen die gesamte absorbierte Lichtenergie in Wärme verwandelt wird, wandeln viele Dielektrika einen beträchtlichen Teil der absorbierten Lichtenergie in Lumineszenzlicht um. Dadurch wird es möglich, aus ihnen Luminophore herzustellen. Weite Verbreitung fanden die Halbleiter bei der Herstellung von Glühkathoden, da sie eine kleine thermoelektrische Austrittsarbeit besitzen und infolgedessen bei verhältnismäßig niedrigen Temperaturen eine hohe Emission ergeben. Im Unterschied zu den Metallen ist bei den Halbleitern die Konzentration der freien Leitungselektronen gering; infolgedessen kann ein in der Nähe der Oberfläche des Halbleiters durch Ionisierung eines Kristallmoleküls durch Licht oder Kathodenstrahlung entstandenes schnelles Elektron mit verhältnismäßig geringem Energieverlust bis zur Oberfläche des Halbleiters durchdringen und diesen verlassen. Deshalb eignen sich Halbleiter besonders zur Herstellung wirksamer Photokathoden und Sekundärelektronenvervielfacher. Die lichtempfindlichen Salze, aus denen die photographischen Emulsionen hergestellt werden, gehören ebenfalls zu den Dielektrika. Diese Liste zeigt, welche gewaltige praktische Bedeutung die Kristalle vom nichtmetallischen Typ haben und erklärt das ständig wachsende Interesse an der Physik der Halbleiter und Dielektrika. Die Erforschung dieser Kristalle besitzt darüber hinaus große wissenschaftliche Bedeutung.

Im Laufe der letzten dreißig Jahre wurde ein sehr großes experimentelles Material über die elektrischen, photoelektrischen, thermoelektrischen und optischen Erscheinungen in Kristallen gesammelt. Am frühesten und am vollständigsten wurden die Alkalihalogenkristalle untersucht. Akad. A. F. JOFFÉ entdeckte gemeinsam mit W. K. RÖNTGEN die Photoleitfähigkeit der verfärbten Alkalihalogenidkristalle [30]. Danach untersuchten R. W. POHL und seine Schule sowie auch P. S. TARTAKOWSKI und seine Schule eingehend den inneren Photoeffekt in den Alkalihalogenidkristallen. Diese Arbeiten waren aufschlußreich für die darauffolgenden Untersuchungen über den inneren Photoeffekt an industriell wichtigen Halbleitern. Das Verdienst, die Lumineszenz- und optischen Eigenschaften der Kristalle genauer untersucht zu haben, gebührt u. a. Akad. S. I. WAWILOW, I. W. OBREIMOW, W. L. LJOWSCHIN, J. F. GROSS, W. W. ANTONOW-ROMANOWSKI. Der experimentellen Untersuchung der Eigenschaften von technisch wichtigen Halbleitern galt eine große Anzahl von Arbeiten, darunter in der UdSSR die von A. F. JOFFÉ und A. W. JOFFÉ, W. J. LASCHKARJOW, W. P. SHUSE, B. W. KURTSCHATOW, N. D. MARGULIS, S. M. RYWKIN, W. I. LJASCHENKO, J. P. MASLAKOWEZ, I. K. KIKOIN, N. D. NASLEDOW, B. M. HOCHBERG, S. G. KALASCHNIKOW, A. N. ARSSENJEWA, J. G. MISSLJUK, B. T. KOLOMIJZ u. a. Eine große Anzahl von Untersuchungen wurde außerhalb der UdSSR veröffentlicht[1]).

Parallel zu den experimentellen Forschungen entwickelte sich die Theorie. Die moderne Theorie der Elektronenhalbleiter läßt sich in zwei Teile gliedern: a) die phänomenologische Theorie und b) die Theorie der Elektronenzustände im Kristall. Die erstere benutzt etwa die allgemein bekannte Gleichung für die elektrische Leitung und die Diffusion der „Ladungsträger"

$$i = -ebN\frac{dV}{dx} - eD\frac{dN}{dx}, \tag{1.1}$$

wobei N die Konzentration der Stromträger, e ihre Ladung, b ihre Beweglichkeit, D der Diffusionskoeffizient, V das Potential des elektrischen Feldes und i die Stromdichte sind. Ferner ist für die phänomenologische Theorie die POISSONsche Gleichung

$$\Delta V = -4\pi\varrho(N) \tag{1.2}$$

kennzeichnend, dabei ist $\varrho(N)$ die räumliche Dichte der Ladungsträger. Zur phänomenologischen Theorie gehört auch die Temperaturabhängigkeit der Ladungs-

[1]) Anm. d. Red.: Vgl. z. B. SHOCKLEY, Ergebn. d. exakt. Naturw. 27.

trägerkonzentration in der Form

$$N = A e^{-\frac{W}{2kT}}, \tag{1.3}$$

wo W die thermische Dissoziationsenergie der Ladungsträger ist (im Fall des thermischen Gleichgewichts), und wobei die Anzahl der in der Volumeneinheit und in der Sekunde rekombinierenden Ladungsträger durch

$$z = \beta N N_1 \tag{1.4}$$

gegeben wird; dabei ist β der Rekombinationskoeffizient und N_1 die Konzentration der Rekombinationszentren. Die oben angeführten Gleichungen entsprechen der phänomenologischen Theorie, weil bei ihrer Begründung der Mechanismus der Mikroprozesse unbeachtet bleibt. Dies ist schon daraus ersichtlich, daß diese Gleichungen etwa für den Fall der Elektronen- und der Ionenleitfähigkeit sowohl bei Gasen und Flüssigkeiten als auch bei Festkörpern dieselbe Form haben. Vom Objekt hängen lediglich die Parameter b, D, A, W und β ab.

Da die phänomenologische Theorie den Mechanismus der Mikroprozesse unberücksichtigt läßt, bleibt sie auch dann fast unverändert, wenn unsere Vorstellungen über die Mikroprozesse tiefgreifende Änderungen erfahren. So hat sich z. B. durch das Erscheinen der quantenmechanischen Elektronentheorie der Kristalle die Form der Gleichungen (1.1) bis (1.4) in keiner Weise geändert.

Die phänomenologische Theorie der Halbleiter hat in den letzten zwölf Jahren beachtliche Erfolge errungen. Im Jahre 1938 schlugen D. I. Blochinzew und B. I. Dawydow eine qualitative Erklärung des Gleichrichtungsvorganges in Halbleitern vor [1]. Fast gleichzeitig gab S. I. Pekar eine quantitative Theorie der Gleichrichter mit Sperrschichten [2]. Die gleiche Theorie wurde unabhängig davon im Jahre 1939 von N. F. Mott [3] vorgeschlagen. Die Theorie erklärte hinreichend gut die Strom-Spannungs-Charakteristiken der Gleichrichter mit „chemischen" Sperrschichten. Ferner wurde auf Grund der phänomenologischen Gleichungen (1.1) bis (1.3) eine Theorie des Metallkontakts mit einem Halbleiter sowohl im Fall schwacher Ströme (B. I. Dawydow, N. F. Mott [4]) als auch für starke Ströme (S. I. Pekar, Schottky und Spenke [4]) entwickelt. Die Theorie erklärte den experimentell beobachtbaren Widerstandsverlauf der Halbleiter in der Nähe der Elektroden und ihre Strom-Spannungs-Kennlinien. Ein drittes Beispiel für die Anwendung der phänomenologischen Gleichungen ist die Theorie der Photoleitung in Halbleitern, d. h. die Behandlung der Photoleitfähigkeit und der photo-elektromotorischen Kraft unter den Bedingungen einer kurzzeitigen Bestrahlung (S. M. Rywkin, W. P. Shuse, W. J. Laschkariow, K. B. Tolpygo [5]).

Zur vollständigen und allseitigen Untersuchung der Eigenschaften der Kristalle ist jedoch die phänomenologische Theorie allein völlig unzureichend. Wie wir bereits sahen, sind diese Theorie und der Kreis der von ihr beschriebenen Erscheinungen „unempfindlich" gegenüber dem Mechanismus der Mikroprozesse, und sie ist daher ungeeignet zur Untersuchung dieser Prozesse. Außerdem ist die phänomenologische Theorie gewöhnlich gezwungen, eine große Anzahl von Materialkonstanten einzuführen, z. B. die Beweglichkeit der Ladungsträger, ihre

Diffusionskonstanten, die thermische Dissoziationsenergie der Ladungsträger (manchmal auch mehrerer Arten), die Rekombinationskoeffizienten, den Absorptionskoeffizienten, die Quantenausbeute des inneren Photoeffekts usw. Diese Konstanten lassen sich innerhalb der phänomenologischen Theorie nicht berechnen. Man betrachtet sie deshalb als unbekannte und voneinander unabhängige Parameter, die sich bestenfalls durch Vergleich der Theorie mit dem Experiment bestimmen lassen. Gelegentlich ist die Anzahl der unbekannten Parameter so groß, daß selbst eine Übereinstimmung zwischen Theorie und Experiment wenig Überzeugungskraft besitzt. In diesen Fällen beschränkt sich die Bedeutung der phänomenologischen Theorie auf eine Schematisierung und Systematisierung der experimentellen Tatsachen.

Um die oben erwähnten Materialkonstanten theoretisch berechnen oder Beziehungen zwischen ihnen aufstellen zu können, muß man tiefer in den Mechanismus der Mikroprozesse eindringen, die im Halbleiter ablaufen; hierin besteht die Aufgabe der Mikrotheorie. Sie entwickelte sich in den zwanziger Jahren auf dem Boden der Quantenmechanik. Popularität hat lediglich die sogenannte „Bändertheorie" erlangt, nach der die Zustände der Leitungselektronen in nullter Näherung durch modulierte ebene Wellen beschrieben werden, während das Energiespektrum der Elektronen abwechselnd aus verbotenen und erlaubten Bändern besteht. Die Ionen (Atome) des Kristallgitters führen in nullter Näherung harmonische Normalschwingungen aus, deren Form vom Vorhandensein von Leitungselektronen im Kristall nicht abhängt. In nullter Näherung wird also die Wechselwirkung zwischen Elektronen und Gitterschwingungen vernachlässigt. Das System zerfällt in zwei getrennte konservative Untersysteme: die Leitungselektronen und die Gitterschwingungen. Die Mehrzahl der Erscheinungen wird in dieser nullten Näherung behandelt. Lediglich zur Berechnung der Diffusionskonstanten und der Beweglichkeit des Elektrons (letztere ist in nullter Näherung unendlich) wird eine Wechselwirkung der Leitungselektronen mit den Ionenschwingungen eingeführt, und zwar als kleine Störung; dies führt in erster Näherung zur Streuung der oben erwähnten modulierten ebenen Wellen.

Die „Bändertheorie"[1]) bildet zweifellos einen notwendigen Schritt in der Entwicklung der Elektronentheorie der Kristalle. Man muß jedoch zugeben, daß in ihr seit den zwanzig Jahren ihrer Existenz kein Apparat entwickelt wurde, der die Materialkonstanten der Kristalle zuverlässig und hinreichend genau zu berechnen gestattet und den Zusammenhang zwischen ihnen beschreibt. Es gelang, die Temperaturabhängigkeit der Beweglichkeit der Elektronen und ihre Größenordnung zu erklären. Was die thermische Dissoziationsenergie, die Abhängigkeit des Absorptionsspektrums von Verunreinigung und Grundsubstanz, die Quantenausbeute des inneren Photoeffekts, die Rekombinationskoeffizienten usw. betrifft, so ist die theoretische Berechnung dieser Größen auf Grund der Bändertheorie unzuverlässig und liefert sehr häufig Ergebnisse, die dem Experiment

[1]) Anm. d. Red.: Im folgenden wird unter „Bändertheorie" stets nur diese einfache Näherung verstanden.

widersprechen. Die Physiker vermeiden es daher gern, die berechneten Werte der oben erwähnten Größen zu benutzen, wenn experimentelle Angaben fehlen.

Man kann von einer Theorie nicht immer genaue quantitative Ergebnisse verlangen; manchmal ist auch eine qualitative Theorie von Wert, welche die Ergebnisse der Experimente deutet, den Zusammenhang zwischen den Erscheinungen aufdeckt und sinnvolle weitere Experimente anregt. Jedoch hat sich die Bändertheorie auch in dieser Beziehung nicht gut bewährt. Sie ist beispielsweise nicht imstande, die Wärmeerzeugung beim optischen Übergang des Elektrons (die Anregung einer großen Anzahl von Gitterschwingungsquanten beim optischen Übergang eines Elektrons) zu deuten. Auf die Größe der hierbei freigesetzten Wärmemenge kann man aus der Tatsache schließen, daß die beobachtete Energie $h\nu$ des optischen Übergangs oft anderthalb bis zweimal so groß ist wie die Energie W des entsprechenden thermischen Überganges (siehe § 31). Da in der Bändertheorie die Elektronen und die Gitterschwingungen zwei nicht miteinander in Wechselwirkung stehende Untersysteme bilden, könnte ein optischer Übergang eines Elektrons überhaupt keinen Einfluß auf die Gitterschwingungen haben. Die Einführung einer schwachen Wechselwirkung zwischen den Untersystemen, durch die eine Streuung der Elektronenwellen bedingt wird, bringt die Theorie ebenfalls nicht in Übereinstimmung mit dem Experiment.

Die Bändertheorie führte viele Experimentatoren auf den falschen Weg der Konstruktion des Energiespektrums des „Elektronen-Untersystems" an Hand der Frequenzabhängigkeit der Lichtabsorption des Kristalls. Tatsächlich wird die Energie des absorbierten Lichtes zum Teil zur Wärmeerzeugung verbraucht. In der Ausdrucksweise der Bändertheorie bedeutet dies, daß die Energie des absorbierten Quants sich auf die beiden Untersysteme verteilt. Als weiteres Beispiel weisen wir darauf hin, daß die Bändertheorie die Temperaturabhängigkeit des Absorptionsspektrums des Kristalls nicht[1]) erklärt, obwohl eine solche Abhängigkeit, und zwar eine sehr bedeutende, beobachtet wird.

Man hat ferner zu bedenken, daß vom Standpunkt der Bändertheorie die strahlungslosen Elektronenübergänge im Kristall unwahrscheinlich sind, bei denen die Übergangsenergie, die einer großen Anzahl von Gitterschwingungsquanten entspricht, in Wärme übergeht. Das Experiment lehrt jedoch, daß solche Übergänge eine große Wahrscheinlichkeit besitzen.

Die angeführten Beispiele erschöpfen bei weitem noch nicht die Schwierigkeiten, auf welche die gewöhnliche Bändertheorie bei dem Versuch einer qualitativen Erklärung der experimentellen Tatsachen stößt. Die gewöhnliche Bändertheorie kann also weder quantitativ noch qualitativ als befriedigende Theorie anerkannt werden. Wir weisen auf ihre beiden wichtigsten grundlegenden Mängel hin.

1. Das Mehrelektronenproblem wird durch ein Einelektronenproblem ersetzt (das Elektron wird in einem periodischen Potentialfeld betrachtet), was nicht in allen Fällen gerechtfertigt sein kann [10].

---

[1]) Anm. d. Red.: nicht völlig. Vgl. G. Höhler, Arbeitstagg. Festkörperphysik, Dresden. D. Verl. d. Wiss., Berlin 1952.

2. Die Wechselwirkung der Leitungselektronen mit den Gitterschwingungen wird als kleine Störung aufgefaßt. In Wirklichkeit ist sie jedoch bei der Mehrzahl der Kristalle groß (größer als die übrigen Glieder des Energieoperators).

Zum ersten der beiden erwähnten Mängel muß man betonen, daß in Metallen die Ersetzung des Mehrelektronenproblems durch ein Einelektronenproblem gewöhnlich als Methode des „self consistent field" formuliert wird, deren Anwendbarkeit auf ein Metall angezweifelt werden kann [10]. Im folgenden handelt es sich jedoch um die Bewegung eines „überschüssigen" Elektrons (eines Leitungselektrons) in einem Dielektrikum oder Halbleiter. In diesem Fall kann man, wie in § 3 gezeigt wird, unter gewissen einschränkenden Annahmen das Problem mit genügender Genauigkeit auf die Behandlung eines einzigen Elektrons im periodischen Feld reduzieren.

Der zweite der erwähnten Mängel ist wesentlicher, besonders in Kristallen mit Ionengittern. Die oben erwähnte Unzulänglichkeit der gewöhnlichen Bändertheorie bei dem Versuch einer qualitativen Erklärung der Wärmeerzeugung beim optischen Übergang eines Elektrons, der Temperaturabhängigkeit des Absorptionsspektrums, der strahlungslosen Elektronenübergänge usw. beruht auf dem zweiten und nicht auf dem ersten Mangel.

In der vorliegenden Monographie werden die Zustände der Leitungselektronen in Dielektrika und Halbleitern mit Ionengitter sowie die lokalisierten Elektronenzustände behandelt, die eine bedeutende Rolle bei den elektrischen, photoelektrischen und optischen Erscheinungen in diesen Kristallen spielen. Es wird eine neue Behandlungsweise der Leitungselektronen und der lokalisierten Elektronen dargelegt, welche die Theorie wesentlich verbessert, und ein großes Erscheinungsgebiet, das in der gewöhnlichen Bändertheorie keine befriedigende Deutung findet, unter einem einheitlichen Gesichtspunkt zu erklären gestattet.

Die im folgenden entwickelte Theorie berücksichtigt die dielektrische Polarisation des Ionenkristalls durch das elektrische Feld des Leitungselektrons. Die hierdurch entstehende lokale Polarisation ist mit einer Ionenverschiebung verbunden und folglich mit Trägheit behaftet. Sie ist nicht imstande, einem verhältnismäßig schnell bewegten Elektron zu folgen, und bildet deshalb für dieses Elektron einen Potentialtopf. Die Tiefe dieses Potentialtopfes ist ausreichend (bei den meisten Kristallen von der Größenordnung 0,5 bis 1 eV), um diskrete Energieterme des Elektrons zu schaffen. Ein Elektron, das sich in einem dieser Terme in einem lokalisierten Zustand befindet, kann durch sein Feld die erwähnte örtliche Polarisation des Kristalls aufrechterhalten. Infolge ihrer Trägheit entsprechen die Bewegungen der Ionen nicht dem momentanen, sondern dem mittleren Feld des Elektrons. Dieses kann man als statisches Feld der $|\psi|^2$-Wolke des Elektrons berechnen; es erzeugt einen statisch polarisierten Potentialtopf, der seinerseits das Elektron stationär im lokalisierten Zustand festhält. Ein solcher Zustand des Kristalls mit einem Polarisationspotentialtopf, in dem ein Elektron lokalisiert ist, hat der Verfasser als *Polaron* bezeichnet [12].

Der Potentialtopf des Polarons kann gemeinsam mit dem darin schwingenden Elektron in Form einer besonderen Polarisationswelle durch den Kristall wandern. Wie die Berechnungen zeigen, besitzt eine solche Welle ein ungewöhnliches Dispersionsgesetz: die Energie der Welle ist proportional dem Quadrat ihrer Geschwindigkeit. In Anwesenheit eines äußeren elektrischen Feldes muß sich das Polaron beschleunigt bewegen, wobei seine Beschleunigung proportional der Feldstärke ist (falls sich das Feld räumlich hinreichend stetig ändert). Das Polaron bewegt sich also im Kristall wie ein Teilchen mit der Ladung des Elektrons und einer trägen effektiven Masse, die mehrere Male größer sein kann als die Elektronenmasse.

Die Polaronenzustände des Systems erweisen sich als energetisch günstiger als die Zustände im unpolarisierten Kristall mit einem freien Elektron, die in der gewöhnlichen Bändertheorie betrachtet werden. Eine Depolarisation des Kristalls und eine Freisetzung des Elektrons können nur durch verhältnismäßig seltene thermische Schwankungen bewirkt werden. In den allermeisten Fällen werden sich also die Leitungselektronen im Polaronenzustand befinden. Der Verfasser vermutet, daß diese Polaronen die wesentlichen Ladungsträger im Kristall darstellen [15], [17]. Die Behauptung, das Elektron sei in dem Potentialtopf des Polarons lokalisiert, bedeutet nicht, daß dieses Elektron nicht an der elektrischen Leitung teilnehmen kann; sie bedeutet nur, daß es sich bei jeder gegebenen momentanen Ionenkonfiguration, d. h. bei jeder gegebenen Lage des Polarisationspotentialtopfes, in einem diskreten Energieterm befindet und eine ψ-Funktion besitzt, die nur in einem begrenzten Gebiet des Kristalls von Null verschieden ist und mit der Entfernung von diesem Gebiet exponentiell abfällt.

Es muß betont werden, daß gewisse Züge des oben dargelegten qualitativen Bildes von sowjetischen Theoretikern schon früher in Form einzelner Hinweise formuliert wurden [6]. So sprach L. D. Landau im Jahre 1933 den wichtigen Gedanken aus, daß sich ein Elektron in einem Idealkristall infolge der Gitterdeformation durch sein eigenes Feld selbst lokalisieren kann. Diese lokalisierten Zustände wurden jedoch als unbeweglich vorausgesetzt, und L. D. Landau versuchte sie mit den F-Zentren in den verfärbten Alkalihalogenidkristallen zu identifizieren. Im Jahre 1936 wies J. I. Frenkel darauf hin, daß das Leitungselektron die ihm benachbarten Atome des Kristalls deformieren muß und daß diese örtliche Deformation dem Elektron auf seiner Wanderung durch den Kristall folgt. Im Jahre 1936 machte D. I. Blochinzew den Versuch, auf Grund der Näherung fest gebundener Elektronen zu erklären, in welchen Kristallen man eine Autolokalisierung der Elektronen, wie sie vorher von Landau erwähnt worden war, zu erwarten habe. Man fand damals keinen gangbaren Weg zur Behandlung der selbstlokalisierten Zustände, und es gelang somit nicht, ihre Existenz nachzuweisen und ihre Eigenschaften zu untersuchen. Die erwähnten Artikel hatten jedoch einen bestimmenden Einfluß auf die Arbeiten des Verfassers auf diesem Gebiet.

Das oben gegebene qualitative Bild der Polaronenbewegung im Kristall entspricht der „halbklassischen“ Behandlungsweise: die Bewegung des Leitungselektrons wird quantenmechanisch, die der Ionen klassisch behandelt. In dieser Monographie wird neben dieser halbklassischen Betrachtungsweise auch eine andere dargelegt, in der auch die Ionenbewegung auf Grund der Quantenmechanik beschrieben wird. Man erhält dabei ganz ähnliche Ergebnisse wie bei der halbklassischen Behandlung.

Die thermischen Ionenschwingungen führen zu geringen Deformationen des Potentialtopfes des Polarons von seiner Gleichgewichtsform. Dabei folgen die lokalisierten Elektronenzustände adiabatisch diesen Deformationen des Potentialtopfes. Außerdem führen die thermischen Ionenschwingungen zu einer Streuung der oben erwähnten Polaronenwellen, wodurch eine endliche freie Weglänge und eine konstante Beweglichkeit der Polaronen bedingt wird (Gültigkeit des Ohmschen Gesetzes).

Der mathematische Apparat, der in den Kapiteln I, II und III bei der Behandlung der Leitungselektronen entwickelt wird, läßt sich dann leicht verallgemeinern und wird in den Kapiteln IV und V zur Behandlung der lokalisierten Elektronenzustände in den F- und F'-Zentren benutzt. Die Elektronen treten hauptsächlich mit den optischen Longitudinalschwingungen der Ionen in Wechselwirkung. In der üblichen Bändertheorie wird diese Wechselwirkung als kleine Störung aufgefaßt, was schon oben als wesentlicher Mangel dieser Theorie hingestellt wurde, da bei den meisten Kristallen diese Wechselwirkung groß ist. In der Polaronentheorie wird diese Wechselwirkung nicht als klein angesehen und schon in nullter Näherung in den Energieoperator einbezogen.

In dieser Monographie sind die Formeln mit zwei Zahlen bezeichnet: die erste gibt die Nummer des Paragraphen, die zweite die Nummer der Formel innerhalb des Paragraphen an. Entsprechend sind die Abbildungen und Tabellen numeriert.

Die Darstellung bezieht sich auf den Fall von Halbleitern mit Elektronenleitung. Sämtliche Ergebnisse lassen sich jedoch ganz einfach auf den Fall der Halbleiter mit Löcherleitung umdeuten.

§ 2. Folgerungen aus der Translationssymmetrie der Kristalle

Im Kristall schwingen die Atomkerne (oder die Ionen) um bestimmte Gleichgewichtslagen. Im folgenden müssen wir jedoch zunächst ein vereinfachtes idealisiertes Problem lösen. Wir haben nämlich die Elektronenzustände unter der Voraussetzung zu behandeln, daß die Kerne unbeweglich in den Gitterpunkten des Kristalls sitzen. In diesem Fall enthält der Energieoperator des Systems nur die Koordinaten des Elektrons. Wir führen die Gittervektoren $\mathfrak{a}_1$, $\mathfrak{a}_2$, $\mathfrak{a}_3$, und den „ganzzahligen Gittervektor"

$$\mathfrak{m} = m_1 \mathfrak{a}_1 + m_2 \mathfrak{a}_2 + m_3 \mathfrak{a}_3, \tag{2.1}$$

ein, wobei m_1, m_2, m_3 ganzzahlig sind. Der Energieoperator $\boldsymbol{H}$ der Elektronen besitzt Translationssymmetrie: er bleibt unverändert, wenn man die Radienvektoren sämtlicher Elektronen gleichzeitig um $\mathfrak{m}$ vermehrt. Die Translation eines einzelnen Elektronen läßt den Energieoperator nicht unverändert, da dieser die

Energie der Elektronenwechselwirkung

$$\sum_{i<j} \frac{e^2}{r_{ij}}$$

enthält. Die oben erwähnte Operation der Translation sämtlicher Elektronen um den Vektor $\mathfrak{m}$ bezeichnen wir mit $\boldsymbol{T}_{\mathfrak{m}}$.

Die Menge aller dieser Operatoren mit allen möglichen Werten von $\mathfrak{m}$ bildet die kommutative (Abelsche) Gruppe der ganzzahligen Translationen. Die Anwendung des Operators $\boldsymbol{T}_{\mathfrak{m}}$ auf den Energieoperator läßt diesen unverändert, also

$$\boldsymbol{T}_{\mathfrak{m}} \boldsymbol{H} = \boldsymbol{H} \boldsymbol{T}_{\mathfrak{m}} . \tag{2.2}$$

Die linearen Operatoren $\boldsymbol{T}_{\mathfrak{m}}$ sind also sowohl untereinander als auch mit $\boldsymbol{H}$ vertauschbar. In diesem Fall kann man bekanntlich das System der Eigenfunktionen des Operators $\boldsymbol{H}$ so wählen, daß sie gleichzeitig Eigenfunktionen sämtlicher Operatoren $\boldsymbol{T}_{\mathfrak{m}}$ sind. Ist $\Psi_\alpha(\mathfrak{r}_1, \ldots, \mathfrak{r}_N)$ eine dieser Funktionen, so ist

$$\boldsymbol{T}_{\mathfrak{m}} \Psi_\alpha = t_{\mathfrak{m}\alpha} \Psi_\alpha , \tag{2.3}$$

wobei $t_{\mathfrak{m}\alpha}$ ein Eigenwert des Operators $\boldsymbol{T}_{\mathfrak{m}}$ ist. Mit anderen Worten ist die Operation der Translation in Anwendung auf Ψ_α äquivalent einer Multiplikation mit einem konstanten Faktor. Die Eigenschaft der Normierung von Ψ_α bleibt bei der Translation offenbar erhalten, denn diese ist einer Parallelverschiebung der Koordinatenachsen im Normierungsintegral äquivalent. Folglich ist

$$|t_{\mathfrak{m}\alpha}| = 1 . \tag{2.4}$$

Ohne Beschränkung der Allgemeinheit kann man demnach die Eigenwerte der Operatoren

$$\boldsymbol{T}_{\mathfrak{a}_1}, \boldsymbol{T}_{\mathfrak{a}_2} \quad \text{und} \quad \boldsymbol{T}_{\mathfrak{a}_3} \tag{2.5}$$

in folgender Form schreiben:

$$e^{i\mathfrak{k}_\alpha \mathfrak{a}_1}, e^{i\mathfrak{k}_\alpha \mathfrak{a}_2} \quad \text{und} \quad e^{i\mathfrak{k}_\alpha \mathfrak{a}_3} ; \tag{2.6}$$

dabei ist $\mathfrak{k}_\alpha$ ein konstanter Vektor, der durch folgende Ungleichungen eingeschränkt wird:

$$\left.\begin{aligned} -\pi < \mathfrak{k}_\alpha \mathfrak{a}_1 \leqq \pi , \\ -\pi < \mathfrak{k}_\alpha \mathfrak{a}_2 \leqq \pi , \\ -\pi < \mathfrak{k}_\alpha \mathfrak{a}_3 \leqq \pi . \end{aligned}\right\} \tag{2.7}$$

Eine beliebige Translation um den Vektor $\mathfrak{m}$ kann man durch aufeinanderfolgende Translationen um die Vektoren $\mathfrak{a}_1$, $\mathfrak{a}_2$, $\mathfrak{a}_3$ erzielen:

$$\boldsymbol{T}_{\mathfrak{m}} = (\boldsymbol{T}_{\mathfrak{a}_3})^{m_3} (\boldsymbol{T}_{\mathfrak{a}_2})^{m_2} (\boldsymbol{T}_{\mathfrak{a}_1})^{m_1} . \tag{2.8}$$

Einen Eigenwert dieses Operators bildet das Produkt der entsprechenden Größen (2.6):

$$t_{\mathfrak{m}\alpha} = e^{i\mathfrak{k}_\alpha \mathfrak{m}} . \tag{2.9}$$

Es ist also

$$\boldsymbol{T}_{\mathfrak{m}} \Psi_\alpha = e^{i\mathfrak{k}_\alpha \mathfrak{m}} \Psi_\alpha . \tag{2.10}$$

Der Operator $\boldsymbol{T}_{\mathfrak{m}}$ ist nicht selbstadjungiert, trotzdem kann man leicht zeigen, daß seine Eigenfunktionen, sofern sie zu verschiedenen Eigenwerten gehören, orthogonal sind.

Die Funktion Ψ_α enthält genau so viele Quantenzahlen, wie das System Freiheitsgrade hat. Einfachheitshalber wählt man die Eigenwerte (2.6) oder den entsprechenden Vektor $\mathfrak{k}$ als erste drei Quantenzahlen. Die übrigen Quantenzahlen bezeichnen wir durch den mehrgliedrigen Index β. Dabei ist

$$\Psi_\alpha = \Psi_{\beta \mathfrak{k}_\alpha}. \tag{2.11}$$

Wir betrachten nun die Funktion

$$e^{\frac{i}{\hbar} \sum_{j=1}^{N} \mathfrak{p}_j \mathfrak{r}_j} \tag{2.12}$$

mit konstantem reellem $\mathfrak{p}_j$. Sie ist eine Eigenfunktion des Operators $\boldsymbol{T}_{\mathfrak{m}}$ und gehört zu dem Eigenwert $e^{i \mathfrak{k} \mathfrak{m}}$, wobei

$$\mathfrak{k} = \frac{1}{\hbar} \sum_{j=i}^{N} \mathfrak{p}_j + 2\pi\, \mathfrak{q} \tag{2.13}$$

ist. Hier ist $\mathfrak{q}$ der ganzzahlige Vektor des reziproken Gitters, d. h. ein Vektor, der dadurch definiert ist, daß die Produkte $\mathfrak{q}\mathfrak{a}_1$, $\mathfrak{q}\mathfrak{a}_2$ und $\mathfrak{q}\mathfrak{a}_3$ ganzzahlig sind. Man hat ihn so zu wählen, daß der Vektor $\mathfrak{k}$ in den durch (2.7) gegebenen Grenzen bleibt.

Unter der Voraussetzung der Vollständigkeit des Funktionensystems $\Psi_{\beta\mathfrak{k}}$ kann man setzen

$$e^{\frac{i}{\hbar} \sum_{j=1}^{N} \mathfrak{p}_j \mathfrak{r}_j} = \sum_\beta C_\beta \Psi_{\beta\mathfrak{k}}. \tag{2.14}$$

Die Summierung erstreckt sich hier nur über β, nicht über $\mathfrak{k}$, da in dieser Entwicklung nur die $\Psi_{\beta\mathfrak{k}}$ vorkommen, die ebenso wie die entwickelte Funktion zu dem Eigenwert (2.13)[1]) gehören; die übrigen $\Psi_{\beta\mathfrak{k}}$ können infolge der Orthogonalität der Eigenfunktionen des Operators $\boldsymbol{T}_{\mathfrak{m}}$ nicht in die Entwicklung eingehen. Aus (2.13) und (2.14) können wir folgende Schlüsse ziehen:

1. da $\mathfrak{p}_j$ willkürlich gewählt werden kann, muß der Vektor $\mathfrak{k}$ ein kontinuierliches Spektrum innerhalb der durch (2.7) gegebenen Grenzen besitzen.

2. In der Entwicklung (2.14) kommen im allgemeinen unendlich viele Glieder vor. Folglich gibt es für jedes feste $\mathfrak{k}$ unendlich viele Zustände mit verschiedenen Werten der Energie und der übrigen Quantenzahlen.

Die Funktion (2.12) ist eine Eigenfunktion des Impulsoperators des Systems. Sie gehört zu dem Impulseigenwert

$$\mathfrak{P} = \sum_{j=1}^{N} \mathfrak{p}_j. \tag{2.15}$$

Wir betrachten die Entwicklung

$$\Psi_{\beta\mathfrak{k}} = \sum_{\mathfrak{p}_1, \ldots, \mathfrak{p}_N} B_{\mathfrak{p}_1, \ldots, \mathfrak{p}_N} e^{\frac{i}{\hbar} \sum_{j=1}^{N} \mathfrak{p}_j \mathfrak{r}}. \tag{2.16}$$

---

[1]) Anm. d. Red.: $e^{i \mathfrak{k} \mathfrak{m}}$.

Hier ist $|B_{\mathfrak{p}_1,\ldots,\mathfrak{p}_N}|^2$ die Wahrscheinlichkeit dafür, daß im stationären Zustand $\Psi_{\beta\mathfrak{k}}$ die Impulswerte gleich $\mathfrak{p}_j$ ($j = 1 \ldots N$) sind. Die linke Seite von (2.16) und jedes Glied der rechten Seite sind Eigenfunktionen des Operators $\boldsymbol{T}_{\mathfrak{m}}$ und müssen zum gleichen Eigenwert dieses Operators gehören. Folglich kommen in dieser Entwicklung nur Glieder vor, für welche die Beziehung (2.13) erfüllt ist. Im Zustand $\Psi_{\beta\mathfrak{k}}$ hat also der Impuls keinen bestimmten Wert; seine möglichen Werte bilden ein System

$$\mathfrak{P} = \hbar\,\mathfrak{k} - 2\pi\,\hbar\,\mathfrak{q}, \tag{2.17}$$

wobei $\mathfrak{q}$ dadurch definiert ist, daß $\mathfrak{q}\mathfrak{a}_1$, $\mathfrak{q}\mathfrak{a}_2$ und $\mathfrak{q}\mathfrak{a}_3$ ganze Zahlen sind.

§ 3. Qualitative Untersuchung der Elektronenzustände in einem Halbleiter mit unbeweglichen Ionen

Wie im vorigen Paragraphen nehmen wir an, daß die Atomkerne fest in den Gitterpunkten sitzen. Die Lösung der Schrödinger-Gleichung des Mehrelektronenproblems im Fall des Kristalls ist mit sehr großen mathematischen Schwierigkeiten verbunden. Bis heute ist dieses Problem nicht nur ungelöst geblieben, sondern es gelingt im allgemeinen Fall nicht einmal, das Energiespektrum der Elektronen grob schematisch anzugeben. Im folgenden genügt jedoch eine qualitative Untersuchung eines Spezialfalles: Ein Dielektrikum, in das ein einzelnes Elektron eingeführt wurde. Dieses Elektron kann von außen in den Kristall gebracht oder durch Ionisation eines Moleküls des Dielektrikums (oder der Verunreinigung, die das Dielektrikum enthält) erzeugt worden sein. Im letzten Fall wird angenommen, daß sich das Elektron hinreichend weit von dem positiven Ion, von dem es stammt, entfernt hat und mit ihm in keiner Wechselwirkung mehr steht. Durch das Vorhandensein solcher überschüssigen Elektronen wird das Dielektrikum zum Halbleiter. Diese Elektronen werden auch als *Leitungselektronen* bezeichnet. Im folgenden wird vorausgesetzt, daß die Konzentration der Leitungselektronen so klein ist, daß man ihre Coulomb-Wechselwirkung vernachlässigen und annehmen kann, daß sich alle diese Elektronen unabhängig voneinander in einem idealen Dielektrikum bewegen.

Der Grundzustand des Dielektrikums entspricht, wie wir wissen, stets einem diskreten Energieniveau des Systems. Wir nehmen an, daß dieses Niveau bedeutend tiefer liegt als alle übrigen, d. h., daß zur Anregung des Dielektrikums eine größere Energie aufgewandt werden muß. Bei nicht allzu hohen Temperaturen kann dann angenommen werden, daß sich das Dielektrikum stets im Grundzustand befindet. Im allgemeinen ist der Grundzustand des Dielektrikums nicht entartet; es gibt jedoch auch Ausnahmen von dieser Regel. So gibt es z. B. Kristalle, welche die Polarisationsebene des Lichtes im Uhrzeigersinne drehen, aber auch Kristalle derselben Substanz, welche diese Ebene im entgegengesetzten Sinne beeinflussen (z. B. rechtsdrehender und linksdrehender Quarz). Wir haben es hier offenbar mit zwei völlig gleichberechtigten symmetrischen Zuständen des Kristalls mit gleicher Energie zu tun. Beide sind Grundzustände. Ein Übergang des gesamten Kristalls von dem einen dieser Grundzustände in den anderen ist unwahrscheinlich. Deshalb kann man den rechtsdrehenden und den linksdrehenden Kristall als verschiedene Körper auffassen, deren jeder einen einfachen Grundzustand besitzt.

Wir gehen nun zur Untersuchung des Energiespektrums des Halbleiters über und betrachten zunächst zwei Sonderfälle. Die hierbei gewonnenen Ergebnisse werden uns auch im allgemeinen Fall zur Orientierung dienen.

Fall A. Wir nehmen an, die Elektronen seien im Dielektrikum hinreichend fest an die Kerne gebunden und ihr Zustand folge der verhältnismäßig langsamen Bewegung des Leitungselektrons adiabatisch [7]. Mit anderen Worten, wir nehmen an, daß sich zu jeder momentanen Lage $\mathfrak{r}$ ein stationärer Zustand der übrigen Elektronen des Dielektrikums einstellt. Offenbar hängen sowohl die ψ-Funktionen, als auch die Energien dieser übrigen Elektronen von $\mathfrak{r}$ als Parameter ab. Der Elektronenanteil der dielektrischen Polarisation folgt der Bewegung des Leitungselektrons „trägheitslos" (das Kriterium für den Fall A wird weiter unten gegeben).

In diesem Fall läßt sich das Schrödinger-Problem in zwei Schritten lösen. Man bestimmt zunächst den Zustand der übrigen Elektronen unter der Voraussetzung, daß das Leitungselektron fest im Punkt $\mathfrak{r}$ sitzt. Dazu muß folgende Gleichung gelöst werden:

$$\begin{aligned}[\boldsymbol{H}_d(\mathfrak{r}_1, \ldots, \mathfrak{r}_N) + U(\mathfrak{r}, |\mathfrak{r}_1 - \mathfrak{r}|, \ldots, |\mathfrak{r}_N - \mathfrak{r}|)]\, \Phi(\mathfrak{r}, \mathfrak{r}_1, \ldots, \mathfrak{r}_N) \\ = W(\mathfrak{r})\, \Phi(\mathfrak{r}, \mathfrak{r}_1, \ldots, \mathfrak{r}_N).\end{aligned} \tag{3.1}$$

Hier ist $\mathfrak{r}$ ein Parameter, $\boldsymbol{H}_d$ der Energieoperator des Dielektrikums ohne Leitungselektron, U die Wechselwirkungsenergie des Leitungselektrons mit allen übrigen Elektronen und Kernen. Ferner setzen wir voraus, daß Φ der Grundzustand des Dielektrikums (gestört durch das Leitungselektron im Punkt $\mathfrak{r}$) sei. $W(\mathfrak{r})$ ist die Gesamtenergie des Kristalls mit einem im Punkt $\mathfrak{r}$ festsitzenden Leitungselektron.

Bei langsamer Bewegung des Leitungselektrons um eine Strecke $d\mathfrak{r}$ hat man eine Arbeit aufzuwenden, die nach dem Energiesatz gleich der Energieänderung des Systems sein muß:

$$d\,W(\mathfrak{r}) = \operatorname{grad} W\, d\mathfrak{r}. \tag{3.2}$$

Hieraus folgt, daß der Kristall auf das Elektron eine Kraft $-\operatorname{grad} W$ ausübt, d. h. daß $W(\mathfrak{r})$ die Rolle einer potentiellen Energie des Leitungselektrons im Kristall spielt.

Verschiebt man das Leitungselektron um einen ganzzahligen Gittervektor $\mathfrak{m}$, so ist infolge der Translationssymmetrie des Kristalls seine neue Lage zu seiner alten völlig gleichberechtigt. Bei einer derartigen Verschiebung darf sich also die Energie des Kristalls nicht ändern:

$$W(\mathfrak{r} + \mathfrak{m}) = W(\mathfrak{r}). \tag{3.3}$$

Das Potential des Leitungselektrons besitzt also dieselbe Periodizität wie der Kristall selbst.

Der zweite Schritt zur Lösung unseres Problems besteht in der Behandlung der Bewegung des Leitungselektrons. Sie wird durch folgende Gleichung beschrieben:

$$\left[-\frac{\hbar^2}{2m}\Delta + W(\mathfrak{r})\right]\psi(\mathfrak{r}) = E\,\psi(\mathfrak{r}), \tag{3.4}$$

wobei E die Gesamtenergie des Systems ist. Das ist die Bewegungsgleichung eines Elektrons in einem Feld mit dem periodischen Potential $W(\mathfrak{r})$.

Auf der linken Seite von Gleichung (3.4) steht ein Operator, der bei einer Verschiebung des Elektrons um den Vektor $\mathfrak{m}$ konstant bleibt. Daraus folgt nach § 2, daß man die Lösungen so bestimmen kann, daß sie gleichzeitig Eigenfunktionen des Operators $\boldsymbol{T}_{\mathfrak{m}}$ sind:

$$\boldsymbol{T}_{\mathfrak{m}}\,\psi_{\mathfrak{k}}(\mathfrak{r}) = e^{i\mathfrak{k}\mathfrak{m}}\,\psi_{\mathfrak{k}}(\mathfrak{r}) \tag{3.5}$$

(das sogenannte Blochsche Theorem). Ohne Beschränkung der Allgemeinheit kann man setzen

$$\psi_{\mathfrak{k}} = U_{\mathfrak{k}}(\mathfrak{r})\,e^{i\mathfrak{k}\mathfrak{r}}. \tag{3.6}$$

Aus (3.5) folgt, daß $U_{\mathfrak{k}}(\mathfrak{r})$ eine periodische Funktion mit der Periodizität des Kristallgitters ist. Nicht nur wegen mathematischer Schwierigkeiten gelingt es nicht, die Gleichung (3.4) exakt zu lösen, sondern auch deshalb nicht, weil die Funktion $W(\mathfrak{r})$ nur ungenau bekannt ist.

In der Literatur wurde eine Anzahl qualitativer Untersuchungen der Bewegung eines Elektrons im periodischen Feld veröffentlicht; es wurden dabei verschiedene Sonderfälle untersucht [8]. Indem man die Ergebnisse dieser Untersuchungen verallgemeinert, kann man folgende Schlüsse ziehen:

a) Von sämtlichen Quantenzahlen, die in $\psi_{\mathfrak{k}}(\mathfrak{r})$ vorkommen, ist allein der Vektor $\mathfrak{k}$ eine kontinuierliche Größe; alle übrigen Quantenzahlen sind diskret;

b) sowohl $\psi_{\mathfrak{k}}$ als auch die entsprechende Energie $E_{\mathfrak{k}}$ sind analytische Funktionen von $\mathfrak{k}$. Eine Gruppe von Termen, bei denen sämtliche Quantenzahlen gleich sind, die aber zu verschiedenen $\mathfrak{k}$ gehören, bildet also ein kontinuierliches Energieband.

In der adiabatischen Näherung [7] wird der Zustand des Gesamtsystems gegeben durch das Produkt

$$\Psi_{\beta\mathfrak{k}} = \Phi(\mathfrak{r}, \mathfrak{r}_1, \ldots, \mathfrak{r}_N)\,U_{\beta\mathfrak{k}}(\mathfrak{r})\,e^{i\mathfrak{k}\mathfrak{r}}, \tag{3.7}$$

wobei β die Zusammenfassung der diskreten Quantenzahlen bedeutet. Diese Funktion muß man natürlich noch den bekannten Symmetrie- und Antisymmetrieoperationen unterwerfen.

Nach den Überlegungen von § 2 muß die Funktion Φ ebenfalls eine Eigenfunktion des Operators $\boldsymbol{T}_{\mathfrak{m}}$ sein. Da wir oben vorausgesetzt hatten, daß der Grundzustand des Dielektrikums nicht entartet sei, muß Φ reell sein (andernfalls wäre Φ^* eine andere Lösung mit der gleichen Energie). Diese Funktion kann sich durch Anwendung des Operators $\boldsymbol{T}_{\mathfrak{m}}$ nur mit $+1$ oder -1 multiplizieren. Folglich ist $\Psi_{\beta\mathfrak{k}}$ ebenfalls eine Eigenfunktion des Operators $\boldsymbol{T}_{\mathfrak{m}}$ und gehört zu dem

Eigenwert

$$\pm e^{i\mathfrak{k}\mathfrak{m}}.$$

Wir beschränken uns hier auf das positive Vorzeichen. Der Vektor $\mathfrak{k}$ ist dann also mit dem entsprechenden in § 2 eingeführten Vektor zu identifizieren.

Fall B. Die bekannte „Voraussetzung stark gebundener Elektronen" [8] besagt, daß die Moleküle des Kristalls in nullter Näherung wie die Moleküle des entsprechenden Gases behandelt werden, wobei die Wechselwirkung zwischen ihnen als kleine Störung in Rechnung gestellt wird; die ψ-Funktion des Kristalls wird in nullter Näherung gegeben durch das „antisymmetrische Produkt" der ψ-Funktionen der einzelnen Moleküle.

Wir nehmen an, daß ein zusätzlich in ein Dielektrikum eingebrachtes „überschüssiges" Elektron sich bei einem der Moleküle lokalisiert, wodurch sich dieses in ein negatives Ion verwandelt. Legen wir den Koordinatenursprung in eben dieses Molekül, so hat die ψ-Funktion in nullter Näherung folgende Form:

$$\Psi_{0\beta} = \sum_{\lambda} (-1)^{\lambda} \boldsymbol{P}_{\lambda} \prod_{\mathfrak{n} \neq 0}{}' \psi_{\mathfrak{n}}(\mathfrak{r}_{\mathfrak{n}})\, \varphi_{0\beta}(\mathfrak{r}_0), \tag{3.8}$$

dabei ist $\psi_{\mathfrak{n}}$ die Wellenfunktion des Grundzustandes des Moleküls, das in dem Gitterpunkt mit dem Radiusvektor $\mathfrak{n}$ sitzt, $\mathfrak{r}_{\mathfrak{n}}$ die Zusammenfassung der Koordinaten der Elektronen, die diesem Molekül angehören, $\varphi_{0\beta}$ die Wellenfunktion des durch die Quantenzahlen β gekennzeichneten Zustandes des negativen Ions, $\boldsymbol{P}_{\lambda}$ der Vertauschungsoperator.

Bringen wir das überschüssige Elektron an andere Gitterpunkte, so können wir die Gesamtheit von anderen entsprechenden Lösungen bestimmen, die alle zur gleichen Energie des Systems gehören. Alle diese entarteten Lösungen kann man erhalten, indem man den Translationsoperator $\boldsymbol{T}_{\mathfrak{m}}$ auf $\Psi_{0\beta}$ anwendet. Ist das Molekül im Gitterpunkt $\mathfrak{m}$ durch das überschüssige Elektron in ein Ion verwandelt worden, so kann man die entsprechende Lösung folgendermaßen schreiben:

$$\Psi_{\mathfrak{m}\beta} = \boldsymbol{T}_{\mathfrak{m}} \Psi_{0\beta}. \tag{3.9}$$

Die ψ-Funktion des Kristalls bildet also in nullter Näherung eine Linearkombination der Funktionen (3.9). Die Koeffizienten dieser Linearkombination lassen sich eindeutig aus den Beziehungen (2.3) und (2.9) bestimmen. Man erhält

$$\Psi_{\beta\mathfrak{k}} = C \sum_{\mathfrak{m}} e^{i\mathfrak{k}\mathfrak{m}} \Psi_{\mathfrak{m}\beta}. \tag{3.10}$$

Benutzt man diese Funktion als nullte Näherung der ψ-Funktion, so kann man die Energie des Systems in erster Näherung berechnen. Unter Beschränkung auf den einfachsten Fall eines kubischen Gitters erhalten wir

$$E_{\beta\mathfrak{k}} = \int \Psi_{\beta\mathfrak{k}}^{*} \boldsymbol{H} \Psi_{\beta\mathfrak{k}}\, d\tau\, d\tau_1 \ldots d\tau_N = E_{\beta} + \sum_{\mathfrak{m} = \mathfrak{a}_1, \mathfrak{a}_2, \mathfrak{a}_3} 2 H_{\mathfrak{m}\beta} \cos(\mathfrak{k}, \mathfrak{m}), \tag{3.11}$$

mit

$$H_{\mathfrak{m}\beta} = \int \Psi_{\mathfrak{m}\beta} \boldsymbol{H} \Psi_{0\beta}\, d\tau\, d\tau_1 \ldots d\tau_N. \tag{3.12}$$

E_{β} ist eine Konstante, die nicht von $\mathfrak{k}$ abhängt. Hier ist vorausgesetzt, daß man nur die Wechselwirkung zwischen Nachbarmolekülen zu berücksichtigen braucht,

d. h. daß $H_{\mathfrak{m}\beta}$ nur dann eine merkliche Größe hat, wenn $|\mathfrak{m}|$ gleich der Gitterkonstanten ist.

Die oben behandelten Fälle A und B sind Grenzfälle. Im Realkristall sind sie verhältnismäßig selten verwirklicht. Man kann jedoch unter Verallgemeinerung der für diese Grenzfälle gewonnenen Ergebnisse eine Reihe wichtiger qualitativer Schlußfolgerungen ziehen, die offenbar für die meisten Realkristalle gültig sind.

1. Das Energiespektrum eines Dielektrikums mit einem zusätzlichen Leitungselektron beginnt mit einem kontinuierlichen Band. Die einzige stetig veränderliche Quantenzahl in diesem Band ist der Vektor $\mathfrak{k}$, der in § 2 eingeführt wurde. Die übrigen Quantenzahlen sind diskret und gleich den Werten, die dem tiefsten Energieband entsprechen.

2. $\Psi_{\beta\mathfrak{k}}$ und $E_{\beta\mathfrak{k}}$ sind analytische Funktionen von $\mathfrak{k}$, und zwar in dessen gesamtem Wertebereich (2.7).

3. Es wird vorausgesetzt, daß im Grundzustand kein Strom fließt und die ψ-Funktion reell ist. Durch Anwendung eines Translationsoperators auf diese Funktion multipliziert sie sich mit $+1$ oder -1. Im Grundzustand ist folglich

$$\left.\begin{aligned} \mathfrak{k}\,\mathfrak{a}_1 &= 0 \quad \text{oder} \quad \pi, \\ \mathfrak{k}\,\mathfrak{a}_2 &= 0 \quad \text{oder} \quad \pi, \\ \mathfrak{k}\,\mathfrak{a}_3 &= 0 \quad \text{oder} \quad \pi. \end{aligned}\right\} \tag{3.13}$$

4. $\Psi^*_{\beta\mathfrak{k}}$ ist ebenso wie $\Psi_{\beta\mathfrak{k}}$ eine Eigenfunktion der Operatoren $\boldsymbol{H}$ und $\boldsymbol{T}_{\mathfrak{m}}$. Durch Einwirkung des Operators $\boldsymbol{T}_{\mathfrak{m}}$ multipliziert sich $\Psi^*_{\beta\mathfrak{k}}$ mit $e^{-i\mathfrak{k}\mathfrak{m}}$. Folglich ist

$$\Psi^*_{\beta\mathfrak{k}} = \Psi_{\beta,-\mathfrak{k}}. \tag{3.14}$$

Diese Funktion gehört zu dem gleichen Energieeigenwert wie $\Psi_{\beta\mathfrak{k}}$. Es ist also

$$E_{\beta\mathfrak{k}} = E_{\beta,-\mathfrak{k}}, \tag{3.15}$$

d. h., die Energie ist eine gerade Funktion von $\mathfrak{k}$.

5. $\Psi_{\beta\mathfrak{k}}$ stellt eine Wellenbewegung eines bestimmten „Ionenzustandes" im Kristall dar, wobei $\mathfrak{k}$ die Rolle des Ausbreitungsvektors der ebenen Welle spielt.

Man muß im Auge behalten, daß die in diesem Paragraphen gezogenen Schlußfolgerungen nur gültig sind, solange die Anregungsenergie des Systems (eines Kristalls mit einem „überschüssigen" Elektron) kleiner ist als die zur Anregung des entsprechenden Dielektrikums notwendige Energie. Andernfalls überdecken sich die Energieterme der oben behandelten Zustände mit denen der übrigen Zustände des Kristalls, in denen Moleküle des Dielektrikums angeregt sind. Dabei tritt eine zusätzliche Entartung auf, die wir nicht berücksichtigt haben und durch die auch eine qualitative Behandlung des Zustandes wesentlich komplizierter wird. Es handelt sich um den Fall, daß das Leitungselektron genügend Energie besitzt, um Moleküle des Dielektrikums anregen zu können, d.h., daß die Wechselwirkung des Leitungselektrons mit dem Dielektrikum „unelastischen" Charakter trägt. In diesem Fall kann nicht die Rede davon sein, daß der Zustand des

Dielektrikums der Bewegung des Leitungselektrons adiabatisch folgt (Fall A). Die Störungsrechnung, die im Fall B angewandt wurde, wird bei einer solchen Überdeckung der Energieterme ebenfalls unbrauchbar.

§ 4. *Die Methode der effektiven Masse*

Im folgenden wird es mehrmals erforderlich sein, einen Zustand des Halbleiters zu behandeln, an den ein zusätzliches äußeres elektrisches Feld angelegt ist. Die Wellenfunktion für einen Kristall mit einem „überschüssigen" Elektron ohne Zusatzfeld hat die Form

$$\boldsymbol{H}\Psi_{\beta\mathfrak{k}} = E_{\beta\mathfrak{k}}\Psi_{\beta\mathfrak{k}}. \tag{4.1}$$

Bei Vorhandensein eines Zusatzfeldes mit dem Potential V nimmt die Wellengleichung folgende Form an

$$\left[\boldsymbol{H} + \sum_{j=i}^{N} V(\mathfrak{r}_j) + V(\mathfrak{r})\right]\Psi = E\Psi. \tag{4.2}$$

Wir nehmen an, daß das Feld $V(\mathfrak{r})$ bedeutend kleiner sei als das Mikrofeld, und daß $V(\mathfrak{r})$ eine glatte Funktion sei (d.h., daß es sich auf Strecken von der Größenordnung der Gitterkonstante verhältnismäßig wenig ändere). Eine genaue Lösung dieser Gleichung ist, wenn man den Kristall als Mehrelektronensystem behandelt, praktisch unmöglich. Auch die Lösung der Gleichung (4.2) ist mit den üblichen Methoden der Störungsrechnung unmöglich [indem man sie als gestörte Gleichung (4.1) auffaßt]. Das liegt daran, daß die Funktionen $\Psi_{\beta\mathfrak{k}}$ ein kontinuierliches Spektrum haben, so daß im gegebenen Fall die Methode der „kleinen Störungen" unbrauchbar wird. Außerdem sind auch die Lösungen der ungestörten Gleichung (4.1) unbekannt.

Die Methode der effektiven Masse, die wir jetzt entwickeln werden, gibt die Möglichkeit, unter gewissen einschränkenden Voraussetzungen ohne Kenntnis der Lösungen der Gleichungen (4.1) und (4.2) eine Reihe wichtiger qualitativer Ergebnisse zu gewinnen, indem man eine andere, unvergleichlich einfachere Aufgabe behandelt, nämlich die Bewegung eines Teilchens im Felde $V(\mathfrak{r})$.

Wir begründen diese Methode für den Fall A (siehe § 3), da im folgenden dieser Fall hauptsächlich in Frage kommen wird. Wie in § 3 setzen wir voraus, daß Elektronenzustände der Dielektrikums der Bewegung des Leitungselektrons adiabatisch folgen. Der erste Schritt zur Lösung des Problems besteht in der Bestimmung der Elektronenzustände des Dielektrikums unter der Voraussetzung, daß das Leitungselektron im Punkt $\mathfrak{r}$ sitzt. Die entsprechende Wellengleichung ergibt sich aus (3.1), wenn man in dieser als kleines Störglied das Potential des Zusatzfeldes

$$\sum_{j=1}^{N} V(\mathfrak{r}_j) \tag{4.3}$$

hinzufügt. Da der ungestörte Grundzustand des Dielektrikums zu einem diskreten Energieterm gehört, der nach unserer Voraussetzung bedeutend tiefer liegt als alle übrigen Terme, können wir die übliche Methode der kleinen Störungen anwenden. Die Störung (4.3) ruft eine kleine dielektrische Polarisation des Kristalls hervor. Die darauf beruhende Energieänderung bezeichnen wir mit $W_{\mathfrak{p}}$. Da $V(\mathfrak{r}_j)$ eine glatte Funktion ist, kann man die Polarisationsenergie mit Hilfe der üblichen Methoden der makroskopischen Elektrostatik berechnen.

Wegen der starken Bindung der Elektronen an die Kerne gilt in weiten Grenzen ein lineares Polarisationsgesetz. In diesem Fall ist die Polarisationsenergie $W_{\mathfrak{p}}$ dieselbe wie in Abwesenheit des festsitzenden Leitungselektrons. Folglich hängt $W_{\mathfrak{p}}$ nicht von $\mathfrak{r}$ (der Lage des festgehaltenen Leitungselektrons) ab. Die Gesamtenergie des Systems in Anwesenheit eines festgehaltenen Leitungselektrons und des äußeren Feldes hat die Form

$$W(\mathfrak{r}) + W_{\mathfrak{p}}. \tag{4.4}$$

Hierbei ist $W_{\mathfrak{p}}$ eine Konstante und $W(\mathfrak{r})$ die Energie des Kristalls ohne Störung durch ein äußeres Feld; sie bildet einen Energieeigenwert gemäß Gleichung (3.1) und besitzt die Periodizität des Kristallgitters (vgl. den Fall A in § 3).

Der zweite Schritt zur Lösung des Problems in der adiabatischen Näherung ist die Behandlung der Bewegung des Leitungselektrons, für das die Energie (4.4) die Rolle einer potentiellen Energie spielt. Der Zustand des Leitungselektrons läßt sich aus der Gleichung

$$\left[-\frac{\hbar^2}{2m}\Delta + W_{\mathfrak{p}} + W(\mathfrak{r}) + V(\mathfrak{r})\right]\psi(\mathfrak{r}) = E\,\psi(\mathfrak{r}) \tag{4.5}$$

bestimmen. Diese Gleichung unterscheidet sich von (3.4) durch die Zusatzglieder $W_{\mathfrak{p}}$ und $V(\mathfrak{r})$. Als Zusatzfeld $V(\mathfrak{r})$ ist das durch die dielektrische Polarisation des Kristalls bereits geschwächte, d.h. durch die Dielektrizitätskonstante dividierte äußere Feld zu betrachten.

Bevor wir an die Lösung dieser Gleichung gehen, sind einige vorbereitende Untersuchungen anzustellen. Es wird sich im folgenden um das tiefste Energieband der Gleichung (3.4) handeln, so daß der Index β wegfallen kann. Wie bereits in § 3 bemerkt, ist der Energieeigenwert in Gleichung (3.4) eine gerade analytische Funktion von $\mathfrak{k}$, und zwar im Intervall

$$-\frac{\pi}{a_i} \leqq k_i \leqq \frac{\pi}{a_i} \qquad (i = 1, 2, 3) \tag{4.6}$$

(hierbei wird angenommen, daß $\mathfrak{a}_1$, $\mathfrak{a}_2$ und $\mathfrak{a}_3$ orthogonal sind).

Wir nehmen an, daß die Funktion $E_{\mathfrak{k}} = E(\mathfrak{k})$ im Punkt $\mathfrak{k} = 0$ ein Minimum habe, was tatsächlich bei allen behandelten Beispielen der Fall ist [8]. Die Entwicklung dieser Funktion nach Potenzen von k_i um den Punkt $\mathfrak{k} = 0$ muß dann folgendermaßen aussehen:

$$E_{\mathfrak{k}} = E^0 + \frac{\hbar^2}{2\mu_1}k_1^2 + \frac{\hbar^2}{2\mu_2}k_2^2 + \frac{\hbar^2}{2\mu_3}k_3^2 + \cdots, \tag{4.7}$$

wobei die konstanten Koeffizienten μ_1, μ_2 und μ_3 als *effektive Massen* des Elektrons in den Richtungen $\mathfrak{a}_1$, $\mathfrak{a}_2$ bzw. $\mathfrak{a}_3$ bezeichnet werden. Für Kristalle mit kubischer Symmetrie ist $\mu_1 = \mu_2 = \mu_3 = \mu$.

Die Lösung der Gleichung (3.4) hat nach § 3 die Form

$$\psi_{\mathfrak{k}} = U_{\mathfrak{k}}(\mathfrak{r})\, e^{i\mathfrak{k}\mathfrak{r}}, \tag{4.8}$$

wobei $U_{\mathfrak{k}}(\mathfrak{r})$ eine periodische Funktion mit der Periodizität des Kristallgitters ist. Aus der Normierungsbedingung für $\psi_{\mathfrak{k}}$ folgt für $U_{\mathfrak{k}}$ die Beziehung

$$\int U_{\mathfrak{k}}^* U_{\mathfrak{k}}\, d\tau = 1 . \tag{4.9}$$

Neben der Gleichung (3.4) betrachten wir die Gleichung

$$H' \varphi(\mathfrak{r}) = E' \varphi(\mathfrak{r}), \tag{4.10}$$

mit

$$H' = E^0 - \frac{\hbar^2}{2}\left(\frac{1}{\mu_1}\frac{\partial^2}{\partial x^2} + \frac{1}{\mu^2}\frac{\partial^2}{\partial y^2} + \frac{1}{\mu_3}\frac{\partial^2}{\partial z^2}\right),$$

wobei E^0 und μ_i dieselbe Bedeutung haben wie in Formel (4.7). Die Lösung dieser Gleichung hat die Form

$$\varphi_{\mathfrak{k}}(\mathfrak{r}) = \frac{1}{L^{3/2}}\, e^{i\mathfrak{k}\mathfrak{r}},$$

$$E'_{\mathfrak{k}} = E^0 + \frac{\hbar^2}{2\mu_1} k_1^2 + \frac{\hbar^2}{2\mu_2} k_2^2 + \frac{\hbar^2}{2\mu_3} k_3^2, \tag{4.11}$$

dabei ist L^3 das Volumen des „Grundgebietes", in dem $\psi_{\mathfrak{k}}$ und $\varphi_{\mathfrak{k}}$ normiert sind. Die Spektren der Größen $\mathfrak{k}$ und $E_{\mathfrak{k}}$ macht man zweckmäßigerweise quasidiskret, indem man die Funktionen $\varphi_{\mathfrak{k}}$ und $\psi_{\mathfrak{k}}$ der üblichen Periodizitätsbedingung für die große Periode L unterwirft. Die Energieeigenwertspektren der Gleichungen (3.4) und (4.10) stimmen also für kleine $\mathfrak{k}$ bis auf Glieder von der Größenordnung $\mathfrak{k}^4$ überein.

Wir betrachten das Matrixelement irgendeiner glatten Funktion von $\mathfrak{r}$ (also einer Funktion, die sich auf einer Strecke von der Größenordnung der Gitterkonstante wenig ändert), z. B. der Funktion $V(\mathfrak{r})$:

$$\begin{aligned} V_{\mathfrak{k}'\mathfrak{k}} &\equiv \int \Psi_{\mathfrak{k}'}^* V(\mathfrak{r}) \Psi_{\mathfrak{k}}\, d\tau\, d\tau_1 \ldots d\tau_N \\ &= \int |\Phi|^2 d\tau_1 \ldots d\tau_N \cdot \int U_{\mathfrak{k}'}^* U_{\mathfrak{k}} e^{i(\mathfrak{k}-\mathfrak{k}')\mathfrak{r}} V(\mathfrak{r})\, d\tau \\ &= \int U_{\mathfrak{k}'}^* U_{\mathfrak{k}} e^{i(\mathfrak{k}-\mathfrak{k}')\mathfrak{r}} V(\mathfrak{r})\, d\tau . \end{aligned} \tag{4.12}$$

Wir nehmen an, daß der Vektor $\mathfrak{k} - \mathfrak{k}'$ hinreichend klein ist und daß die Exponentialfunktion wie die Funktion $V(\mathfrak{r})$ glatt ist. In diesem Fall kann man in (4.12) in guter Näherung die periodische, schnell oszillierende Funktion $U_{\mathfrak{k}'}^* U_{\mathfrak{k}}$ vor das Integralzeichen ziehen:

$$V_{\mathfrak{k}'\mathfrak{k}} \cong \overline{U_{\mathfrak{k}'} U_{\mathfrak{k}}} \int e^{i(\mathfrak{k}-\mathfrak{k}')\mathfrak{r}} V(\mathfrak{r})\, d\tau, \tag{4.13}$$

$$\overline{U_{\mathfrak{k}'} U_{\mathfrak{k}}} = \frac{1}{L^3} \int_{L^3} U_{\mathfrak{k}'}^* U_{\mathfrak{k}}\, d\tau . \tag{4.14}$$

Wir entwickeln diese Größe in eine Reihe nach Potenzen von $\mathfrak{k}' - \mathfrak{k}$:

$$\overline{U_{\mathfrak{k}'} U_{\mathfrak{k}}} = \frac{1}{L^3} \int_{L^3} [U_{\mathfrak{k}}^* + (\mathfrak{k}' - \mathfrak{k}) \operatorname{grad}_{\mathfrak{k}} U_{\mathfrak{k}}^* + \cdots]\, U_{\mathfrak{k}}\, d\tau . \tag{4.15}$$

$\operatorname{grad}_{\mathfrak{k}}$ bezeichnet den Gradienten im $\mathfrak{k}$-Raum. In dieser Entwicklung verschwinden die linearen Glieder bei der Integration. In der Tat besitzen ja die betrachteten Kristalle Zentralsymmetrie. Folglich ist der Energieoperator in der Gleichung (3.4) invariant gegenüber einer Zentraltransformation $\boldsymbol{C}$, die $\mathfrak{r}$ in $-\mathfrak{r}$ verwandelt. Wenden wir die Transformation $\boldsymbol{C}$ auf beide Seiten der Gleichung (3.4) an, so können wir uns unmittelbar davon überzeugen, daß, falls $\psi_{\mathfrak{k}}(\mathfrak{r})$ eine Lösung dieser Gleichung ist, auch

$$\boldsymbol{C}\,\psi_{\mathfrak{k}}(\mathfrak{r}) = \psi_{\mathfrak{k}}(-\mathfrak{r}) \tag{4.16}$$

eine Lösung von (3.4) ist und zu dem gleichen Eigenwert gehört wie $\psi_{\mathfrak{k}}(\mathfrak{r})$.

Der Operator $\boldsymbol{C}$ ist nicht vertauschbar mit dem Operator $\boldsymbol{T}_{\mathfrak{m}}$. Man sieht leicht, daß gilt

$$\boldsymbol{T}_{\mathfrak{m}}\boldsymbol{C} = \boldsymbol{C}\,\boldsymbol{T}_{-\mathfrak{m}}. \tag{4.17}$$

Wegen

$$\boldsymbol{T}_{\mathfrak{m}}\,\psi_{\mathfrak{k}}(\mathfrak{r}) = e^{i\mathfrak{k}\mathfrak{m}}\,\psi_{\mathfrak{k}}(\mathfrak{r}) \tag{4.18}$$

erhält man mit Hilfe von (4.17)

$$\boldsymbol{T}_{\mathfrak{m}}\boldsymbol{C}\,\psi_{\mathfrak{k}} = \boldsymbol{C}\,\boldsymbol{T}_{-\mathfrak{m}}\,\psi_{\mathfrak{k}} = \boldsymbol{C}\,e^{-i\mathfrak{k}\mathfrak{m}}\,\psi_{\mathfrak{k}} = e^{-i\mathfrak{k}\mathfrak{m}}\,\boldsymbol{C}\,\psi_{\mathfrak{k}}. \tag{4.19}$$

$\boldsymbol{C}\,\psi_{\mathfrak{k}}$ ist folglich eine Eigenfunktion nicht nur des Energieoperators der Gleichung (3.4), sondern auch des Operators $\boldsymbol{T}_{\mathfrak{m}}$ und gehört zu dem Eigenwert $e^{-i\mathfrak{k}\mathfrak{m}}$. Man hat es mit $\psi_{-\mathfrak{k}}$ zu identifizieren:

$$\boldsymbol{C}\,\psi_{\mathfrak{k}} = \psi_{-\mathfrak{k}} = \psi_{\mathfrak{k}}^{*} \tag{4.20}$$

[vgl. (3.14)]. Aus (4.8) und (4.20) ergibt sich

$$\boldsymbol{C}\,U_{\mathfrak{k}}(\mathfrak{r}) = U_{\mathfrak{k}}^{*}(\mathfrak{r}). \tag{4.21}$$

Ersetzen wir in dem bestimmten Integral $\mathfrak{r}$ durch $-\mathfrak{r}$, was ja statthaft ist, und benutzen (4.21), so kommen wir zu der Gleichung

$$\begin{aligned}\int(\operatorname{grad}_{\mathfrak{k}} U_{\mathfrak{k}}^{*})\,U_{\mathfrak{k}}\,d\tau &= \int(\operatorname{grad}_{\mathfrak{k}}\boldsymbol{C}\,U_{\mathfrak{k}}^{*})\,\boldsymbol{C}\,U_{\mathfrak{k}}\,d\tau\\ &= \int(\operatorname{grad}_{\mathfrak{k}} U_{\mathfrak{k}})\,U_{\mathfrak{k}}^{*}\,d\tau.\end{aligned} \tag{4.22}$$

Andererseits erhalten wir durch Differentiation von (4.9) nach $\mathfrak{k}$

$$\int U_{\mathfrak{k}}^{*}\,(\operatorname{grad}_{\mathfrak{k}} U_{\mathfrak{k}})\,d\tau + \int(\operatorname{grad}_{\mathfrak{k}} U_{\mathfrak{k}}^{*})\,U_{\mathfrak{k}}\,d\tau = 0. \tag{4.23}$$

Aus (4.22) und (4.23) folgt, daß

$$\int(\operatorname{grad}_{\mathfrak{k}} U_{\mathfrak{k}}^{*})\,U_{\mathfrak{k}}\,d\tau = 0. \tag{4.24}$$

Die linearen Glieder in der Entwicklung (4.15) verschwinden also.

Lassen wir in (4.15) die Glieder mit $(\mathfrak{k}' - \mathfrak{k})^2$ und jene von noch höherer Ordnung fort und benutzen die Beziehung (4.9), so erhalten wir

$$\overline{U_{\mathfrak{k}}^{*}\,U_{\mathfrak{k}}} \cong \frac{1}{L^3}. \tag{4.25}$$

Für das Matrixelement $V_{\mathfrak{k}'\mathfrak{k}}$ erhalten wir statt (4.13) den Ausdruck

$$V_{\mathfrak{k}'\mathfrak{k}} \cong \frac{1}{L^3}\int\limits_{L^3} e^{i(\mathfrak{k}-\mathfrak{k}')\mathfrak{r}}\,V(\mathfrak{r})\,d\tau = \int\limits_{L^3}\varphi_{\mathfrak{k}'}^{*}\,V(\mathfrak{r})\,\varphi_{\mathfrak{k}}\,d\tau. \tag{4.26}$$

Eine nähere Untersuchung zeigt, daß man in den Entwicklungen (4.7) und (4.15) die fortgelassenen Glieder unter folgenden Bedingungen vernachlässigen kann:

$$\underset{i=1,2,3}{|k_i a_i| \leqq} \begin{cases} \pi & \text{in dem bekannten Fall des fast freien Leitungselektrons} \\ \dfrac{\pi}{3} & \text{im Fall des „fest gebundenen" Leitungselektrons [8]} \end{cases} \tag{4.27}$$

Ist der Vektor $\mathfrak{k}' - \mathfrak{k}$ nicht hinreichend klein, und ist diese Bedingung verletzt, so konvergiert die Entwicklung (4.15) nur langsam. In diesem Fall gehen jedoch sowohl in der Formel (4.12) als auch in (4.26) die Integrale mit wachsendem $|\mathfrak{k}' - \mathfrak{k}|$ schnell gegen Null. Die Formel (4.26) ist also für beliebige $\mathfrak{k}$ und $\mathfrak{k}'$ verwendbar, wenn nur $V(\mathfrak{r})$ eine glatte Funktion ist.

Wir wenden uns nun wieder der Lösung der Gleichung (4.5) zu. Der Grundgedanke der dargelegten Methode besteht darin, zunächst an Stelle dieser Gleichung die einfachere Gleichung

$$[\boldsymbol{H}'(\mathfrak{r}) + W_{\mathfrak{p}} + V(\mathfrak{r})]\, \varphi(\mathfrak{r}) = E' \varphi(\mathfrak{r}) \tag{4.28}$$

zu lösen, und dann mit Hilfe der gewonnenen Lösung eine Näherungslösung für die Gleichung (4.5) zu konstruieren [11].

Diese Methode ist nur dann verwendbar, wenn die DE BROGLIE-Wellenlänge des Quasiteilchens, das Gleichung (4.28) beschreibt, wesentlich größer ist als die Gitterkonstante. Genauer gesagt wird angenommen, daß man $\varphi(\mathfrak{r})$ mit hinreichender Genauigkeit durch eine Entwicklung der Form

$$\varphi = \sum_{\mathfrak{k}} a_{\mathfrak{k}}\, \varphi_{\mathfrak{k}}(\mathfrak{r}) \tag{4.29}$$

approximieren kann, wobei nur Glieder mit solchen $\mathfrak{k}$ ins Gewicht fallen, bei denen die Ungleichung (4.27) erfüllt ist [zu den $\varphi_{\mathfrak{k}}$ vgl. (4.11)]. Diese Einschränkung ist nötig, weil wir im folgenden die Entwicklungen (4.7) und (4.15) unter Vernachlässigung der Glieder von höherem Grad zu verwenden haben.

Ersetzen wir die Gleichung (4.28) durch das ihr äquivalente Variationsprinzip, so haben wir die Koeffizienten $a_{\mathfrak{k}}$ aus der Extremalbedingung für das Funktional

$$\bar{E}' = \int \varphi^* [\boldsymbol{H}' + W_{\mathfrak{p}} + V(\mathfrak{r})]\, \varphi\, d\tau \cong \sum_{\mathfrak{k}',\mathfrak{k}} a_{\mathfrak{k}'}^* a_{\mathfrak{k}} [(E_{\mathfrak{k}} + W_{\mathfrak{p}})\, \delta_{\mathfrak{k}'\mathfrak{k}} + V_{\mathfrak{k}'\mathfrak{k}}] \tag{4.30}$$

unter der zusätzlichen Normierungsbedingung

$$\int \varphi^* \varphi\, d\tau = \sum_{\mathfrak{k}} |a_{\mathfrak{k}}|^2 = 1 \tag{4.31}$$

zu bestimmen [zu $E_{\mathfrak{k}}'$ vgl. (4.11)].

Völlig analog kann man auch mit Gleichung (4.5) verfahren. Ihre Lösung hat man durch ein Polynom der Form

$$\psi = \sum_{\mathfrak{k}} b_{\mathfrak{k}}\, \psi_{\mathfrak{k}}(\mathfrak{r}), \tag{4.32}$$

$$|k_i a_i| \leqq \frac{\pi}{3} \qquad (i = 1, 2, 3), \tag{4.33}$$

zu approximieren, wobei die $\psi_{\mathfrak{k}}$ durch Formel (4.8) gegeben werden. Diese Form der Approximation wird deshalb gewählt, weil die durch kein äußeres Feld gestörte Gleichung (3.4) ein quasidiskretes Eigenwertspektrum besitzt und weil in diesem Fall bekanntlich die $\psi_{\beta \mathfrak{k}'}$, die zu Termen in der Nähe von E gehören, in der Entwicklung von ψ die Hauptrolle spielen.

Im folgenden werden uns die Fälle interessieren, in denen E in der Nähe des unteren Randes des Leitfähigkeitsbandes liegt. Deshalb sind in der Entwicklung (4.32) die $\psi_{\mathfrak{k}}$ enthalten, die zum unteren Teil des Leitfähigkeitsbandes gehören.

Behandeln wir die der Gleichung (4.5) entsprechende Variationsaufgabe, so haben wir die Koeffizienten $b_{\mathfrak{k}}$ aus der Extremalbedingung für das Funktional

$$\begin{aligned} \overline{E} = \int \psi^* \left[-\frac{\hbar^2}{2m} \Delta + W(\mathfrak{r}) + W_p + V(\mathfrak{r}) \right] \psi \, d\tau \\ = \sum_{\mathfrak{k}', \mathfrak{k}} b_{\mathfrak{k}'}^* b_{\mathfrak{k}} [(E_{\mathfrak{k}} + W_p) \delta_{\mathfrak{k}' \mathfrak{k}} + V_{\mathfrak{k}' \mathfrak{k}}] \end{aligned} \tag{4.34}$$

unter der zusätzlichen Normierungsbedingung

$$\int \psi^* \psi \, d\tau = \sum_{\mathfrak{k}} |b_{\mathfrak{k}}|^2 = 1 \tag{4.35}$$

zu bestimmen. Hier müssen die $E_{\mathfrak{k}}$ mit den $E'_{\mathfrak{k}}$ der Formel (4.30) bis auf Glieder von der Größenordnung $\mathfrak{k}^4$ übereinstimmen, wie aus (4.7) und (4.11) hervorgeht.

Bei einem Vergleich der Ausdrücke (4.30) und (4.34) wird offensichtlich, daß die Funktionen $\overline{E}'(\ldots, a_{\mathfrak{k}}^*, \ldots, a_{\mathfrak{k}}, \ldots)$ und $\overline{E}(\ldots, b_{\mathfrak{k}}^*, \ldots, b_{\mathfrak{k}}, \ldots)$ identisch sind. Die Bedingungsgleichungen (4.31) und (4.35) sind ebenfalls identisch. Folglich stimmen auch die Extremwerte von $\overline{E}$ und $\overline{E}'$ überein. Die Werte von $a_{\mathfrak{k}}$ und $b_{\mathfrak{k}}$, die dem Extremum entsprechen, müssen ebenfalls übereinstimmen.

Es ist somit nachgewiesen, daß

1. das Energiespektrum eines Kristalls mit einem Leitungselektron bei Anwesenheit eines Zusatzfeldes $V(\mathfrak{r})$ in der adiabatischen Näherung (Fall A) aus Gleichung (4.5) bestimmt werden kann;

2. das Energiespektrum der Gleichung (4.5) für kleine Energien mit dem Spektrum der unvergleichlich einfacheren Gleichung (4.28) übereinstimmt;

3. wenn $\varphi(\mathfrak{r})$, die Lösung der Gleichung (4.28), und $\psi_{\mathfrak{k}}$, die Lösung der Gleichung (3.4), bekannt sind, man folgende Näherungslösung der Gleichung (4.5) angeben kann:

$$\psi(\mathfrak{r}) = \sum_{\mathfrak{k}} a_{\mathfrak{k}} \psi_{\mathfrak{k}}(\mathfrak{r}), \tag{4.36}$$

dabei sind $a_{\mathfrak{k}}$ die Koeffizienten der Entwicklung (4.29). $\varphi(\mathfrak{r})$ werden wir als „geglättete" Wellenfunktion und $\psi(\mathfrak{r})$ als „detaillierte" Wellenfunktion des Elektrons bezeichnen;

4. die ψ-Funktion des ganzen Systems wird bekanntlich [7] in der adiabatischen Näherung durch das Produkt

$$\psi = \Phi(\mathfrak{r}, \mathfrak{r}_1, \ldots, \mathfrak{r}_N) \, \psi(\mathfrak{r}) \tag{4.37}$$

gegeben; dabei ist Φ die Funktion, die den Zustand der übrigen Elektronen des Dielektrikums unter der Voraussetzung angibt, daß das Leitungselektron im Punkt $\mathfrak{r}$ festgehalten wird, mit anderen Worten ist Φ die Lösung der

Gleichung (3.1) mit dem äußeren Feld

$$\sum_{j=1}^{N} V(\mathfrak{r}_j)$$

als Störungsglied.

Der Produktansatz (4.37) gestattet näherungsweise, getrennt vom Zustand des Leitungselektrons $\psi(\mathfrak{r})$ und dem Zustand der übrigen Elektronen $\Phi(\mathfrak{r}, \mathfrak{r}_1, \ldots, \mathfrak{r}_N)$ zu sprechen, wobei $\mathfrak{r}$ ein Parameter ist.

Oben wurde gezeigt, daß das Energiespektrum des Kristalls in Anwesenheit eines äußeren Feldes durch die Eigenwerte E' der dreigliedrigen Gleichung (4.28) gegeben wird. Wir zeigen nun, daß eine Reihe anderer wichtiger physikalischer Größen ebenfalls nur über die Gleichung (4.28), ohne Lösung des komplizierten Mehrelektronenproblems, berechnet werden kann.

Wir betrachten eine Störung des Kristalls durch ein Wechselfeld, beispielsweise eine Lichtwelle. Wir setzen voraus, daß das Störpotential $V_1(\mathfrak{r}, t)$ eine glatte Funktion ist (daß die Wellenlänge des Lichtes groß gegen die Gitterkonstante ist). Ferner setzen wir voraus, daß sich die Störung mit der Zeit so langsam ändert, daß der Zustand Φ der Elektronen des Dielektrikums dieser Störung adiabatisch folgen kann. Im Fall einer Lichtwelle läuft das auf die Annahme hinaus, daß die Frequenz des Lichtes klein gegen die Frequenzen ist, welche die Elektronen des Dielektrikums absorbieren. Eine solche Welle kann das Dielektrikum nicht anregen. Daher bleibt dieses während der ganzen Dauer der Einwirkung der Störung im Grundzustand.

Als Störglied haben wir jetzt in Gleichung (3.1) einzuführen

$$\sum_{j=1}^{N} [V(\mathfrak{r}_j) + V_1(\mathfrak{r}_j, t)]. \tag{4.38}$$

Unter dem Einfluß dieser Störung wird das Dielektrikum polarisiert. Ebenso wie in dem oben behandelten Fall der Polarisation durch ein statisches Feld ist die Polarisationsenergie die gleiche wie in Abwesenheit des festgehaltenen Leitungselektrons. Sie hängt folglich nicht von den Koordinaten $\mathfrak{r}$ des Leitungselektrons ab. Die Polarisationsenergie des Kristalls bezeichnen wir (4.38) mit

$$W_\mathfrak{p} + W_1(t). \tag{4.39}$$

Die Gesamtenergie des Kristalls, in dem ein Leitungselektron im Punkt $\mathfrak{r}$ festgehalten wird, hat die Form

$$W(\mathfrak{r}) + W_\mathfrak{p} + W_1(t). \tag{4.40}$$

Diese Energie spielt die Rolle der potentiellen Energie des Leitungselektrons. Der Zustand des Leitungselektrons wird durch die Gleichung

$$i\hbar \frac{\partial \psi}{\partial t} = \left[-\frac{\hbar^2}{2m}\Delta + W(\mathfrak{r}) + W_\mathfrak{p} + W_1(t) + V(\mathfrak{r}) + V_1(\mathfrak{r}, t)\right]\psi \tag{4.41}$$

gegeben. Vergleicht man diese mit der Gleichung (4.5) für den stationären Fall, so sieht man leicht, daß sie folgende zusätzliche Störglieder enthält:

$$W_1(t) + V_1(\mathfrak{r}, t). \tag{4.42}$$

Diese Störung kann man in der üblichen Weise als Ursache für Übergänge des Systems zwischen den stationären Zuständen ansehen, die durch Gleichung (4.5) gegeben werden. Alle physikalischen Folgen dieser Störung, insbesondere die Übergangswahrscheinlichkeiten, werden durch Matrixelemente von der Form

$$V_{1mn} = \int \psi_m^*(\mathfrak{r})\, V_1(\mathfrak{r}, t)\, \psi_n(\mathfrak{r})\, d\tau \tag{4.43}$$

beschrieben, wobei ψ_m und ψ_n Eigenfunktionen der Gleichung (4.5) sind.

Die Störung $W_1(t)$ hängt nicht von $\mathfrak{r}$ ab und ruft infolgedessen keine Übergänge hervor; ihr Matrixelement hat die Form

$$W_{1mn} = \delta_{mn}\, W_1(t). \tag{4.44}$$

Es zeigt sich, daß man das Matrixelement (4.43) berechnen kann, indem man statt ψ_m und ψ_n die Funktionen φ_m und φ_n [die entsprechende Lösung der Gleichung (4.28)] benutzt. In der Tat deuten die Formeln (4.12) und (4.26) darauf hin, daß für jede glatte Funktion $V_1(\mathfrak{r}, t)$ gilt

$$\int \psi_{\mathfrak{k}'}^*\, V_1 \psi_{\mathfrak{k}}\, d\tau \cong \int \varphi_{\mathfrak{k}'}^*\, V_1\, \varphi_{\mathfrak{k}}\, d\tau. \tag{4.45}$$

Wir erhalten also unter Benutzung der Entwicklungen (4.36) und (4.29)

$$\begin{aligned} V_{1mn} &= \int \psi_m^* V_1 \psi_n\, d\tau \cong \sum_{\mathfrak{k}', \mathfrak{k}} a_{\mathfrak{k}'}^{*(m)} a_{\mathfrak{k}}^{(n)} \int \psi_{\mathfrak{k}'}^*\, V_1\, \psi_{\mathfrak{k}}\, d\tau \\ &= \sum_{\mathfrak{k}', \mathfrak{k}} a_{\mathfrak{k}'}^{*(m)} a_{\mathfrak{k}}^{(n)} \times \int \varphi_{\mathfrak{k}'}^*\, V_1\, \varphi_{\mathfrak{k}}\, d\tau = \int \varphi_m^*\, V_1\, \varphi_n\, d\tau, \end{aligned} \tag{4.46}$$

wie oben behauptet wurde. Man muß beachten, daß man mit dieser Methode nur die Matrixelemente berechnen kann, deren beide Indizes (m und n) zu Zuständen mit großer DE BROGLIE-Wellenlänge gehören, für welche die Entwicklung (4.29) auf Glieder mit kleinem $\mathfrak{k}$ beschränkt bleiben kann [vgl. das Kriterium (4.27)]. Solche Matrixelemente werden uns im folgenden auch hauptsächlich begegnen.

Weiter oben wurde gezeigt, daß das Energiespektrum eines Leitungselektrons im Kristall in Anwesenheit eines äußeren Feldes sowie eine Reihe weiterer physikalischer Eigenschaften angenähert berechnet werden können, wenn es gelingt, die Gleichung (4.28) zu lösen. In dieser Gleichung enthält der Operator $\boldsymbol{H}'$ die Parameter E^0 und μ_1, die man im allgemeinen nur durch Lösung der außerordentlich komplizierten Gleichungen (3.1) und (3.4) bestimmen könnte. Bei dem derzeitigen Stand der Mathematik ist die Lösung derartiger Gleichungen unmöglich.

Der Parameter E^0 ist in der Energie nur als additive Konstante enthalten, die Funktion $\varphi(\mathfrak{r})$ hängt nicht von ihm ab. Im folgenden werden wir es ausschließlich mit Energiedifferenzen zu tun haben (Berechnung der thermischen Dissoziationsenergie, der Frequenzen des absorbierten Lichts usw.), so daß wir den Wert von E^0 nicht brauchen werden.

Was die effektiven Massen μ_i betrifft, so sind sie in der Mehrzahl der Ergebnisse wesentlich enthalten. In der Folge werden nur Kristalle mit kubischer Symmetrie behandelt werden. In diesem Fall ist $\mu_1 = \mu_2 = \mu_3 = \mu$. Die Theorie enthält also nur einen einzigen unbekannten Parameter μ, der sich durch Vergleich von Theorie und Experiment bestimmen läßt.

KAPITEL II

Polaronentheorie mit klassischer Behandlung der Ionenbewegung

§ 5. Grundgleichungen

Im vorigen Kapitel wurde angenommen, daß die Atomkerne unbeweglich in den Kristallgitterpunkten festsitzen. In diesem Fall führte die Behandlung des Leitungselektrons im idealen Dielektrikum auf das Problem der Bewegung des Elektrons in einem periodischen Feld mit dem Potential $W(\mathfrak{r})$ [Gleichung (3.4)]. In Wirklichkeit sitzen die Ionen jedoch nicht fest in den Gitterpunkten, sondern führen thermische Schwingungen um gewisse Gleichgewichtslagen aus. Das Leitungselektron wird durch sein Feld den Kristall dielektrisch polarisieren. In seiner Umgebung sind infolgedessen die oben erwähnten Gleichgewichtslagen der Ionen gegenüber den Gitterpunkten verschoben. Infolgedessen befindet sich das Elektron nicht mehr in einem einfach periodischen Feld.

Betrachten wir die Änderung des Potentials für das Leitungselektron, die infolge der Verschiebungen der Ionen eintritt, etwas genauer. Wir halten dazu das Leitungselektron im Punkt $\mathfrak{r}$ des Kristalls fest und verfolgen die Änderung seiner potentiellen Energie, während wir die Ionen aus den Gitterpunkten herausrücken lassen. Zunächst nehmen wir an, daß die dem Elektron am nächsten benachbarten Ionen unverschoben bleiben und daß nur die übrigen Verrückungen erleiden. Die Verschiebung dieser Ionen ruft dieselbe Änderung der potentiellen Energie des Elektrons hervor wie das Auftreten von entsprechenden Dipolen in den Gitterpunkten. Zur potentiellen Energie tritt hierbei ein Zusatzglied, das Potential des polarisierten Mediums, das man nach der bekannten Formel der makroskopischen Elektrostatik

$$V(\mathfrak{r}) = e\int \frac{(\mathfrak{r}-\mathfrak{r}_1)\,\mathfrak{P}(\mathfrak{r}_1)}{|\mathfrak{r}-\mathfrak{r}_1|^3}\,d\tau_1 = -\,e\int \frac{\operatorname{div}\mathfrak{P}(\mathfrak{r}_1)}{|\mathfrak{r}-\mathfrak{r}_1|}\,d\tau_1 \tag{5.1}$$

berechnen kann. Hier ist e die Elektronenladung und $\mathfrak{P}$ die Volumenpolarisation des Dielektrikums, die durch die Verschiebung der Ionen entsteht; sie setzt sich zusammen aus dem Dipolmoment, das die verschobenen Ionen selbst ergeben, und der zusätzlichen Polarisation der gebundenen Elektronen des Dielektrikums, die durch die Ionenverschiebung hervorgerufen wird.

Die makroskopische Formel (5.1) gilt nur dann, wenn die Volumenpolarisation $\mathfrak{P}(\mathfrak{r}_1)$ eine Funktion der Koordinaten ist, die sich auf einer Strecke von der Größenordnung der Gitterkonstanten wenig ändert. Dies wird im folgenden auch vorausgesetzt. Das Kriterium für die Anwendbarkeit der makroskopischen Polarisationsformel wird eingehend in § 7 behandelt.

Wir nehmen jetzt an, daß auch die erwähnten ein bis zwei nächsten Ionen sich verschieben; ihre Verschiebung ruft eine zusätzliche Änderung $V'(\mathfrak{r})$ der potentiellen Energie des Elektrons hervor. Diese Energie beträgt also

$$W(\mathfrak{r}) + V(\mathfrak{r}) + V'(\mathfrak{r}). \tag{5.2}$$

Das Glied $V'(\mathfrak{r})$ wird im folgenden als kleine Störung betrachtet und zunächst in der nullten Näherung weggelassen.

Wir nehmen weiter an, daß die Massen der Ionen hinreichend groß sind und daß man ihre Bewegung mit Hilfe der klassischen Mechanik beschreiben kann. Ferner setzen wir voraus, daß die Schwingungsfrequenzen der Ionen so klein sind, daß der Zustand des Leitungselektrons der Ionenbewegung adiabatisch (trägheitslos) folgt[1]). Mit anderen Worten: Es stellt sich für jede momentane Ionenkonfiguration der entsprechende stationäre Zustand des Leitungselektrons ein. Wird auf irgendeine Weise (z. B. durch eine vorübergehende Störung durch äußere Kräfte) eine gegebene Ionenkonfiguration und die entsprechende Polarisation $\mathfrak{P}(\mathfrak{r}_1)$ erzeugt, so beträgt in diesem Augenblick die potentielle Energie des Elektrons $W(\mathfrak{r}) + V(\mathfrak{r})$, und der Zustand des Elektrons ergibt sich aus der Gleichung

$$\left[-\frac{\hbar^2}{2m}\Delta + W(\mathfrak{r}) + V(\mathfrak{r})\right]\psi(\mathfrak{r}) = E\,\psi(\mathfrak{r}). \tag{5.3a}$$

Die Koordinaten der Ionen gehen als Parameter in $V(\mathfrak{r})$, $\psi(\mathfrak{r})$ und E ein.

Da das Potential $V(\mathfrak{r})$ eine Funktion der Koordinaten ist, die sich auf Strecken von der Größenordnung der Gitterkonstanten wenig ändert, kann man die Methode der effektiven Masse (§ 4) anwenden und die Gleichung (5.3a) durch eine einfachere ersetzen, in der das periodische Potential $W(\mathfrak{r})$ fortfällt und an Stelle von m eine effektive Masse μ eingeführt wird. Dadurch erhält man die Gleichung

$$\left[-\frac{\hbar^2}{2\mu}\Delta + V(\mathfrak{r})\right]\psi(\mathfrak{r}) = E\,\psi(\mathfrak{r}). \tag{5.3}$$

Hier ist die Konstante E^0 weggelassen [siehe Formel (4.7)]. Das entspricht der Wahl des Nullpunktes der Elektronenenergie, bei der ein Elektron, das am unteren Rande des Leitungsbandes ruht, in Abwesenheit des Feldes $V(\mathfrak{r})$ die Energie Null haben würde.

Die Gleichung (5.3) beschreibt strenggenommen die Bewegung nicht des Elektrons, sondern eines gewissen Quasiteilchens mit der Masse μ. Im folgenden werden wir uns jedoch einer einfacheren Bezeichnungsweise bedienen, und dieses Teilchen als „Elektron mit der effektiven Masse μ" bezeichnen.

Die Gleichung (5.3) bestimmt die ψ-Funktion des Elektrons für eine beliebige Ionenkonfiguration. Wir behandeln jetzt die Gleichung, welche die Bewegung der Ionen selbst bestimmt. U_{kin} und U_{pot} seien die kinetische bzw. potentielle

[1]) Gegen diese Voraussetzung können sich Bedenken erheben, wenn der Elektronenzustand einem kontinuierlichen Energiespektrum angehört. Im folgenden wird jedoch nur von Zuständen die Rede sein, die dem diskreten Teil des Spektrums angehören. In diesem Fall läßt sich die adiabatische Näherung auf den Kristall mit demselben Erfolg anwenden, den sie in der Molekültheorie hat.

Energie der Ionen des Dielektrikums in Abwesenheit eines Leitungselektrons. Die kinetische Energie des Elektrons und die potentielle Wechselwirkungsenergie mit dem Kristall sind zusammen gleich der Energie E, die in der Gleichung (5.3) auftritt. Die Gesamtenergie des ganzen Systems beträgt also

$$H = E + U_{\text{pot}} + U_{\text{kin}}. \tag{5.4}$$

Drückt man hierin U_{kin} durch den Impuls und U_{pot} und E durch die Koordinaten der Ionen aus, so geht H in die Hamiltonsche Funktion über, welche die Ionenbewegung beschreibt.

Die explizite Darstellung von U_{kin} durch den Impuls der Ionen macht keine Schwierigkeiten. Um dagegen U_{pot} zu berechnen, muß man die Wechselwirkungskräfte zwischen den Ionen kennen. Diese Kräfte sind jedoch nicht mit hinreichender Genauigkeit bekannt. Gewöhnlich betrachtet man den Kristall als System von Punkten (Ionen), die kleine harmonische Schwingungen um ihre Gleichgewichtslagen ausführen. In diesem Fall wird U_{pot} durch eine quadratische Form der Verschiebungen der Ionen dargestellt. Aber auch in dieser Näherung gehen in die potentielle Energie viele unbekannte Konstanten ein, und die darauffolgenden Berechnungen der Ionenbewegung lassen sich infolgedessen nur schwer bis zu numerischen Ergebnissen durchführen.

Im folgenden werden jedoch Deformationen eines besonderen Typus die Hauptrolle spielen, nämlich die dielektrische Polarisation, die durch das räumlich und zeitlich langsam variierende elektrische Feld hervorgerufen wird. Wir werden sie kurz als *Polarisationsdeformation* bezeichnen. In diesem Sonderfall wird die Berechnung der potentiellen Energie des Kristalls wesentlich leichter, da man die makroskopischen Berechnungsmethoden anwenden und den Kristall als dielektrisches Kontinuum ansehen kann. Die potentielle Energie des polarisierten Dielektrikums U_p kann man als die Arbeit berechnen, die für die Polarisation aufgewendet werden mußte. Wir geben eine bestimmte Ionenkonfiguration vor und bestimmen das äußere elektrische Feld, das die Ionen in diese Anordnung bringen konnte. $\mathfrak{D}'(\mathfrak{r})$ sei der Vektor der dielektrischen Verschiebung dieses Feldes. Schaltet man dieses Feld langsam ein, so nehmen die Ionen, indem sie sich verschieben, allmählich die gegebene Konfiguration ein. Während dieser Polarisation hängt die Volumenpolarisation $\mathfrak{P}$ folgendermaßen mit der dielektrischen Verschiebung zusammen

$$\mathfrak{P}_{\text{ges}} = \frac{\varepsilon - 1}{4\pi\varepsilon}\,\mathfrak{D}, \tag{5.5}$$

dabei ist ε die Dielektrizitätskonstante des Kristalls. Die Arbeit, die das äußere Feld pro Volumeneinheit des Kristalls bei einer differentiellen Feldänderung leistet, beträgt

$$\mathfrak{D}\,\delta\mathfrak{P}_{\text{ges}}.$$

Die gesamte Arbeit, die zur Polarisation der Volumeneinheit aufgewandt wird, ist also

$$\int_0^{D'} \mathfrak{D}\,\delta\mathfrak{P}_{\text{ges}} = \frac{\varepsilon - 1}{8\pi\varepsilon}\,\mathfrak{D}'^2. \tag{5.6}$$

Wir schalten nun das Feld so schnell aus, daß die Ionen infolge ihrer großen Trägheit keine Zeit haben, sich zu verschieben, so daß also nur eine Depolarisation der gebundenen Elektronen des Dielektrikums eintritt. Dadurch gelangt der Kristall gerade in den Zustand, für den wir die potentielle Energie zu berechnen haben (der Zustand der gebundenen Elektronen entspricht adiabatisch der Ionenkonfiguration [7]). Bei schnellem Ausschalten des Feldes hat man an Stelle der statischen Dielektrizitätskonstanten das Quadrat des Brechungsindex n des Lichtes zu verwenden, genauer den Wert von n^2 auf dem Plateau der Dispersionskurve auf der langwelligen Seite des Eigenabsorptionsgebietes durch gebundene Elektronen. Ein schnelles Ausschalten des Feldes führt zu einer Polarisationsänderung, die man nach einer zu (5.5) analogen Formel berechnen kann

$$\delta \mathfrak{P} = \frac{n^2 - 1}{4\pi n^2} \delta \mathfrak{D}. \tag{5.7}$$

Dabei wird pro Volumeneinheit die Arbeit

$$\int_{D'}^{0} \mathfrak{D} \, \delta \mathfrak{P}_{\text{ges}} = - \frac{n^2 - 1}{8\pi n^2} \mathfrak{D}'^2 \tag{5.8}$$

aufgewandt. Die Gesamtarbeit, die zur Verschiebung der Ionen in der Volumeneinheit benötigt wird, erhält man durch Addition der Ausdrücke (5.6) und (5.8); sie beträgt also

$$\frac{1}{8\pi} \left(\frac{1}{n^2} - \frac{1}{\varepsilon} \right) \mathfrak{D}'^2. \tag{5.9}$$

Die Größe in der Klammer wird im folgenden als Hauptparameter der Theorie benützt werden; wir versehen sie deshalb mit einer besonderen Bezeichnung

$$\frac{1}{n^2} - \frac{1}{\varepsilon} = c. \tag{5.10}$$

Die potentielle Energie des polarisierten Dielektrikums ist gleich der Arbeit, die zur Verschiebung der Ionen im gesamten Kristall aufgewandt wurde:

$$U_p = \frac{c}{8\pi} \int \mathfrak{D}'^2(\mathfrak{r}) \, d\tau. \tag{5.11}$$

Hier ist $\mathfrak{D}'(\mathfrak{r})$ die dielektrische Verschiebung durch das Feld, welches die gegebene Ionenkonfiguration im Gleichgewicht halten kann.

Bequemer drückt man die potentielle Energie durch das Dipolmoment aus, das infolge der Deformation entstanden ist. Unter Benutzung der Formeln (5.5) und (5.7) kann man leicht das Dipolmoment berechnen, welches beim schnellen Ausschalten des Feldes übrigbleibt; es hat den Wert

$$\mathfrak{P} = \frac{c}{4\pi} \mathfrak{D}'. \tag{5.12}$$

Im folgenden bezeichnen wir $\mathfrak{P}$ als *trägen Anteil* der Polarisation. Er besteht aus der Polarisation der Ionen und dem Teil der Polarisation der Elektronen, der durch die Polarisation der Ionen stationär aufrechterhalten wird. Dieser Vektor $\mathfrak{P}$

ist also identisch mit dem, der in Formel (5.1) vorkommt. Wir können die Formel (5.11) also folgendermaßen schreiben

$$U_p = \frac{2\pi}{c} \int \mathfrak{P}^2(\mathfrak{r})\, d\tau. \tag{5.13}$$

In dem Sonderfall der Gitter, bei denen die Elementarzelle aus einem positiven und einem negativen Ion besteht (beispielsweise das Steinsalzgitter), kann man eine beliebige stetige Deformation angenähert in zwei voneinander unabhängige Anteile aufteilen:

1. die oben behandelte Polarisation und
2. eine elastische Deformation, bei der kein Dipolmoment auftritt.

Zu einer beliebigen stetigen Deformation kann man also in zwei Schritten gelangen: man polarisiert zunächst den Kristall, indem man ihm die Arbeit U_p zuführt und unterwirft ihn dann einer elastischen Deformation, wobei man zusätzlich die Arbeit U_{elast} aufzuwenden hat. Der zweite Schritt läßt sich mit Hilfe der üblichen Methoden der makroskopischen Elastizitätstheorie durchrechnen. Man kann dabei in erster Näherung die elastischen Konstanten des unpolarisierten Kristalls benutzen, da die Polarisation als so klein vorausgesetzt werden kann, daß die von ihr bewirkte Änderung dieser elastischen Konstanten unwesentlich ist. Die gesamte potentielle Energie eines stetig deformierten Kristalls ohne Leitungselektron beträgt also:

$$U_{\text{pot}} = U_p + U_{\text{elast}}. \tag{5.14}$$

Einen expliziten Ausdruck für U_{elast} brauchen wir noch nicht, da im folgenden Paragraphen Erscheinungen behandelt werden, bei denen die Polarisation und nicht die elastische Deformation die wesentliche Rolle spielt.

Bei der Untersuchung des Kristallzustandes ohne elastische Deformation in Anwesenheit eines Leitungselektrons benutzt man zweckmäßigerweise folgendes Funktional, das von $\psi(\mathfrak{r})$ und $\mathfrak{P}(\mathfrak{r})$ abhängt:

$$F[\psi, \mathfrak{P}] = \frac{\hbar^2}{2\mu} \int |\operatorname{grad} \psi|^2\, d\tau + \overline{V}[\psi, \mathfrak{P}] + \frac{2\pi}{c} \int \mathfrak{P}^2\, d\tau; \tag{5.15}$$

dabei ist:

$$\overline{V}[\psi, \mathfrak{P}] = \int V(\mathfrak{r})\, |\psi|^2\, d\tau. \tag{5.16}$$

Benutzt man für V den Ausdruck (5.1) und führt die Bezeichnung

$$\mathfrak{D}[\psi, \mathfrak{r}_1] = -e \int |\psi(\mathfrak{r})|^2 \frac{(\mathfrak{r} - \mathfrak{r}_1)}{|\mathfrak{r} - \mathfrak{r}_1|^3}\, d\tau \tag{5.17}$$

ein, so läßt sich (5.16) folgendermaßen darstellen:

$$\overline{V}[\psi, \mathfrak{P}] = -\int \mathfrak{P}\, \mathfrak{D}\, d\tau. \tag{5.18}$$

Nach Formel (5.17) kann man $\mathfrak{D}$ als dielektrische Verschiebung durch das Feld deuten, das durch eine Ladungswolke der Dichte $e|\psi|^2$ erzeugt wird. Nach (5.18) stellt $\overline{V}$ die potentielle Wechselwirkungsenergie dieser Ladungswolke mit dem polarisierten Medium dar.

Um den Sinn des Funktionals F und die Zweckmäßigkeit seiner Einführung zu erläutern, betrachten wir folgende Haupteigenschaften dieses Funktionals.

Wird $\mathfrak{P}(\mathfrak{r})$ festgehalten, und bestimmt man $\psi(\mathfrak{r})$ aus der Bedingung, daß das Funktional F ein Extremum habe, wobei die Bedingung

$$\int |\psi|^2 \, d\tau = 1 \tag{5.19}$$

erfüllt sein muß, so bilden nach dem bekannten Variationsprinzip der Quantenmechanik die auf diese Weise gewonnenen $\psi(\mathfrak{r})$ die stationären Quantenzustände des Elektrons im Feld $V(\mathfrak{r})$, d. h. die Lösungen der Gleichung (5.3). Diese ψ sind infolgedessen die Zustände des Elektrons, die der gegebenen Ionenkonfiguration mit der Polarisation $\mathfrak{P}(\mathfrak{r})$ adiabatisch entsprechen. Setzt man nun eines dieser ψ in das Funktional (5.15) ein, so stellen das erste und das zweite Glied in der Formel (5.15) die kinetische Energie des Elektrons bzw. die potentielle Wechselwirkungsenergie des Elektrons mit dem Kristall dar, und ihre Summe ist gleich der Energie E, die in den Formeln (5.3) und (5.4) auftritt. Das dritte Glied in (5.15) ist die potentielle Energie des polarisierten Kristalls ohne Leitungselektronen. Hat man also das Funktional F durch Variation von $\psi(\mathfrak{r})$ zu einem Minimum gemacht, so ist es gleich der Summe der ersten beiden Glieder der Formel (5.4) und stellt die potentielle Energie der Ionen in Anwesenheit eines Leitungselektrons dar.

§ 6. Das ruhende Polaron [12, 13]

Wir betrachten einen Kristallzustand mit einem Leitungselektron, in dem die Energie des Systems so klein wie möglich ist (absolute Temperatur des Kristalls gleich Null). Diesen Zustand werden wir im folgenden als Grundzustand bezeichnen. Da die Ionenbewegung mit Hilfe der klassischen Mechanik beschrieben werden soll, besitzt das System minimale Energie, wenn die kinetische Energie der Ionen gleich Null ist und ihre potentielle Energie ein Minimum hat.

Wie im vorigen Paragraphen gezeigt wurde, wird die potentielle Energie der Ionen für eine vorgegebene Polarisation $\mathfrak{P}(\mathfrak{r})$ durch das Funktional

$$F[\psi, \mathfrak{P}] = \frac{\hbar^2}{2\mu} \int |\operatorname{grad} \psi|^2 \, d\tau - \int \mathfrak{P} \, \mathfrak{D}[\psi, \mathfrak{r}] \, d\tau + \frac{2\pi}{c} \int \mathfrak{P}^2 \, d\tau \tag{6.1}$$

gegeben, falls man hier dasjenige $\psi(\mathfrak{r})$ einsetzt, bei dem das Funktional seinen Extremwert annimmt. Dieses ψ stellt den stationären Zustand des Leitungselektrons dar, welcher der gegebenen Ionenkonfiguration $\mathfrak{P}(\mathfrak{r})$ adiabatisch entspricht. Jedoch werden sich die Ionen dabei im allgemeinen nicht im Gleichgewicht befinden. Um zu dem oben erwähnten Minimum der potentiellen Energie der Ionen zu gelangen, hat man $F[\psi, \mathfrak{P}]$ auch hinsichtlich $\mathfrak{P}(\mathfrak{r})$ zu einem Minimum zu machen. Im Grundzustand hat also das Funktional (6.1) ein absolutes Minimum, das sich durch unabhängige Variation von $\psi(\mathfrak{r})$ und $\mathfrak{P}(\mathfrak{r})$ unter Beachtung der Normierung von ψ ergibt. Dieser minimale Wert von F ist gleich der Gesamtenergie des Systems im Grundzustand, denn in der Formel (5.4) ist die kinetische Energie der Ionen gleich Null.

Variiert man $\mathfrak{P}(\mathfrak{r})$ bei festgehaltenem ψ beliebig, so hat die entsprechende Variation von F die Form

$$\delta_p F = -\int \delta \mathfrak{P}\, \mathfrak{D}\, d\tau + \frac{4\pi}{c}\int \mathfrak{P}\, \delta \mathfrak{P}\, d\tau. \tag{6.2}$$

Setzen wir diese Variation gleich Null, so erhalten wir

$$\mathfrak{P}(\mathfrak{r}) = \frac{c}{4\pi}\, \mathfrak{D}[\psi, \mathfrak{r}]. \tag{6.3}$$

Durch Vergleich dieser Formel mit (5.12) sehen wir, daß das Elektron diejenige träge Polarisation des Kristalls stationär aufrechterhalten kann, durch die ein elektrostatisches Feld mit der dielektrischen Verschiebung $\mathfrak{D}[\psi, \mathfrak{r}]$ erzeugt würde. Die Ionen können also infolge ihrer Trägheit der Bewegung des Elektrons nicht folgen und werden so polarisiert, als ob der quantenmechanische Mittelwert des Elektronenfeldes, der durch Formel (5.17) gegeben wird, auf sie einwirkt.

Setzen wir das $\mathfrak{P}$ der Gleichung (6.3) in (6.1) ein, so gelangen wir zu einem Funktional, das nur noch von ψ abhängt:

$$J[\psi] \equiv F\left[\psi, \frac{c}{4\pi}\mathfrak{D}\right] = \frac{\hbar^2}{2\mu}\int |\operatorname{grad} \psi|^2\, d\tau - \frac{c}{8\pi}\int \mathfrak{D}^2[\psi, \mathfrak{r}]\, d\tau. \tag{6.4}$$

Wir haben nun dieses Funktional zu einem Minimum zu machen, indem wir ψ unter Beachtung seiner Normierung variieren. Das Funktional (6.4) besitzt ein absolutes Minimum, wenn das Elektron sich nicht im freien, sondern in einem lokalisierten (gebundenen) Zustand befindet, d. h. wenn $|\psi|^2$ nur in einem kleinen Bereich des Kristalls von merklicher Größe ist und mit der Entfernung von diesem Gebiet gegen Null strebt. Tatsächlich unterscheidet sich das negative Glied in (6.4) nur durch einen konstanten Faktor von der Energie des elektrostatischen Feldes der ψ-Wolke des Elektrons. Befindet sich das Elektron im freien Zustand, so ist die Dichte der ψ-Wolke sehr klein ($\sim 1/L^3$), und das negative Glied in (6.4) ist ebenfalls sehr klein; in diesem Fall ist $J[\psi] \geqq 0$. Befindet sich dagegen das Elektron in einem lokalisierten Zustand, so ist das negative Glied in (6.4) umgekehrt proportional dem effektiven Radius der ψ-Wolke, das positive Glied umgekehrt proportional dem Quadrat dieses Radius; bei genügend großen Radien dominiert also das negative Glied und es ist $J[\psi] < 0$. Im Grundzustand des Systems ist also das Elektron lokalisiert.

Der behandelte Zustand des Systems ist dadurch bemerkenswert, daß der polarisierte Kristall einen Potentialtopf für das Elektron darstellt, der dieses im lokalisierten Zustand festhält, während das Elektron seinerseits durch sein mittleres Feld $\mathfrak{D}$ die erwähnte Polarisation des Kristalls stationär aufrechterhält. Der Polarisationspotentialtopf und die ψ-Funktion des Systems bestimmen einander also gegenseitig. Diesen sich selbst aufrechterhaltenden Zustand des Systems bezeichnen wir im folgenden kurz als *Polaron*.

Wir gehen nun dazu über, das Funktional (6.4) zu einem Minimum zu machen. Um das absolute Minimum des Funktionals $J[\psi]$ aufzusuchen, verwendet man die direkte Variationsmethode [13]. Dazu wird ψ durch eine konkrete Funktion, die eine Anzahl von Parametern enthält, approximiert. Diese Näherung wird in (6.4) eingesetzt, wodurch $J[\psi]$ eine Funktion dieser Parameter wird. Dann werden die Parameter aus der Minimumbedingung für J bestimmt. Bei der Wahl der Form der Näherungsfunktion hat man zu berücksichtigen, daß ψ eine stetige Ableitung besitzt und im Unendlichen wie $e^{-\alpha r}$ gegen Null geht; wegen einer bekannten Eigenschaft der Grundzustände in der Quantenmechanik hat ψ keine Knoten, und schließlich muß in einem isotrop polarisierten Kristall der Grundzustand kugelsymmetrisch sein. Man hat eine Anzahl von Näherungsfunktionen verschiedener Form ausprobiert. Die genauesten Ergebnisse (den tiefsten Wert des Minimums von J) lieferte eine Funktion der Form

$$\psi_0 = A(1 + \alpha r + \beta r^2)\, e^{-\alpha} \tag{6.5}$$

(im folgenden werden die Größen, die sich auf den Grundzustand beziehen, mit dem Index 0 bezeichnet). Mit Hilfe der Normierungsbedingung läßt sich A durch α und β ausdrücken; α und β sind unabhängige Parameter und lassen sich aus der Minimumbedingung für J bestimmen.

Eine Funktion mit zwei unabhängigen Parametern (α und β) ist natürlich nicht geeignet, den Zustand des Elektrons mit größerer Genauigkeit zu approximieren. Trotzdem erhält man aber den uns interessierenden minimalen Wert von $J[\psi]$, welcher die Energie des Grundzustandes darstellt, mit großer Genauigkeit. Das beruht darauf, daß bei der Bestimmung des Minimums von $J[\psi]$ nur gefordert wird, daß die Werte der Integrale, die in dem Ausdruck für $J[\psi]$ vorkommen, und nicht etwa alle Werte von ψ selbst durch die Näherungsfunktion approximiert werden sollen. Außerdem ist wesentlich, daß in der Nähe des Minimums die Variation von J verschwindet, und daß folglich $J[\psi]$ gegen kleine Abweichungen von der genauen Minimalfunktion wenig empfindlich ist.

Die Genauigkeit dieser direkten Variationsmethode kann man abschätzen, indem man sie auf verschiedene Probleme anwendet, deren genaue Lösung bekannt ist. Berechnet man z. B. den Energieterm des Grundzustandes des dreidimensionalen harmonischen Oszillators unter Verwendung des Variationsprinzips der Quantenmechanik und der Näherung (6.5), so stellt sich heraus, daß man sogar mit einem unabhängigen Parameter α (wobei man β gleich Null setzt) einen Wert erhält, der nur etwa 5% über dem genauen Term liegt. Benutzt man sogar die Näherung (6.5) mit ihren beiden Parametern, so beträgt die Ungenauigkeit bei der Berechnung des Terms nur Bruchteile eines Prozents. Diese hohe Genauigkeit in der Bestimmung des Extremums des Funktionals beruht nicht auf besonders günstigen Umständen, sondern ist für die direkten Variationsmethoden überhaupt charakteristisch.

Wir wenden uns nun wieder der Berechnung des Minimums von $J[\psi]$ mit Hilfe der Näherung (6.5) zu. An Stelle der Variablen r führt man zweckmäßigerweise die dimensionslose Variable

$$x = 2\alpha r \tag{6.6}$$

ein. Dann erhält man statt (6.5)

$$\psi_0 = A\left(1 + \frac{x}{2} + \gamma x^2\right) e^{-\frac{x}{2}} \tag{6.7}$$

mit

$$\gamma = \frac{\beta}{4\alpha^2}.$$

Durch Einsetzen dieses Ausdrucks in die Formeln (5.17) und (6.4) und durch Integration gelangt man zu dem Ausdruck

$$J = \frac{3}{2}\frac{\pi \hbar^2 A^2}{\mu \alpha}(1 + 4\gamma + 24\gamma^2) - \frac{c e^2 \pi^2 A^4}{\alpha^5} \times \\ \times (10{,}494 + 209{,}88\gamma + 1884\gamma^2 + 8507{,}8\gamma^3 + 16727\gamma^4). \tag{6.8}$$

Die Normierungsbedingung (5.19) nimmt, nachdem man die Näherung (6.7) eingesetzt und integriert hat, die Form

$$\frac{\pi A^2}{2\alpha^3}(14 + 168\gamma + 720\gamma^2) = 1 \tag{6.9}$$

an.

Nach (6.8) ist J eine Funktion der Parameter A^2, α und γ. Wir haben ihr Minimum unter der Bedingung (6.9) aufzusuchen. Die übliche Methode, ein solches Extremum zu bestimmen, führt zu einem System dreier Gleichungen, aus dem man die Werte für A^2, α und γ bestimmen kann. Eliminiert man aus diesem System A^2 und α, indem man sie durch γ ausdrückt, so erhält man für γ die Gleichung

$$0{,}11196\gamma + 3{,}0396\gamma^2 + 6{,}7956\gamma^3 \\ - 172{,}56\gamma^4 - 1411{,}6\gamma^5 - 3481{,}7\gamma^6 = 0. \tag{6.10}$$

Die Untersuchung zeigt, daß diese Gleichung vier reelle und zwei komplexe Wurzeln besitzt.

Die Größen α und A^2 lassen sich mit Hilfe der Beziehung

$$\alpha = \frac{\mu e^2 c}{\hbar^2}\,\frac{167{,}91 + 3358{,}1\gamma + 30143\gamma^2 + 136125\gamma^3 + 267637\gamma^4}{24(1 + 4\gamma + 24\gamma^2)(14 + 168\gamma + 720\gamma^2)} \tag{6.11}$$

und der Beziehung (6.9) eindeutig durch γ ausdrücken. In der folgenden Tabelle sind die reellen Wurzeln der Gleichung (6.10) sowie die entsprechenden Extremwerte von J und α angegeben.

Tabelle 6.1

i	γ_i	$\frac{\alpha_i \hbar^2}{\mu e^2 c}$	$-\frac{J \hbar^2}{\mu e^4 c^2}$
1	−0,1959	0,1588	0,009 807
2	−0,0447	0,4054	0,053 95
3	0	0,5	0,053 55
4	0,1129	0,6585	0,054 32

Wie aus der Theorie der direkten Variationsmethoden bekannt ist, hat nur das tiefste, d. h. der vierte der Extremwerte von J physikalische Bedeutung[1]. Er

[1]) Die übrigen Extrema von J entstehen infolge der ungenügenden „Schmiegsamkeit" der Näherungsfunktion und können beim Übergang zu höheren Näherungen verschwinden.

stellt das oben erwähnte absolute Minimum des Funktionals $F[\psi, \mathfrak{P}]$, d. h. die Gesamtenergie des Systems im Grundzustand dar:

$$J[\psi_0] = H_0 = -0{,}0544 \frac{\mu e^4}{\hbar^2} c^2 \tag{6.12}$$

(hier ist nach unten, d. h. nach geringeren Energien abgerundet). Diese Energie beträgt in Elektronenvolt

$$H_0 = -1{,}47 \frac{\mu}{m} c^2. \tag{6.13}$$

Es sind μ die effektive Masse des Elektrons im Kristall und m die Masse des freien Elektrons.

Der Energienullpunkt des Systems wird so gewählt, daß H gleich Null ist, wenn die Ionen unbeweglich in den Gitterpunkten sitzen, während sich das Elektron am unteren Rande des Leitungsbandes befindet. Die Energie H_0 ist also abgesehen vom Vorzeichen gleich der thermischen Dissoziationsenergie des Polarons, durch welche der Kristall vollständig depolarisiert wird, und das Elektron in einen freien Zustand im Band übergeht. Diese Energie ist so groß, daß selbst bei hohen Temperaturen die überwiegende Mehrheit der „überschüssigen" Elektronen (die von außen in das Dielektrikum eingeführt wurden) sich im Polaronenzustand befinden muß.

Setzen wir die nunmehr bekannten Parameterwerte γ_4 und α_4 ein, so können wir die ψ-Funktion des Grundzustandes in der Form

$$\psi_0 = 0{,}1229 \alpha_4^{3/2} (1 + \alpha_4 r + 0{,}4516 \alpha_4^2 r^2) e^{-\alpha_4 r} \tag{6.14}$$

darstellen, wobei

$$\alpha_4 = 0{,}6585 \frac{\mu e^2}{\hbar^2} c \tag{6.15}$$

ist. Verwenden wir an Stelle von (6.5) eine Näherungsfunktion mit nur einem unabhängigen Parameter α, indem wir $\beta = 0$ und $\gamma = 0$ setzen, so erhalten wir die Ergebnisse, die in der dritten Zeile der Tabelle 6.1 angegeben sind. Es ist interessant, festzustellen, daß der entsprechende Extremwert von J sich von (6.12) um weniger als 2% unterscheidet. Durch Benutzung eines zweiten unabhängigen Parameters kann man also die Energie um 2% herabdrücken. Durch eine weitere Erhöhung der Anzahl der Parameter kann man das Minimum von J nur noch um Bruchteile eines Prozents senken. Dieses Ergebnis ergänzt das oben behandelte Beispiel des harmonischen Oszillators (6.12), das demonstriert, wie genau die Bestimmung der Energie mit Hilfe der direkten Variationsmethode sogar bei geringer Anzahl der Parameter ist, wenn man nur die Form der Näherungsfunktion vernünftig wählt.

Für gröbere Rechnungen kann man die Näherung mit dem einzigen Parameter α verwenden. Dann ist

$$\psi_0 \cong \frac{\alpha_3^{3/2}}{\sqrt{7\pi}} (1 + \alpha_3 r) e^{-\alpha_3 r}, \tag{6.16}$$

mit

$$\alpha_3 = \frac{\mu e^2}{2\hbar^2} c. \tag{6.17}$$

Kennt man die ψ-Funktion (6.14) des Elektrons, so kann man an Hand der Formel (5.17) die entsprechende dielektrische Verschiebung $\mathfrak{D}_0$, nach Formel (6.3) die Polarisation $\mathfrak{P}_0(\mathfrak{r})$ und schließlich nach Formel (5.1) die Form des Polarisationspotentialtopfes $V_0(\mathfrak{r})$, in dem sich das Elektron bewegt, berechnen. Wir lassen die Einzelheiten der Rechnung fort — der Leser kann sie in den entsprechenden Arbeiten [13] finden — und führen nur das Endergebnis für das Potential an:

$$V_0(r) = -2\alpha_4 c e^2 \left[\frac{1}{x} - e^{-x}\left(\frac{1}{x} + 0{,}7605 + 0{,}2605\,x + \right.\right.$$
$$\left.\left. + 0{,}05087\,x^2 + 0{,}005703\,x^3 + 0{,}0003024\,x^4\right)\right], \tag{6.18}$$

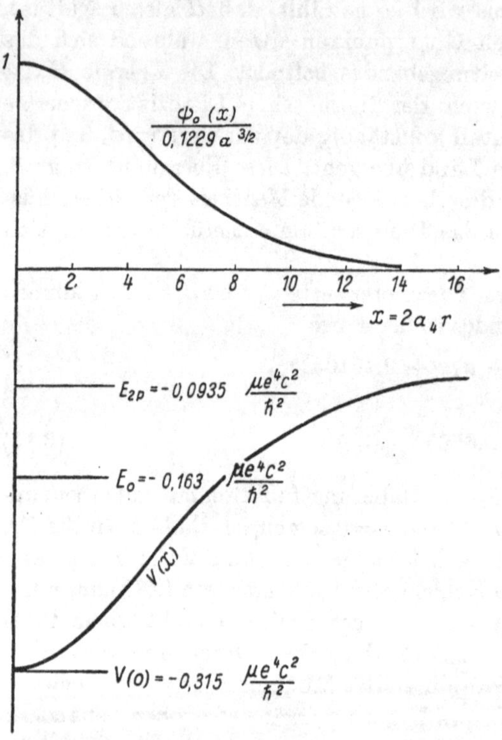

Abb. 6.1: Potentialtopf, Energieterme und ψ-Funktion des Elektrons im Polaronenzustand.

dabei ist $x = 2\alpha_4 r$. Bei $x \gg 1$ ist der Exponentialfaktor sehr klein, und das Potential wird nur noch durch den Coulomb-Anteil bestimmt:

$$V_0'(r) \to -\frac{c e^2}{r}. \tag{6.19}$$

Im Punkt $r = 0$ besitzt das Potential ein Minimum vom parabolischen Typ, wie in Abb. 6.1 dargestellt.

§ 7. *Kriterien für die Anwendbarkeit der Theorie* [12

Im vorigen Paragraphen wurde beim Aufbau der Theorie eine Reihe einschränkender Voraussetzungen gemacht, durch die der mathematische Aufwand bedeutend vereinfacht werden konnte. In diesem Paragraphen untersuchen wir diese Voraussetzungen konsequent und geben einfache Kriterien an, die leicht festzustellen gestatten, in welchem Umfange diese Voraussetzungen für einen konkreten Kristall gültig sind.

In den §§ 3 und 4 wurde vorausgesetzt, daß der Zustand der gebundenen Elektronen des Dielektrikums der Bewegung des Leitungselektrons trägheitslos folgt (Fall *A*). Dadurch ließ sich das Mehrelektronenproblem auf die Behandlung der Bewegung eines einzigen Elektrons in einem periodischen Feld mit dem Potential $W(\mathfrak{r})$ zurückführen. Diese adiabatische Näherung ist immer dann gültig, wenn der Abstand zwischen den Energietermen des Leitungselektrons in dem Polarisationspotentialtopf $V(\mathfrak{r})$ wesentlich kleiner ist als die Anregungsenergie der gebundenen Elektronen des Dielektrikums [7], d.h., wenn die Lichtfrequenz ω, die das Leitungselektron als Polaron absorbieren und emittieren kann, bedeutend kleiner ist als die Frequenzen ω_e, die die gebundenen Elektronen des Dielektrikums absorbieren können:

$$\omega \ll \omega_e \tag{7.1}$$

Ferner wurde im §4 bei der Behandlung der Störung des Systems durch ein schnell veränderliches Feld (z. B. durch Licht) angenommen, daß diese Störung Übergänge des Leitungselektrons von einem Zustand in den anderen hervorruft, die gebundenen Elektronen des Dielektrikums jedoch nicht anregt. Diese Bedingung ist erfüllt, wenn Ungleichung (7.1) gilt.

Im § 5 wurde angenommen, daß der Zustand des Leitungselektrons der Ionenbewegung adiabatisch folgt. Dies gilt immer dann, wenn ω bedeutend größer ist als die Eigenfrequenzen ω_i der Ionenschwingungen

$$\omega \gg \omega_i\,. \tag{7.2}$$

Sind die Ungleichungen (7.1) und (7.2) gleichzeitig erfüllt, so bedeutet dies, daß ein Leitungselektron, welches sich im Potentialtopf des Polarons befindet, in dem Gebiet des Spektrums absorbiert, in dem das gegebene Dielektrikum durchsichtig ist. Im § 9 wird gezeigt werden, daß das Polaron im Grundzustand hauptsächlich die Frequenz

$$\hbar\,\omega = 1{,}3\,|H_0| \tag{7.3}$$

absorbiert. Die oben angeführten Voraussetzungen sind also gültig, wenn folgende Ungleichung erfüllt ist:

$$\hbar\,\omega_i \ll 1{,}3\,|H_0| \ll \hbar\,\omega_e\,. \tag{7.4}$$

Im §5 wurde vorausgesetzt, daß bei einer Wechselwirkung des Elektrons mit dem polarisierten Kristall die Polarisation eines verhältnismäßig großen Teils des Kristalls, dessen Abmessungen bedeutend größer sind als die Gitterkonstante, die Hauptrolle spielt. Unter dieser Voraussetzung kann die Wechselwirkungsenergie des Elektrons mit dem polarisierten Kristall auf makroskopischem Wege berechnet werden. Für den Grundzustand läßt sich diese Energie mit Hilfe der Formeln (5.18) und (6.3) folgendermaßen schreiben:

$$\overline{V}[\psi_0, \mathfrak{P}_0] = -\int \mathfrak{P}_0\,\mathfrak{D}_0\,d\tau = -\frac{c}{4\pi}\int \mathfrak{D}_0^2\,d\tau. \tag{7.5}$$

Um eine Vorstellung von der Größe jenes Gebietes des Kristalls zu erhalten, dessen Polarisation den Hauptanteil zur Energie (7.5) liefert, führt man zweckmäßigerweise den Begriff des Polarisationsradius r_p des Polarons ein. Wir definieren ihn als Radius der Kugel, deren Mittelpunkt mit dem Mittelpunkt des Polarons zusammenfällt und welche die Hälfte des Volumenintegrals (7.5) liefert. Durch Ausrechnung erhält man

$$r_p \cong \frac{10\,\hbar^2}{c\,\mu\,e^2}\,. \tag{7.6}$$

Man kann die Polarisation makroskopisch betrachten, falls dieser Radius größer ist als die Gitterkonstante, d. h. falls gilt

$$\frac{10\,\hbar^2}{c\,\mu\,e^2} > a. \tag{7.7}$$

Beim Aufbau der Theorie wurde die Methode der effektiven Masse verwendet. Wie im § 4 angedeutet, gilt diese Methode nur dann, wenn die DE BROGLIE-Wellenlänge des Quasiteilchens mit der effektiven Masse μ größer ist als die Gitterkonstante, genauer gesagt, wenn bei der Entwicklung der ψ-Funktion in eine FOURIER-Reihe von der Form

$$\psi_0(\mathfrak{r}) = \frac{1}{L^{3/2}} \sum_{\mathfrak{k}} a_{\mathfrak{k}}\, e^{i\mathfrak{k}\mathfrak{r}} \tag{7.8}$$

die Oberschwingungen mit Wellenlängen größer als die Gitterkonstante den Hauptanteil liefern. Verwendet man für $\psi_0(\mathfrak{r})$ den Näherungsausdruck (6.16), so haben die FOURIER-Koeffizienten die Form

$$a_k = \frac{32\sqrt{\frac{\pi}{7}}}{L^{3/2}\,\alpha_3^{3/2}}\;\frac{1}{\left(1+\frac{k^2}{\alpha_3^2}\right)^3}. \tag{7.9}$$

Diese Formel zeigt, daß a_k bei $k = 0$ sein Maximum hat; bei $k = \alpha$ hat a_k nur noch ein Achtel seines Maximalwertes, und bei weiterem Anwachsen von k geht a_k schnell gegen Null (und zwar wie $1/k^6$). In der Entwicklung (7.8) geben also die Oberschwingungen mit $k \leqq \alpha_3$, d. h., mit Wellenlängen

$$\lambda = \frac{2\pi}{k} \geqq \frac{2\pi}{\alpha_3} = \frac{4\pi}{c}\,\frac{\hbar^2}{\mu\,e^2} \tag{7.10}$$

den Hauptanteil. Die Methode der effektiven Masse ist anwendbar, falls gilt

$$\frac{4\pi}{c}\,\frac{\hbar^2}{\mu\,e^2} > a. \tag{7.11}$$

K. B. TOLPYGO [46] behandelte höhere Näherungen der Methode der effektiven Masse, erhielt entsprechende Korrekturglieder zum Ausdruck für die Energie des Polarons und gelangte zu einem Kriterium für die Gültigkeit dieser Methode, das mit (7.11) identisch ist. Dieses Kriterium stimmt, wie sich herausstellt, mit dem Kriterium (7.7) überein, das die Gültigkeit für die makroskopische Behandlung des Polarons angibt.

Im § 5 wurde vorausgesetzt, daß die Polarisationsverschiebung klein gegenüber der Gitterkonstante ist, und daß man deshalb das Potential $V'(\mathfrak{r})$ in (5.2) als kleine Störung ansehen kann. Wir berechnen diese Verschiebungen an der Stelle des Kristalls, an der dielektrische Verschiebung $\mathfrak{D}_0(\mathfrak{r})$ und Polarisation ihre Höchstwerte annehmen. Bei dieser Berechnung kann man den vereinfachten Näherungsausdruck (6.16), (6.17) für $\psi_0(\mathfrak{r})$ anwenden. Es stellt sich heraus, daß die dielektrische Verschiebung ihren Höchstwert auf einer Kugelfläche vom Radius

$$r = 2{,}8 \frac{\hbar^2}{\mu e^2 c} \tag{7.12}$$

annimmt; dieser Höchstwert beträgt

$$\mathfrak{D}_{0\max} = 0{,}035 e \left(\frac{\mu e^2 c}{\hbar^2}\right)^2. \tag{7.13}$$

Die Volumenpolarisation $\mathfrak{P}_i$, die durch die Ionenverschiebung erzeugt wird, darf nicht mit der oben eingeführten trägen Polarisation $\mathfrak{P}$ verwechselt werden, denn letztere umfaßt auch die Elektronenpolarisation $\mathfrak{P}_e$, die durch die Ionenverschiebung hervorgerufen wird. Ist $\mathfrak{P}_{ges}$ die gesamte Polarisation, so ist

$$\mathfrak{P}_i = \mathfrak{P}_{ges} - \mathfrak{P}_e = \frac{\varepsilon - n^2}{4\pi} \frac{\mathfrak{D}}{\varepsilon} = n^2 \mathfrak{P}. \tag{7.14}$$

Da wir uns nur für die Größenordnungen interessieren, nehmen wir der Einfachheit halber an, daß das Gitter kubisch ist und daß alle Ionen, aus denen die Elementarzelle besteht, einwertig seien und die gleiche Polarisationsverschiebung Δ erfahren. Dann ist

$$\Delta = \frac{a^3 P_i}{e \nu}, \tag{7.15}$$

wobei a die Gitterkonstante und ν die Anzahl der Ionen pro Elementarzelle ist. An der Stelle, wo Induktion und Polarisation ihren Höchstwert erreichen, gilt wegen (7.13) bis (7.15):

$$\frac{\Delta}{a} = \frac{0{,}035}{4\pi\nu} \left(1 - \frac{n^2}{\varepsilon}\right) \left(a \frac{\mu e^2 c}{\hbar^2}\right)^2. \tag{7.16}$$

Im § 5 wurde vorausgesetzt, daß das Verhältnis Δ/a wesentlich kleiner als Eins ist. Wie Formel (7.16) zeigt, ist diese Einschränkung schwächer als (7.7) und folgt aus letzterer.

Als Kriterien für die Anwendbarkeit der Theorie bleiben also die Ungleichungen (7.4) und (7.7). Die Parameter der Theorie sind

$$c = \frac{1}{n^2} - \frac{1}{\varepsilon} \tag{7.17}$$

und die effektive Masse μ. Der Parameter c liegt bei den meisten Ionenkristallen zwischen $1/4$ und $1/10$. Was die effektive Masse angeht, so kann sie sowohl größer als auch kleiner als die Masse des freien Elektrons sein. Bei den Alkalihalogenidkristallen zum Beispiel ist die effektive Masse anderthalb- bis zweieinhalbmal so groß wie die Masse des freien Elektrons (siehe Tabelle 7.1). Einige Oxyde [14] haben dagegen effektive Massen, die kleiner sind als die Massen des freien Elektrons. Man hat deshalb im folgenden die Gültigkeit der Kriterien für jeden konkreten Kristall, mit dem man es zu tun hat, nachzuprüfen.

Tabelle 7.1

	Cu_2O	NaCl	NaBr	NaJ	KCl	KBr	KJ	RbCl	RbBr	RbJ	PbS
ε	9	5,8	6,39	6,6	4,78	4,81	5,2	5,2	5,16	5,58	17,9
n^2	4	2,33	2,6	2,91	2,175	2,36	2,65	2,18	2,36	2,6	2,81
c	0,139	0,257	0,229	0,192	0,251	0,217	0,185	0,265	0,23	0,206	0,3
$\frac{\mu}{m}$	1,81	2,78	2,96	3,25	1,85	1,87	2,11	1,78	1,7	1,89	0,46
r_p[ÅE]	21	7,4	7,85	8,5	11,4	13	13,6	11,3	13,5	13,6	38,3
a[ÅE]		2,81	2,97	3,23	3,14	3,29	3,53	3,27	3,42	3,66	2,98

$$r_p = \frac{10\hbar^2}{\mu e^2 c} = \frac{5{,}29}{\frac{\mu}{m} c} \text{Å}$$

Wir betrachten hier als Beispiel den Fall, daß $\mu = m$ und $c = 0{,}25$ ist. Die Ungleichung (7.4) ist in diesem Fall erfüllt, da $\hbar\omega_i$ bei den meisten Kristallen nicht größer ist als zwei bis drei hundertstel Elektronenvolt, $|H_0|$ etwa gleich einem zehntel Elektronvolt ist und $\hbar\omega_e$ bei Dielektrika einige Elektronenvolt beträgt. Die Ungleichung (7.7) ist ebenfalls erfüllt, da der Polarisationsradius r_p des Polarons im betrachteten Beispiel gleich vierzig Wasserstoffradien, also größer als die Gitterkonstante jedes Kristalls ist.

In der Tabelle 7.1 sind die effektiven Massen der Elektronen und die Radien der Polaronen für einige konkrete Kristalle zusammengestellt. Die Parameter der Theorie für diese Kristalle sind den §§ 30, 31 und 36 entnommen.

§ 8. Die Instabilität des Elektronenzustandes im Band. Der Bildungsprozeß des Polarons [15]. Das „1 : 2 : 3 : 4"-Theorem

Im § 6 wurde gezeigt, daß es im idealen Ionenkristall Polaronen gibt und die Energie des Systems im Polaronenzustand bedeutend kleiner ist als im freien Zustand des Elektrons im Band, und daß folglich die Mehrzahl der „überschüssigen" Elektronen sich im Polaronenzustand befinden muß. Wir untersuchen jetzt, in welchem Maße der Zustand im Band metastabil ist und wie das Elektron aus dem Zustand im Band in den Polaronenzustand übergehen kann. Insbesondere ist es interessant zu klären, ob zur Bildung des Polarons eine vorherige thermische Schwankung erforderlich ist, die einen primären Polarisationspotentialtopf von so großer Tiefe erzeugt, daß es in ihm diskrete Terme gibt. Weiter unten wird gezeigt werden, daß eine solche vorherige thermische Schwankung nicht erforderlich ist. Im Gegenteil kann man einen Verlauf der Polarisation des Kristalls angeben, der zur Lokalisierung des Elektrons führt, wobei die potentielle Energie der Ionen monoton abnimmt.

Wir betrachten zum Beispiel die Polarisation

$$\mathfrak{P}_\varphi = \frac{c}{4\pi}\,\mathfrak{D}[\varphi, \mathfrak{r}], \tag{8.1}$$

wobei das Funktional $\mathfrak{D}$ durch Formel (5.17) definiert ist, und φ bestimmt wird durch

$$\varphi = k^{3/2}\,\psi_0(k\,r)\ (0 \leqq k \leqq 1) \tag{8.2}$$

(ψ_0 ist der Grundzustand des Polarons). Die ψ-Funktion des Elektrons, die der gegebenen Polarisation adiabatisch entspricht, ist das Minimum des Funktionals

$$F[\psi, \mathfrak{P}_\varphi] = \frac{\hbar^2}{2\mu}\int |\mathrm{grad}\,\psi|^2\,d\tau - \int \mathfrak{P}_\varphi\,\mathfrak{D}[\psi, \mathfrak{r}]\,d\tau + \frac{2\pi}{c}\int \mathfrak{P}_\varphi^2\,d\tau \tag{8.3}$$

(siehe § 5), und das Funktional selbst stellt, nachdem man es zu einem Minimum hinsichtlich ψ gemacht hat, die potentielle Energie der Ionen dar. Wir zeigen, daß der Minimalwert von F negativ ist:

$$\begin{aligned} F_{\min}[\psi, \mathfrak{P}_\varphi] &\leqq F[\varphi, \mathfrak{P}_\varphi] \\ &= \frac{\hbar^2}{2\mu}\int |\mathrm{grad}\,\varphi|^2\,d\tau - \frac{c}{8\pi}\int \mathfrak{D}^2[\varphi, \mathfrak{r}]\,d\tau = J[\varphi]. \end{aligned} \tag{8.4}$$

Ferner kann man durch einfache Vertauschung der Variablen unter dem Integral leicht zeigen, daß

$$\int |\mathrm{grad}\,\varphi|^2\,d\tau = k^2 \int |\mathrm{grad}\,\psi_0|^2\,d\tau$$

und

$$\mathfrak{D}[\varphi, \mathfrak{r}] = k^2\,\mathfrak{D}[\psi_0, k\,\mathfrak{r}] \tag{8.5}$$

ist, also gilt

$$J[\varphi] = k^2\frac{\hbar^2}{2\mu}\int |\mathrm{grad}\,\psi_0|^2\,d\tau - k\frac{c}{8\pi}\int \mathfrak{D}^2[\psi_0, \mathfrak{r}]\,d\tau. \tag{8.6}$$

Bei $k = 1$ geht diese Größe in $J[\psi_0]$ über, das negativ ist (siehe § 6). Nimmt k von Eins auf Null ab, so bleibt $J[\varphi]$ stets negativ, da in (8.6) das positive Glied proportional k^2 abnimmt, das negative proportional k. Dann ersieht man aus Ungleichung (8.4), daß $F_{\min}[\psi, \mathfrak{P}_\varphi]$ ebenfalls für jedes k zwischen Null und Eins negativ ist. Der erhaltene negative Wert $F_{\min}$ bedeutet, daß der entsprechende Elektronenzustand ein lokalisierter Zustand ist.

Schon bei beliebig kleiner Polarisation des Kristalls, entsprechend beliebig kleinem k in den Formeln (8.1) und (8.2), fällt also das Elektron in einen lokalisierten Zustand, der energetisch günstiger ist als der im Band. Mit wachsendem k, d. h. mit zunehmender Polarisation nimmt die potentielle Energie $F_{\min}$ der Ionen von Null monoton ab.

Ein unpolarisierter Kristall ist folglich nicht im Minimum der potentiellen Energie, d. h. er ist instabil. Die Polarisation wird bemüht sein zu wachsen, und der Zustand des lokalisierten Elektrons folgt ihr adiabatisch. Schließlich verwandelt sich die kinetische Energie der Ionen, die sich während der Polarisation ansammelt, in Wärme, und es tritt Gleichgewicht bei derjenigen Ionenkonfiguration ein, bei der F ein Minimum nicht nur hinsichtlich ψ, sondern auch hinsichtlich $\mathfrak{P}$ annimmt. Mit anderen Worten geht das System in den energetisch günstigsten Zustand, den Polaronenzustand über.

Offenbar erfordert die Bildung eines Polarons keine thermische Schwankung und erfolgt während einer Zeit von der Größenordnung einer Periode der Ionenschwingungen. Dagegen entsteht der Zustand des Elektrons im Band infolge einer Dissoziation des Polarons, wozu eine Depolarisation durch thermische Schwankung des Kristalls erforderlich ist.

Die oben gezogenen Schlußfolgerungen über die Instabilität des Elektronenzustandes im Band und darüber, daß das System bestrebt ist, in den Polaronenzustand zu „gleiten", beruhen auf Untersuchung der allerersten Stadien der Polarisation, in denen der Polarisationstopf noch sehr flach und der effektive Radius der ψ-Funktion des Elektrons sehr groß ist. In diesen Stadien des Vorganges kann man mit großer Genauigkeit die Polarisation makroskopisch behandeln, unabhängig davon, ob man letzten Endes für das Polaron einen Polarisationsradius erhält, der größer ist als die Gitterkonstante oder nicht. Folglich gibt es im Kristall Polaronen, unabhängig von der Erfüllung der Ungleichung (7.7). Diese ermöglicht nur die Vereinfachung der Berechnung des Polarons mit Hilfe der makroskopischen Behandlung der Polarisation.

Es kann mehrere mit sich selbst verträgliche Polaronenzustände im Kristall geben: nach den im § 6 entwickelten Überlegungen stellt jedes Extremum des Funktionals $J[\psi]$ einen solchen mit sich selbst verträglichen Zustand dar. In § 6 wurde nur das tiefste der Extrema des Funktionals, der Grundzustand, eingehend behandelt, da ihm die größte Bedeutung zukommt. Wir beweisen jetzt einen allgemeinen Satz, der für jeden mit sich selbst verträglichen Zustand gilt, und eine Beziehung zwischen der Energie des Systems H, der mittleren kinetischen Energie der Elektronen $\overline{T}$, der Polarisationsenergie des Kristalls U_p [Formel (5.13)], dem Energieeigenwert E in Gleichung (5.3) und der mittleren potentiellen Wechselwirkungsenergie des Elektrons mit dem polarisierten Kristall $\overline{V}$ [Formel (5.18)] herstellt. In einem mit sich selbst verträglichen Zustand wird die Energie des Systems H gegeben durch den Extremalwert des Funktionals

$$J[\psi] = \frac{\hbar^2}{2\mu}\int |\operatorname{grad}\psi|^2\,d\tau - \frac{c}{8\pi}\int \mathfrak{D}^2[\psi, \mathfrak{r}]\,d\tau. \tag{8.7}$$

Wir nehmen an, ψ_0 sei ein Extremum dieses Funktionals. Neben ψ_0 führen wir gemäß Formel (8.2) eine Funktion φ ein. Diese Funktion bleibt bei jedem $k > 0$ normiert. $J[\varphi]$ muß ein Extremum bei $k = 1$ haben, da hier φ in ψ_0 übergeht. Differenzieren wir den Ausdruck (8.6) nach k und setzen die Ableitung im Extremum gleich Null, so erhalten wir:

$$\frac{\hbar^2}{\mu}\int |\operatorname{grad}\psi_0|^2\,d\tau - \frac{c}{8\pi}\int \mathfrak{D}_0^2\,d\tau = 0, \tag{8.8}$$

was man auch schreiben kann:

$$2\overline{T} + \frac{1}{2}\overline{V} = 0. \tag{8.9}$$

Die Energie H ist gleich dem Extremwert des Funktionals (8.7), d. h.

$$H = \overline{T} + \frac{1}{2}\overline{V}. \tag{8.10}$$

Aus diesen beiden Gleichungen ergibt sich

$$\overline{T} = -H \quad \text{und} \quad \overline{V} = 4H. \tag{8.11}$$

Der Energieeigenwert E in der SCHRÖDINGER-Gleichung beträgt

$$E = \overline{T} + \overline{V} = 3H. \tag{8.12}$$

Schließlich gilt wegen der Formeln (5.13) und (5.18) sowie (6.3)

$$U_p = -\frac{1}{2}\overline{V}. \tag{8.13}$$

Es gilt folglich für jeden mit sich selbst verträglichen Zustand

$$\left.\begin{aligned} \overline{T} &= -H, \\ U_p &= -2H, \\ -E &= -3H, \\ -\overline{V} &= -4H \end{aligned}\right\} \tag{8.14}$$

oder

$$\overline{T} : U_p : -E : -\overline{V} = 1:2:3:4. \tag{8.15}$$

§ 9. Photodissoziation und Photoanregung des Polarons [12, 16]

Bei der Behandlung der optischen Übergänge des Elektrons nach dem FRANCK-CONDON-Prinzip hat man vorauszusetzen, daß sich während der kurzen Dauer des optischen Überganges die schweren Ionen nicht merklich verschieben können. Man kann deshalb die Polarisation des Kristalls und den Potentialtopf des Elektrons für die Dauer dieses Überganges als fest und dem Ausgangszustand des Elektrons entsprechend ansehen.

Unter der Photodissoziation des Polarons versteht man den optischen Übergang des Elektrons in einen Zustand im Band (in das Gebiet $E > 0$) und die darauffolgende Depolarisation des Kristalls. Der dissoziierte Zustand hat eine kurze Lebensdauer; sowie das optisch freigesetzte Elektron gebremst wird, polarisiert es sofort aufs neue den Kristall und gleitet in einen lokalisierten Zustand, der darauf in den mit sich selbst verträglichen Polaronenzustand übergeht, wobei Polarisationswellen erzeugt werden. Die langwellige Grenze der Photodissoziation wird wie stets durch die Gleichung

$$\hbar\,\omega = -E, \tag{9.1}$$

gegeben, wobei E der SCHRÖDINGERsche Energieterm des mit sich selbst verträglichen Ausgangszustandes des Elektrons ist, gerechnet vom Anfang des kontinuierlichen Spektrums (vom unteren Bandrand).

Eine bemerkenswerte Eigenschaft der mit sich selbst verträglichen Polaronen besteht darin, daß die Schwelle ihrer Photodissoziation genau dreimal so groß ist wie ihre thermische Dissoziationsenergie [12]. Nach Formel (8.12) und (9.1) ist

$$\hbar\,\omega = -3H, \tag{9.2}$$

wobei H die thermische Dissoziationsenergie des Polarons ist. Dieser Unterschied zwischen der thermischen und der optischen Dissoziationsenergie läßt sich folgendermaßen deuten. Im Ausgangszustand ist die Energie des Systems gleich H. Bei der thermischen Dissoziation wird der Kristall durch Schwankungen depolarisiert, der Potentialtopf des Elektrons verschwindet und dieses gelangt ins Band; gelangt das Elektron an den unteren Rand des Bandes, so ist die Energie des Gesamtsystems im dissoziierten Zustand gleich Null. Die thermische Dissoziationsenergie ist also gleich $-H$.

Anders liegen die Dinge bei der Photodissoziation: hier verschwindet infolge des Photoeffekts die Polarisation noch nicht. Im dissoziierten Zustand (wenn sich das Elektron am unteren Bandrand befindet) ist also die Energie des Systems gleich der Polarisationsenergie des Kristalls.

$$U_p = -2H \tag{9.3}$$

[siehe Formel (8.14)]. Die Energie zur Photodissoziation ist also gleich $-3H$. Nach dem Photoeffekt wird das Kristall depolarisiert, wobei die Energie (9.3) sich in Wärme verwandelt.

Für den Grundzustand des Polarons, der in § 6 behandelt wurde, wird die thermische Dissoziationsenergie durch Formel (6.12) gegeben, während die langwellige Grenze der Photodissoziation durch folgende Beziehung bestimmt wird [12]:

$$\hbar\,\omega_0 = -E_0 = -3H_0 = 0{,}163\,\frac{\mu\,e^4}{\hbar^2}\,c^2 . \tag{9.4}$$

Wir behandeln nun die Photoanregung des Polarons. Hierbei beschränken wir uns auf die Betrachtung des mit sich selbst verträglichen Grundzustandes (§ 6). In diesem Fall wird der Potentialtopf des Elektrons durch die Formel (6.18) gegeben; er ist in Abbildung 6.1 dargestellt. Nach dem Franck-Condon-Prinzip nehmen wir an, daß der optische Übergang bei fester Form des Potentialtopfes (6.18) erfolge. Für diesen Potentialtopf müssen sämtliche Endzustände berechnet werden, in die das Elektron bei der Photoanregung übergehen kann. Da dieser Potentialtopf Kugelsymmetrie besitzt, wird der Winkelanteil der ψ-Funktion sämtlicher Zustände durch gewöhnliche Kugelfunktionen gegeben; dann gilt die bekannte Auswahlregel für die optischen Übergänge. Da der Grundzustand ein s-Zustand ist, sind nur Übergänge in p-Zustände erlaubt.

Wir setzen also voraus, die Polarisation des Kristalls sei fest und entspreche dem Polaronengrundzustand, d. h. sie betrage

$$\mathfrak{P}_0(\mathfrak{r}) = \frac{c}{4\pi}\,\mathfrak{D}[\psi_0, \mathfrak{r}] . \tag{9.5}$$

Die entsprechenden stationären Elektronenzustände sind, wie im § 5 gezeigt wurde, die Minima des Funktionals

$$F[\psi, \mathfrak{P}_0] = \frac{\hbar^2}{2\mu}\int |\mathrm{grad}\,\psi|^2\,d\tau - \int \mathfrak{P}_0\,\mathfrak{D}[\psi, \mathfrak{r}]\,d\tau + \frac{2\pi}{c}\int \mathfrak{P}_0^2\,d\tau \tag{9.6}$$

($\mathfrak{P}_0$ wird nicht variiert).

Um dieses Funktional zu einem Minimum zu machen, wenden wir die direkte Variationsmethode ähnlich wie in § 6 an. Da uns nur der p-Zustand interessiert

($l = 1$), können wir den Winkelanteil der ψ-Funktion von vornherein in Form der Kugelfunktion erster Ordnung $Y_1(\vartheta, \varphi)$ vorgeben.

Wir betrachten die ψ-Funktion des tiefsten p-Zustandes. Sein Radialteil hat bekanntlich keine Knoten (außer dem Punkt $r = 0$). Unter Berücksichtigung des bekannten asymptotischen Verlaufs dieser ψ-Funktion bei großen und bei kleinen r können wir sie approximieren durch

$$\psi_p^0 = C\, Y_1(\vartheta, \varphi)\, x\, e^{-\beta x}, \tag{9.7}$$

dabei ist $x = 2\alpha_4 r$ (α_4 hat dieselbe Bedeutung wie in § 6), C und β sind die veränderlichen Parameter. Der Index $_0$ an der ψ-Funktion erinnert daran, daß der Zustand bei vorgegebener Polarisation $\mathfrak{P}_0(\mathfrak{r})$ berechnet werden soll (nicht mit sich selbst verträglich). Aus der Normierungsbedingung für ψ_p^0 ergibt sich

$$C^2 = (2\alpha_4)^3 \frac{(2\beta)^5}{4!}. \tag{9.8}$$

Setzt man die Funktion ψ_p^0 in das Funktional (9.6) ein und bestimmt den Parameter β aus der Minimumbedingung für $F[\psi_p^0, \mathfrak{P}_0]$, so erhält man

$$2\beta = 0{,}5146. \tag{9.9}$$

Die Energie des Elektrons beträgt

$$E_p^0 = \frac{\hbar^2}{2\mu}\int |\operatorname{grad}\psi_p^0|^2\, d\tau - \int \mathfrak{P}_0\, \mathfrak{D}[\psi_p^0, \mathfrak{r}]\, d\tau. \tag{9.10}$$

Setzen wir hier (9.7), (9.8) und (9.9) ein, so erhalten wir

$$E_p^0 = -\,0{,}0935 \frac{\mu e^4}{\hbar^2} c^2. \tag{9.11}$$

Die Gesamtenergie des Systems im betrachteten Zustand ist gleich dem entsprechenden Extremwert des Funktionals (9.6):

$$H_p^0 = F[\psi_p^0, \mathfrak{P}_0] = E_p^0 + \frac{2\pi}{c}\int \mathfrak{P}_0^2\, d\tau = 0{,}0153 \frac{\mu e^4}{\hbar^2} c^2. \tag{9.12}$$

Die Gesamtenergie des Systems erweist sich als positiv. Das bedeutet jedoch nicht, daß eine Dissoziation des Polarons eintritt. Es verhält sich nämlich so, daß unmittelbar nach dem optischen Übergang $\psi_0 \to \psi_p^0$ ein nicht mit sich selbst verträglicher Zustand vorliegt: die Polarisation entspricht noch dem Grundzustand ψ_0, während das Elektron sich schon im Zustand ψ_p^0 befindet. Nach dem optischen Übergang beginnen sich jedoch die Ionen auf ihre neuen Gleichgewichtslagen zu begeben, und es entstehen Polarisationswellen, deren Energie sich in Wärme verwandelt. Berechnet man aus H_p^0 die Energie dieser Polarisationswellen und ermittelt dadurch die Energie des Systems nach der Wärmeerzeugung, so erweist sich diese als negativ. Es erfolgt also keine Dissoziation des Polarons.

Die Frequenz, die bei dem optischen Übergang $\psi_0 \to \psi_p^0$ absorbiert wird, ist durch die Beziehung

$$\hbar\,\omega_{p0} = E_p^0 - E_0 = 0{,}0697 \frac{\mu e^4}{\hbar^2} c^2 \tag{9.13}$$

gegeben. Die Oszillatorenstärke für diesen Übergang beträgt nach den Berechnungen von M. F. DEIGEN

$$f_{p0} = 0{,}93\,. \tag{9.14}$$

Alle übrigen optischen Übergänge, sowohl auf diskrete Terme als auch in das kontinuierliche Spektrum, haben zusammen nur eine Oszillatorenstärke von 0,07. Das bedeutet, daß der betrachtete Übergang $\psi_0 \to \psi_p^0$ wesentlich häufiger ist als alle übrigen Übergänge zusammen.

Der Polarisationspotentialtopf des Polarons nimmt in großen Abständen r die COULOMBsche Form

$$V \to -\frac{\varepsilon^2}{r}c \tag{9.15}$$

an. Für die angeregten Zustände mit ihren großen effektiven Radien lassen sich also Energie und ψ-Funktion nach den Formeln für ein wasserstoffähnliches Atom mit einer effektiven Kernladung ec berechnen. Für den p-Zustand ist diese Näherung schon geeignet, wenn die Hauptquantenzahl größer oder gleich vier ist.

In diesem Paragraphen fand das FRANCK-CONDON-Prinzip Verwendung, das strenggenommen nur dann gültig ist, wenn die Ionenmassen unendlich groß und die Eigenfrequenzen der Ionen unendlich klein sind. In diesem Grenzfall muß das Absorptionsspektrum des Polarons aus scharfen diskreten Linien und einem kontinuierlichen Anteil bestehen, ähnlich wie das Atomspektrum. Im Realkristall jedoch besitzen die Ionenfrequenzen endliche Größe, was gewisse Abweichungen von den Ergebnissen dieses Paragraphen mit sich bringt (den Effekt der endlichen Breite der Absorptionslinien). Dieses Problem wird im § 28 in Anwendung auf die F-Zentren behandelt.

§ 10. Die schrittweise Bewegung des Polarons [17, 18]

Nach § 5 hat die HAMILTONsche Funktion, welche die Bewegung der Kristallionen beschreibt, die Form

$$H = \frac{\hbar^2}{2\mu}\int |\mathrm{grad}\,\psi|^2\,d\tau - \int \mathfrak{P}\,\mathfrak{D}[\psi, \mathfrak{r}]\,d\tau + U_{\mathrm{pot}} + U_{\mathrm{kin}}\,. \tag{10.1}$$

Wir nehmen an, daß hier schon dasjenige ψ eingesetzt ist, das die Größe (10.1) bei festgehaltenem $\mathfrak{P}$ zu einem Extremum macht. Es stellt den stationären Zustand des Elektrons in einem Kristall mit der Polarisation $\mathfrak{P}$ dar und genügt der Gleichung

$$\frac{\hbar^2}{2\mu}\delta\int |\mathrm{grad}\,\psi|^2\,d\tau - \int \mathfrak{P}\,\delta\mathfrak{D}\,d\tau = 0 \tag{10.2}$$

mit der Zusatzbedingung

$$\int |\psi|^2\,d\tau = 1\,. \tag{10.3}$$

Dabei werden ψ und $\mathfrak{D}[\psi, \mathfrak{r}]$ durch die Ionenkonfiguration gegeben, d.h. sie hängen von den Koordinaten der Ionen als Parametern ab. Die Polarisation $\mathfrak{P}$ ist eine lineare Funktion der Koordinaten der Ionen. Die letzten beiden Glieder in der Formel (10.1) stellen die HAMILTONsche Funktion für die Ionen in Abwesenheit eines Leitungselektrons dar.

Das erste und das zweite Glied in Formel (10.1) treten auf, sobald in den Kristall ein Leitungselektron eingebracht wird; da sie nur von den Koordinaten der Ionen und nicht von ihren Geschwindigkeiten abhängen, hat man sie als zusätzliche potentielle Energie der Ionen aufzufassen, die durch die Einführung des Leitungselektrons in den Kristall auftritt. Dabei treten zusätzliche Kräfte in Erscheinung, welche auf die Ionen wirken. Die Zusatzkraft auf ein Ion ist, abgesehen vom Vorzeichen, gleich dem Gradienten der zusätzlichen potentiellen Energie nach den Koordinaten des gegebenen Ions. Bei der Differentiation der ersten beiden Glieder der Formel (10.1) hat man die Beziehung (10.2) zu berücksichtigen. Diese zeigt, daß die Ableitung des ersten Gliedes sich um den Anteil der Ableitung des zweiten Gliedes vermindert, den man durch Differentiation von $\mathfrak{D}$ bei festem $\mathfrak{P}$ erhält. Man hat also nur noch im zweiten Glied $\mathfrak{P}$ bei festgehaltenem $\mathfrak{D}$ zu differenzieren. Es zeigt sich dabei, daß die auf die Ionen wirkende Zusatzkraft gleich $e\mathfrak{D}$ ist.

Bei dem Versuch, den allgemeinen Fall der Ionenbewegung zu behandeln, stößt man auf unüberwindliche mathematische Schwierigkeiten. Bekanntlich konnte man selbst in Anwesenheit eines Leitungselektrons und bei der Behandlung lediglich kleiner (Normal-) Schwingungen der Gitterionen nur in dem Grenzfall langer Polarisationswellen zu numerischen Ergebnissen gelangen, also dann, wenn die Länge dieser Wellen bedeutend größer ist als die Gitterkonstante. Bei der Behandlung des noch komplizierteren Problems der Bewegung der Ionen in Anwesenheit eines Leitungselektrons haben wir uns erst recht auf den Fall kleiner Schwingungen und „glatter" Polarisationsdeformationen zu beschränken.

In diesem Fall bestehen die Bewegungsgleichungen für die Ionen aus linearen homogenen Anteilen, die den Eigen- (Normal-) Schwingungen der Ionen in Abwesenheit eines Leitungselektrons entsprechen; sie werden außerdem die Zusatzkraft $e\mathfrak{D}$ enthalten, die durch die Anwesenheit des Leitungselektrons auftritt. $\mathfrak{D}$ hängt ebenso wie ψ von den Koordinaten der Ionen ab, jedoch läßt sich diese Abhängigkeit im allgemeinen Fall schwer explizit ausdrücken. Die Bewegungsgleichung der Ionen bildet also ein kompliziertes nichtlineares unendliches Gleichungssystem, daß man im allgemeinen Fall nicht nur schwer lösen, sondern sogar schwer hinschreiben kann. Es gibt jedoch Spezialfälle der Bewegung, in denen sich das Problem vereinfacht. Ein solcher Fall ist beispielsweise der in § 6 behandelte, in dem die Ionen in ihren Gleichgewichtslagen ruhen. In diesem Paragraphen wird ein etwas allgemeinerer Fall behandelt, in dem das Polaron sich geradlinig und gleichförmig im Kristall bewegt.

Es handelt sich um eine Bewegung der Ionen, bei der der Polarisationspotentialtopf des Elektrons sowie ψ und $\mathfrak{D}$ wellenartig mit der Geschwindigkeit $\mathfrak{v}$ wandern, wobei ihre Form erhalten bleibt, bei der also

$$\mathfrak{P} = \mathfrak{P}(\mathfrak{r} - \mathfrak{v}t). \tag{10.4}$$

$$\psi = \psi(\mathfrak{r} - \mathfrak{v}t), \tag{10.5}$$

$$\mathfrak{D} = \mathfrak{D}(\mathfrak{r} - \mathfrak{v}t) \tag{10.6}$$

ist. Wir zeigen zunächst, daß die Bewegungsgleichungen partikuläre Lösungen vom Typ (10.4), (10.5), (10.6) besitzen. Wir setzen zunächst ohne Begründung voraus, daß die Zusatzkraft eine Welle vom Typ (10.6) darstellt, und entwickeln sie in eine FOURIER-Reihe

$$\left.\begin{aligned} \mathfrak{D}(\mathfrak{r} - \mathfrak{v}\, t) &= \sum_{\mathfrak{k}} \mathfrak{D}_{\mathfrak{k}}\, e^{i\mathfrak{k}(\mathfrak{r} - \mathfrak{v} t)} = \sum_{\mathfrak{k}} \mathfrak{D}_{\mathfrak{k}}\, e^{i(\mathfrak{k}\mathfrak{r} - \omega_{\mathfrak{k}} t)}, \\ \omega_{\mathfrak{k}} &= \mathfrak{k}\, \mathfrak{v}. \end{aligned}\right\} \tag{10.7}$$

Wir untersuchen die erzwungenen Ionenschwingungen, die durch eine Kraft von der Form (10.7) hervorgerufen werden. Sie bilden eine einfache Superponierung der Schwingungen, welche die einzelnen Oberschwingungen von der Form

$$\mathfrak{D}_{\mathfrak{k}}\, e^{i(\mathfrak{k}\mathfrak{r} - \omega_{\mathfrak{k}} t)} \tag{10.8}$$

erzeugen.

Der Grundgedanke des Verfassers [17] besteht darin, daß man, ohne das Problem der erzwungenen Ionenschwingungen, welche die Kraft (10.8) erzeugt, zu lösen, diese wellenförmige Kraft durch eine äquivalente Welle ersetzt und dann unter Benutzung der experimentellen Daten über die Dispersion elektromagnetischer Wellen im Kristall unmittelbar die Schwingungen der Volumenpolarisation $\mathfrak{P}$ findet. Diese Methode gestattet, auf die explizite Einführung der Normalkoordinaten der Ionen zu verzichten, die schon an und für sich mit Schwierigkeiten verbunden wäre. Die Wellen (10.8) unterscheiden sich wesentlich von den gewöhnlichen elektromagnetischen: sie sind nicht transversal, besitzen keine magnetische Komponente, und bei gegebener Frequenz ist ihre Wellenlänge geringer als die der elektromagnetischen Wellen. Um zu klären, worin hier die Äquivalenz besteht, gehen wir auf diese Frage etwas näher ein.

Die periodische Kraft (10.8) ist imstande, Polarisationsschwingungen der Ionen mit der gleichen Frequenz $\omega_{\mathfrak{k}}$ und Wellenlänge zu erzeugen, die sie selbst hat. Mit anderen Worten müssen die erzwungenen Polarisationsschwingungen die Form

$$\mathfrak{P}_{\mathfrak{k}}\, e^{i(\mathfrak{k}\mathfrak{r} - \omega_{\mathfrak{k}} t)} \tag{10.9}$$

haben, wobei $\mathfrak{k}$ und $\omega_{\mathfrak{k}}$ dieselbe Bedeutung haben wie in Formel (10.8). Um die Polarisationsschwingung vollständig festzulegen, haben wir noch ihre Amplitude $\mathfrak{P}_{\mathfrak{k}}$ zu bestimmen. Im allgemeinen Fall hängt $\mathfrak{P}_{\mathfrak{k}}$ von $\mathfrak{D}_{\mathfrak{k}}$, $\omega_{\mathfrak{k}}$ und $\mathfrak{k}$ ab. Da jedoch $\mathfrak{D}$ eine glatte Funktion von $\mathfrak{r}$ ist [der Polarisationsradius des Polarons ist größer als die Gitterkonstante (siehe § 7)], spielen in der Entwicklung (10.7) diejenigen Wellen die Hauptrolle, deren Länge wesentlich größer ist als die Gitterkonstante. In dem Grenzfall unendlich großer Wellenlängen ($\mathfrak{k} \to 0$) hängt $\mathfrak{P}_{\mathfrak{k}}$ nur von $\mathfrak{D}_{\mathfrak{k}}$ und $\omega_{\mathfrak{k}}$ ab, jedoch nicht von $\mathfrak{k}$.

Die Amplitude der erzwungenen Polarisationsschwingung wird also ausschließlich bestimmt durch Amplitude und Frequenz des äußeren Feldes, während die Wellenlänge des Feldes und seine Transversalität keine Rolle spielen. Deshalb kann man bei der Berechnung von $\mathfrak{P}_{\mathfrak{k}}$ das Feld (10.8) durch eine elektromagnetische Welle mit der gleichen Amplitude $\mathfrak{D}_{\mathfrak{k}}$ und Frequenz $\omega_{\mathfrak{k}}$ ersetzen. Diese elektromagnetische Welle bezeichnen wir als *äquivalente Welle*.

Nachdem wir das Feld (10.8) durch die äquivalente elektromagnetische Welle ersetzt haben, können wir $\mathfrak{P}_{\mathfrak{k}}$ mit Hilfe der Dielektrizitätskonstanten $\varepsilon(\omega_{\mathfrak{k}})$, die aus der Dispersion elektromagnetischer Wellen im Kristall bestimmt wird, durch $\mathfrak{D}_{\mathfrak{k}}$ ausdrücken. Beachten wir, daß $\mathfrak{P}_{\mathfrak{k}}$ nur den trägen Anteil der Polarisation des Kristalls darstellt [analog zur Herleitung der Formel (5.12) für statische Felder], so erhalten wir ohne Mühe für harmonisch schwingende Felder die Formel

$$\mathfrak{P}_{\mathfrak{k}} = \frac{c(\omega_{\mathfrak{k}})}{4\pi}\mathfrak{D}_{\mathfrak{k}}, \tag{10.10}$$

mit

$$c(\omega_{\mathfrak{k}}) = \frac{1}{n^2} - \frac{1}{\varepsilon(\omega_{\mathfrak{k}})}. \tag{10.10a}$$

Die Polarisation, die durch die Zusatzkraft (10.7) hervorgerufen wird, wird, wie bereits bemerkt, einfach durch Superponierung der Polarisationsschwingen gewonnen, die durch die einzelnen Oberschwingungen von der Form (10.8) hervorgerufen werden:

$$\mathfrak{P} = \sum_{\mathfrak{k}} \mathfrak{P}_{\mathfrak{k}}\, e^{i(\mathfrak{k}\mathfrak{r} - \omega_{\mathfrak{k}} t)} = \frac{1}{4\pi}\sum_{\mathfrak{k}} c(\omega_{\mathfrak{k}})\, \mathfrak{D}_{\mathfrak{k}}\, e^{i(\mathfrak{k}\mathfrak{r} - \omega_{\mathfrak{k}} t)}. \tag{10.11}$$

Wir setzen voraus, daß die Geschwindigkeit der allmählichen Bewegung des Polarons hinreichend klein sei:

$$v \ll \omega_i r_p, \tag{10.12}$$

wobei ω_i die Eigenfrequenz der Ionenschwingungen und r_p der Polarisationsradius des Polarons ist [siehe Formel (7.6)]. In diesem Fall spielen in der Summe (10.11) diejenigen Glieder die Hauptrolle, bei denen

$$\omega_{\mathfrak{k}} \ll \omega_i \tag{10.13}$$

ist und $\varepsilon(\omega_{\mathfrak{k}})$ sowie $c(\omega_{\mathfrak{k}})$ als reell angenommen werden können; es wird also hier die Absorption elektromagnetischer Wellen mit der Frequenz $\omega_{\mathfrak{k}}$ im Kristall vernachlässigt. Die Entwicklung von ε und c nach Potenzen von $\omega_{\mathfrak{k}}$ enthält nur Glieder gerader Ordnung:

$$c(\omega_{\mathfrak{k}}) = c_0 + c_2\,\omega_{\mathfrak{k}}^2 + \cdots. \tag{10.14}$$

Die weiteren Glieder dieser Entwicklung kann man unter Berücksichtigung der Ungleichung (10.13) fortlassen. Setzt man diese Entwicklung in (10.11) ein und berücksichtigt, daß

$$\omega_{\mathfrak{k}}^{2n}\, e^{i(\mathfrak{k}\mathfrak{r} - \omega_{\mathfrak{k}} t)} = (-1)^n \frac{\partial^{2n}}{\partial t^{2n}}\, e^{i(\mathfrak{k}\mathfrak{r} - \omega_{\mathfrak{k}} t)} \tag{10.15}$$

ist, so kann man den Ausdruck für die Polarisation bequem in aufsummierter Form schreiben:

$$\mathfrak{P} = \frac{1}{4\pi}\left[c_0\,\mathfrak{D} - c_2\,\frac{\partial^2 \mathfrak{D}}{\partial t^2} + \cdots\right]. \tag{10.16}$$

Dies ist eine Partikulärlösung der Gleichung für die erzwungenen Schwingungen der Ionen unter dem Einfluß der Kraft $\mathfrak{D}$. Sie tritt im folgenden an die Stelle der kanonischen Bewegungsgleichung für die Ionen. Diese Lösung entspricht dem

Fall, daß keine thermischen Schwingungen der Ionen vorkommen ($T = 0$). Man sieht leicht ein, daß die Beziehung (10.16) nicht nur dann gültig ist, wenn die Kraft $\mathfrak{D}$ die Form (10.6) hat, sondern auch im allgemeinen Fall, wo $\mathfrak{D}$ eine Funktion von $\mathfrak{r}$ ist und sich zeitlich langsam ändert.

Wir wenden uns nun wieder der Frage nach der Existenz einer Partikulärlösung vom Typ (10.4) bis (10.6) zu. Die drei Funktionen $\mathfrak{P}(\mathfrak{r}, t)$, $\psi(\mathfrak{r}, t)$ und $\mathfrak{D}(\mathfrak{r}, t)$ werden durch die drei Gleichungen (10.16), (10.2) und (5.17) gegeben. Aus der Form dieser Gleichungen ersieht man, daß sich alle drei gleichzeitig durch Funktionen vom Typ (10.4) bis (10.6) erfüllen lassen. Nimmt man beispielsweise, wie oben geschehen, an, daß $\mathfrak{D}$ die Form einer Welle (10.6) hat, so folgt aus (10.16), daß $\mathfrak{P}$ ebenfalls Wellenform (10.4) hat. Dann folgt aus (10.2), daß auch ψ die Form einer Welle (10.5) hat (der Polarisationspotentialtopf wandert allmählich mit der Geschwindigkeit $\mathfrak{v}$, während die ψ-Funktion unter Beibehaltung ihrer Form ihm adiabatisch folgt). Hieraus folgt wiederum nach Formel (5.17), daß $\mathfrak{D}$ eine Welle vom Typ (10.6) ist, wodurch die Ausgangsannahme, die zunächst ohne Beweis vorausgesetzt wurde, bestätigt wird. Die Form der Lösung (10.4) bis (10.6) ist also mit sich selbst verträglich.

Bei der Bestimmung der Partikulärlösung vom Typ (10.4) bis (10.6) wählen wir das Koordinatensystem so, daß die Richtung der x-Achse mit der Richtung der Polaronengeschwindigkeit $\mathfrak{v}$ übereinstimmt. In diesem Koordinatensystem sehen die Gleichungen (10.4) bis (10.6) folgendermaßen aus:

$$\mathfrak{P} = \mathfrak{P}(x - vt, y, z), \tag{10.17}$$

$$\psi = \psi(x - vt, y, z), \tag{10.18}$$

$$\mathfrak{D} = \mathfrak{D}(x - vt, y, z). \tag{10.19}$$

Die Operation $\frac{\partial}{\partial t}$ ist in Anwendung auf diese Funktionen äquivalent der Operation $-v\frac{\partial}{\partial x}$. Man kann also die Gleichung (10.16) auch in der Form

$$\mathfrak{P} = \frac{1}{4\pi}\left[c_0\,\mathfrak{D} - c_2 v^2 \frac{\partial^2 \mathfrak{D}}{\partial x^2}\right] \tag{10.20}$$

schreiben.

Setzt man dieses $\mathfrak{P}$ in Gleichung (10.2) ein, so erhält man

$$\frac{\hbar^2}{2\mu}\,\delta\int|\operatorname{grad}\psi|^2\,d\tau - \frac{1}{4\pi}\int\left(c_0\,\mathfrak{D} - c_2 v^2\frac{\partial^2\mathfrak{D}}{\partial x^2}\right)\delta\mathfrak{D}\,\delta\tau = 0 \tag{10.21}$$

mit der Zusatzbedingung

$$\int|\psi|^2\,d\tau = 1. \tag{10.3}$$

Hier ist vorausgesetzt, daß sich $\mathfrak{D}$ in der Form (5.17) durch ψ ausdrücken läßt. Durch partielle Integration des letzten Gliedes in (10.21) kann man diese Gleichung auch in der Form

$$\delta J_v[\psi] = 0, \tag{10.22}$$

mit

$$J_v[\psi] = \frac{\hbar^2}{2\mu}\int|\operatorname{grad}\psi|^2\,d\tau - \frac{c_0}{8\pi}\int\mathfrak{D}^2\,d\tau - \frac{c_2 v^2}{8\pi}\int\left(\frac{\partial\mathfrak{D}}{\partial x}\right)^2 d\tau \tag{10.23}$$

schreiben. Das gesuchte ψ ist also ein Extremum des Funktionals $J_v[\psi]$ unter der Zusatzbedingung (10.3). Dieses Funktional ist so beschaffen, daß, falls $\psi(\mathfrak{r})$ eine seiner Extrema annimmt, auch $\psi(\mathfrak{r}-\mathfrak{r}')$ ein Extremum ist, sofern der Vektor $\mathfrak{r}'$ nicht von x, y, z abhängt (von der Zeit darf er abhängen). Erteilt man dem Vektor $\mathfrak{r}'$ verschiedene Werte, so erhält man eine unendliche Mannigfaltigkeit von Extremwerten, die sämtlich dem gleichen Wert des Funktionals zugeordnet sind.

Alle diese ψ genügen den Gleichungen (10.2) und (10.20), jedoch im allgemeinen nicht der Gleichung (10.16). Setzt man aber

$$r'_x = vt, \quad r'_y = r'_z = 0, \tag{10.24}$$

so nehmen ψ und $\mathfrak{D}$ die Form (10.18), (10.19) an. In diesem Fall wird Gleichung (10.16) identisch mit Gleichung (10.20) und ist demnach ebenfalls erfüllt. Wir kommen also tatsächlich zur Lösung der ursprünglich gestellten Aufgabe, nämlich zur Lösung des Gleichungssystems (10.16), (10.2) und (5.17).

Das Funktional $J_v[\psi]$ bildet eine Verallgemeinerung des Funktionals $J[\psi]$ [Formel (6.4)] für den Fall des bewegten Polarons; bei $v \to 0$ geht $J_v[\psi]$ in $J[\psi]$ über. Im Fall des ruhenden Polarons wird sein Grundzustand durch eine ψ-Funktion beschrieben, welche das Minimum von $J[\psi]$ bildet und Kugelsymmetrie besitzt (§ 6). Im Fall eines bewegten Polarons dagegen bildet die entsprechende ψ-Funktion das absolute Minimum des Funktionals $J_v[\psi]$; es besitzt keine Kugel-, sondern nur Axialsymmetrie, was durch das Vorhandensein des dritten Gliedes in Formel (10.23) erklärt wird. Die Symmetrieachse ist parallel der x-Achse, d. h. der Bewegungsrichtung.

Oben wurde die Geschwindigkeit v als so klein vorausgesetzt, daß die Ungleichung (10.12) erfüllt ist. In diesem Fall ist das dritte Glied in Formel (10.23) bedeutend kleiner als die ersten beiden: es verhält sich zum zweiten Glied näherungsweise wie $v^2/\omega_i^2 r_p^2$. Folglich kann man das dritte Glied in Formel (10.23) als kleine Störung ansehen und das Funktional $J_v[\psi]$ als gestörtes Funktional $J[\psi]$ behandeln. Dementsprechend kann man die Gleichung (10.22) mit Hilfe der Methoden der Störungstheorie lösen, wobei man als nullte Näherung die Lösung ψ_0 für das ruhende Polaron (§ 6) wählt und ψ nach Potenzen des „kleinen Parameters" v^2 entwickelt:

$$\psi = \psi_0 + v^2 \psi_1 + \cdots. \tag{10.25}$$

Ohne uns auf ausführliche Berechnungen mit Hilfe der Störungstheorie einzulassen, können wir eine Schlußfolgerung hervorheben, die für das Folgende von Bedeutung ist: solange die Ungleichung (10.12) erfüllt ist, ist der Unterschied zwischen ψ und ψ_0 klein und von der Größenordnung v^2.

Wir gehen nunmehr zur Berechnung der effektiven Masse des Polarons bei seiner Wanderung über. Diese Masse berechnete der Verfasser gemeinsam mit L. D. Landau [18]. Dazu muß die Abhängigkeit der Energie des Gesamtsystems von der Geschwindigkeit des Polarons bis zu Gliedern von der Größenordnung v^2 bestimmt werden. Die Energie des Gesamtsystems wird durch Formel (10.1) gegeben. Man hat in sie zunächst den Ausdruck für die beiden letzten Glieder, die potentielle und die kinetische Energie der Ionen einzuführen. Wir setzen voraus, daß bis zur Ankunft des Polarons in einem vorgegebenen Bereich des Kristalls die Ionen ruhten, und legen das Energieniveau der Ionen in diesem Zustand als Energienullpunkt fest. Bei der Bewegung des Polarons durch das betrachtete Kristallgebiet beginnen die Ionen unter dem Einfluß der Zusatzkraft $e\,\mathfrak{D}$, die oben behandelt wurde, sich wellenförmig zu verschieben. Die potentielle und die kinetische Energie der Ionen lassen sich in diesem Fall als die Arbeit berechnen, welche die Kraft $e\,\mathfrak{D}$ an den Ionen leistet. Unter Benutzung der Formel (10.16) kann man die Arbeit, die pro Volumen- und Zeiteinheit verrichtet wird, folgendermaßen darstellen:

$$\mathfrak{D}\,\dot{\mathfrak{P}} = \frac{\mathfrak{D}}{4\pi}\left[c_0\,\dot{\mathfrak{D}} - c_2\,\dddot{\mathfrak{D}}\right]. \tag{10.26}$$

Integriert man diese Größe über die Zeit, und zwar von dem Zeitpunkt an, in dem noch keine Kraft $\mathfrak{D}$ vorhanden war (das Polaron weit entfernt war), bis zu dem Zeitpunkt, in dem im betrachteten Punkt eine Kraft $\mathfrak{D}$ herrscht, so erhält man die Energie der Ionen pro Volumeneinheit des Kristalls. Sie beträgt

$$\frac{c_0}{8\pi}\,\mathfrak{D}^2 - \frac{c_2}{4\pi}\,\mathfrak{D}\,\ddot{\mathfrak{D}} + \frac{c_2}{8\pi}\,\dot{\mathfrak{D}}^2. \tag{10.27}$$

Integriert man nun die Größe (10.27) über das Volumen des gesamten Kristalls, so erhält man die Summe aus potentieller und kinetischer Energie der Kristallionen

$$U_{\text{pot}} + U_{\text{kin}} = \frac{c_0}{8\pi}\int \mathfrak{D}^2\,d\tau + \frac{3c_2}{8\pi}\int \dot{\mathfrak{D}}^2\,d\tau. \tag{10.28}$$

Bei dieser Integration hat man zu beachten, daß die Operation $\frac{\partial}{\partial t}$ in ihrer Wirkung auf die Funktion $\mathfrak{D}$ äquivalent der Operation $-v\frac{\partial}{\partial x}$ ist. Dadurch wird es möglich, das Integral des zweiten Gliedes von (10.27) durch partielle Integration umzuformen und es mit dem dritten Glied zusammenzufassen. Setzt man (10.28) und (10.16) in Formel (10.1) ein, so kann man die Energie des Systems folgendermaßen darstellen:

$$\begin{aligned} H &= \frac{\hbar^2}{2\mu}\int |\operatorname{grad}\psi|^2\,d\tau - \frac{c_0}{8\pi}\int \mathfrak{D}^2\,d\tau + \frac{c_2}{8\pi}\int \dot{\mathfrak{D}}^2\,d\tau \\ &= J_v[\psi] + \frac{c_2}{4\pi}\int \dot{\mathfrak{D}}^2\,d\tau. \end{aligned} \tag{10.29}$$

Zur Bestimmung der effektiven Masse des Polarons hat man diese Energie in eine Reihe nach Potenzen von v bis zu Gliedern mit v^2 einschließlich zu entwickeln. Hierzu hat man in Formel (10.29) die Entwicklung (10.25) einzusetzen.

Die ersten beiden Glieder in der Formel (10.29) stellen das Funktional $J[\psi]$ dar, und ψ_0 ist sein Extremum. Den entsprechenden Extremwert des Funktionals

$$J[\psi_0] = H_0 \tag{10.30}$$

liefert Formel (6.12); er stellt die Energie des Systems mit ruhendem Polaron dar. Die Ersetzung von ψ_0 durch ψ kann man als kleine Variation von ψ auffassen:

$$\delta\psi = \psi - \psi_0 = v^2\,\psi_1 + \cdots. \tag{10.31}$$

Da diese Variation im Extremum vor sich geht, hat die entsprechende Änderung von J nicht die Größenordnung $\delta\psi$, sondern $(\delta\psi)^2$, d. h. die Größenordnung v^4. Folglich ist

$$J[\psi] = H_0 + \text{const}\cdot v^4 + \cdots. \tag{10.32}$$

Die Entwicklung des dritten Gliedes der Formel (10.29) nach Potenzen von v hat die Form

$$\frac{c_2}{8\pi}\int \dot{\mathfrak{D}}^2\, d\tau = \frac{c_2 v^2}{8\pi}\int\left(\frac{\partial\mathfrak{D}[\psi_0]}{\partial x}\right)^2 d\tau + \cdots. \tag{10.33}$$

Man kann also die Energie des Systems bis zu Gliedern von der Größenordnung v^2 in der Form

$$H = H_0 + \tfrac{1}{2} M v^2, \tag{10.34}$$

mit

$$M = \frac{c_2}{4\pi}\int\left(\frac{\partial\mathfrak{D}[\psi_0]}{\partial x}\right)^2 d\tau$$

schreiben. Bei der Berechnung von M nahmen wir eine Funktion ψ_0 von der Form (6.16) an. Die Rechnungen ergaben

$$M = 5{,}8\cdot 10^{-3}\left(\frac{\mu e^2}{\hbar^2}c_0\right)^3 e^2 c_2 = 9{,}08\cdot 10^3\left(\frac{\mu}{m}\right)^3 c_0^3 c_2 e. \tag{10.35}$$

Die Berechnung von M mit Hilfe der Näherung (6.14) führt zu einer ähnlichen Formel, bei der an Stelle des Faktors 5,8 der Wert 5,2 steht [73].

Oben wurde gezeigt, daß das Polaron imstande ist, sich „träge“ geradlinig und gleichförmig durch den Kristall zu bewegen. Legt man ein äußeres elektrisches Feld an den Kristall an, so bewegt sich das Polaron in diesem Feld beschleunigt. Ist dieses Feld hinreichend klein und homogen und bewirkt es keine merklichen Deformationen, so ist die potentielle Energie des Polarons in bezug auf dieses äußere Feld gleich der potentiellen Energie einer Punktladung, die sich im Mittelpunkt des Polarons befindet. Setzt man die Leistung des äußeren Feldes $\mathfrak{E}$ gleich dem Zuwachs der Energie (10.34) in der Sekunde, so erhält man

$$M\dot{\mathfrak{v}} = e\mathfrak{E}. \tag{10.36}$$

Diese Formel zeigt, daß sich das Polaron im äußeren Feld wie ein Teilchen mit der Ladung e und der Masse M bewegt. Man bezeichnet deshalb den Koeffizienten M als *effektive Masse* des Polarons. Im allgemeinen ist M bedeutend größer als die Elektronenmasse. So erhält man z. B. für den NaCl-Kristall, wenn man $\varepsilon = 5{,}8$, $n^2 = 2{,}33$, $\omega_l = 4{,}88\cdot 10^{13}$ Hz, $\mu/m = 2{,}78$ setzt,

$$\frac{M}{m} = 391\,.$$

In diesem Paragraphen wurde die effektive Masse des Polarons unter der Voraussetzung bestimmt, daß sich die Ionen nach den Gesetzen der klassischen Mechanik bewegen. In § 16 wird sie mit quantenmechanischer Behandlung der Ionenbewegung berechnet; hierbei erhält man für M genau denselben Wert.

Im Jahre 1950 wurde eine Arbeit von N. N. Bogoljubow veröffentlicht [47], in der eine Berechnungsmethode für die Energie der Wanderung des Polarons in einem allgemeineren Fall ohne Benutzung der Entwicklung nach Potenzen von v^2 angegeben wurde. In dieser Arbeit wird die oben erwähnte Abhängigkeit der ψ-Funktion des Elektrons von $\mathfrak{v}$ und ihre Abweichung von der Kugelsymmetrie berücksichtigt. In dem Spezialfall kleiner Geschwindigkeiten erhält N. N. BOGOLJUBOW durch Entwicklung der Energie des Systems nach Potenzen von v^2 für die effektive Masse des Polarons den Ausdruck (10.34). In § 30 wird gezeigt werden, daß für Kristalle vom Gittertyp des Steinsalzes

$$c_2 = \frac{c_0}{\omega_i^2} \tag{10.37}$$

ist, wobei ω_i die Grenzfrequenz der longitudinalen Polarisationsschwingungen der Ionen ist. Nach den Formeln (7.6), (10.35) und (10.37) kann man das Kriterium (10.12) einfacher schreiben:

$$\frac{M v^2}{2} \ll 0{,}29 \frac{\mu e^4 c_0^2}{\hbar^2} = 5{,}33 |H_0|, \tag{10.38}$$

wobei $|H_0|$ die thermische Dissoziationsenergie des Polarons ist. Steht das Polaron im thermischen Gleichgewicht mit dem Kristall, so ist seine kinetische Energie von der Größenordnung $(3/2)\,kT$. In diesem Fall kann die Ungleichung (10.38) nur bei Temperaturen verletzt sein, bei denen kT größer ist als die thermische Dissoziationsenergie des Polarons.

§ 11. Die moderne Auffassung von der Elektronenleitung in Ionenkristallen [15, 17]

Im Laufe der letzten zwanzig Jahre entwickelte sich die Theorie der Elektronenleitung unter Benutzung der Quantenmechanik und errang allgemeine Anerkennung. Für sämtliche Abarten dieser Theorie ist folgende Problemstellung charakteristisch: In nullter Näherung wird die ψ-Funktion des Leitungselektrons unter der Voraussetzung berechnet, daß die Ionen unbeweglich in den Gitterpunkten sitzen, wie es auch in § 3 geschehen ist; das Problem reduziert sich dann auf die Behandlung des Elektrons im periodischen Feld $W(\mathfrak{r})$; die ψ-Funktionen haben die Form ebener modulierter Wellen [siehe z. B. Formel (3.6)]. Diese Zustände des Elektrons wurden oben nur kurz als „Bandzustände" bezeichnet. Die Ionenbewegung wird in nullter Näherung so behandelt, als ob gar kein Leitungselektron vorhanden sei, d.h. es wird angenommen, daß die Ionen harmonische Schwingungen um ihre Gitterpunkte ausführen, wobei sich diese Schwingungen wellenartig über den Kristall ausbreiten. Wie wir bereits erwähnten, wird also in nullter Näherung die Wechselwirkung zwischen dem Leitungselektron und den Ionenschwingungen vernachlässigt. Diese Wechselwirkung wird erst in erster Näherung als kleine Störung eingeführt, die eine Streuung der oben erwähnten ebenen modulierten Wellen bewirkt. In den verschiedenen Abarten dieser Theorie wird in erster Näherung die Wahrscheinlichkeit für die Streuung der ψ-Wellen an den Ionenschwingungen, d. h. die „freie Weglänge" des Elektrons, berechnet.

In diesem Kapitel wurde gezeigt, daß es außer den Bandzuständen des Leitungselektrons noch Polaronenzustände gibt, in denen die ψ-Funktion des Elektrons in einem begrenzten Raumgebiet lokalisiert ist [siehe z. B. Formel (6.14)] und die Ionen nicht um die Gitterpunkte, sondern um andere Gleichgewichtslagen schwingen, die infolge der dielektrischen Polarisation des Kristalls durch das Feld des Elektrons gegenüber den Gitterpunkten verschoben sind. Wie im vorigen Paragraphen gezeigt wurde, können sich die Polaronen bewegen und somit als Ladungsträger neben den Bandelektronen an der elektrischen Leitung teilnehmen.

Es ist von Bedeutung aufzuklären, welche dieser beiden Arten von Ladungsträgern die Hauptrolle bei der elektrischen Leitung spielt. Wie in § 6 gezeigt wurde, liegt der Polaronenzustand energetisch weitaus günstiger als der Bandzustand des Elektrons. Die Dissoziationsenergie des Polarons, bei der das Elektron in einen Bandzustand übergeht, beträgt:

$$-H_0 = 1{,}47 \frac{\mu}{m} c^2 \quad [\mathrm{eV}]. \tag{11.1}$$

Diese Energie ist gewöhnlich von der Größenordnung 0,1 eV. Deshalb befindet sich bei nicht allzu hohen Temperaturen die überwiegende Mehrzahl der Leitungselektronen im Polaronenzustand. Mit Hilfe der klassischen Statistik kann man die Konzentration der Bandelektronen berechnen. Bekanntlich wird in Halbleitern mit geringer Leitungselektronenkonzentration, bei der das Elektronengas nicht entartet ist, die Gleichgewichtskonzentration der Bandelektronen durch die Formel

$$N_{\mathrm{Band}} = \frac{2}{\hbar^3} \left(\frac{\mu k T}{2\pi} \right)^{3/2} e^{\frac{\zeta}{kT}} \tag{11.2}$$

gegeben. Hier ist ζ die Fermigrenze der Elektronen ($\zeta < 0$); die Energie des Elektrons am unteren Rand des Leitfähigkeitsbandes wird wie früher gleich Null gesetzt. In grober Näherung wird die Gleichgewichtskonzentration der Polaronen durch eine entsprechende Formel gegeben:

$$N_p \cong \frac{2}{\hbar^3} \left(\frac{M k T}{2\pi} \right)^{3/2} e^{\frac{\zeta - H_0}{kT}}. \tag{11.3}$$

Eine genauere Formel für die Polaronenkonzentration wird in § 19 für den idealen Halbleiter und in § 29 für einen Halbleiter mit Verunreinigungen (mit Donatoren) abgeleitet.

Das Verhältnis der Polaronenkonzentration zur Konzentration der Bandelektronen beträgt

$$\frac{N_p}{N_{\mathrm{Band}}} \cong \left(\frac{M}{\mu} \right)^{3/2} e^{-\frac{H_0}{kT}}. \tag{11.4}$$

Dieses Verhältnis kann sehr groß werden. Für Alkalihalogenidkristalle z. B. ist der Faktor $(M/\mu)^{3/2}$ von der Größenordnung 1000 und der Exponentialfaktor mit $H_0 = -0{,}2$ eV und $T = 300°$ K etwa gleich 2500. Das Konzentrationsverhältnis ist also von der Größenordnung einer Million. Bei abnehmender Temperatur wächst dieses Verhältnis exponentiell ($H_0 < 0$). Die Polaronenkonzentration ist also bei weitem größer als die Konzentration der Bandelektronen.

Um aufzuklären, welche dieser beiden Sorten von Ladungsträgern bei der elektrischen Leitung die Hauptrolle spielt, hat man außer den Konzentrationen noch ihre Beweglichkeiten zu vergleichen. Man hat dazu die Beweglichkeit des Polarons in einem homogenen äußeren elektrischen Feld $\mathfrak{E}$ abzuschätzen. Nach der Gleichung (10.36) des vorigen Paragraphen muß sich das Polaron im homogenen Feld gleichmäßig beschleunigt bewegen. Im vorigen Paragraphen wurden jedoch die thermischen Ionenschwingungen sowie die Absorption der „äquivalenten elektromagnetischen Wellen" im Kristall vernachlässigt [$\varepsilon(\omega_{\mathfrak{k}})$ wurde als reell angesehen]. In Wirklichkeit führen beide Faktoren zu einer Bremsung der Bewegung des Polarons und bestimmen somit seine Beweglichkeit.

Der Einfluß der thermischen Ionenschwingungen wird im folgenden Kapitel auf Grund der quantenmechanischen Beschreibung der Ionenbewegung ermittelt (§ 20). Hier bemerken wir etwas vorgreifend, daß die Berücksichtigung der thermischen Ionenschwingungen zu einer Beweglichkeit des Polarons führt, deren Temperaturabhängigkeit bei tiefen Temperaturen durch den Faktor $e^{\hbar\omega_l/kT}$ gegeben wird. Bei $T \to 0$ geht diese Beweglichkeit schnell gegen Unendlich. Folglich spielen bei hinreichend tiefen Temperaturen die thermischen Ionenschwingungen eine untergeordnete Rolle bei der Bremsung des Polarons; hier überwiegt offenbar die Absorption der „äquivalenten elektromagnetischen Wellen" im Kristall. Wir wenden uns ihnen jetzt zu.

Im vorigen Paragraphen wurde gezeigt, daß die Ionen beim Auftreten eines durch den Kristall wandernden Polarons eine Zusatzkraft $e\,\mathfrak{D}$ erfahren. Zur Bestimmung der Bremsung des Polarons, d. h. seiner Beweglichkeit, haben wir die Energie zu berechnen, die das bewegte Polaron pro Zeiteinheit zur Anregung von Ionenschwingungen aufzuwenden hat, mit anderen Worten die Energie, welche die Ionen im Feld $\mathfrak{D}$ aufnehmen. Dieses Feld läßt sich nach der Formel (10.7) des vorigen Paragraphen durch Superponierung harmonischer Wellen darstellen. Diese lassen sich durch äquivalente elektromagnetische Wellen ersetzen, d. h. durch elektromagnetische Wellen der gleichen Amplitude und Frequenz (siehe § 10). Man ersetzt also den Einfluß des bewegten Polarons auf die Ionen durch die Wirkung eines Paketes äquivalenter elektromagnetischer Wellen. Nun ist die Arbeit zu berechnen, die diese elektromagnetischen Wellen pro Zeiteinheit an den Ionen verrichten. Das Problem reduziert sich somit auf die Betrachtung der Absorption von äquivalenten elektromagnetischen Wellen im Kristall.

Sind die Eigenschwingungen der Ionen streng harmonisch, so kann der Kristall bekanntlich nur diejenigen elektromagnetischen Wellen absorbieren, deren Frequenzen gleich den Frequenzen ω_i der Ioneneigenschwingungen sind. Ist der Kristall außerdem ideal (ohne Fehlordnung), so sind allein die Grenzfrequenzen der Ionenschwingungen optisch wirksam. In diesem Fall kann der Kristall die oben erwähnten äquivalenten elektromagnetischen Wellen überhaupt nicht absorbieren, da ihre Frequenzen $\omega_{\mathfrak{k}}$ voraussetzungsgemäß bedeutend kleiner sind als die Frequenzen ω_i der Ioneneigenschwingungen [siehe Formel (10.13)]. Die äquivalente elektromagnetische Welle kann lediglich die erzwungenen Ionenschwingungen stationär aufrechterhalten, sie aber nicht erzeugen, d. h. keine Energie an die Ionen abgeben. In diesem Fall bewegt sich das Polaron ohne Bremsung nach dem Trägheitsgesetz, wie im vorigen Paragraphen gezeigt wurde.

Die experimentellen Untersuchungen [19] zeigen jedoch, daß das Absorptionsspektrum elektromagnetischer Wellen durch die Kristallionen nicht aus einzelnen scharfen Linien, die den Grenzfrequenzen der Ionen entsprechen, besteht, sondern ein breites kontinuierliches Absorptionsgebiet bildet. Besonders intensiv ist die Absorption in der Umgebung der Eigenfrequenzen der Ionen ω_i; wesentlich (für das uns interessierende Problem) sind jedoch nur jene im Gebiet kleiner Frequenzen. Das beruht offenbar auf der Anharmonizität der Ionenschwingungen und wird möglicherweise in gewissem Grade durch Fehlstellen des Kristalls beeinflußt.

Ohne uns näher auf die Erklärung der Form des Absorptionsspektrums der Ionen einzulassen, können wir die Bremskraft und die Beweglichkeit des Polarons unmittelbar durch den Absorptionskoeffizienten des Kristalls ausdrücken.

Zu diesem Zweck berechnen wir die Energie, die das oben erwähnte Wellenpaket pro Zeiteinheit an die Ionen abgibt. Wir betrachten die elektromagnetische Welle, welche der $\mathfrak{k}$-ten Oberschwingung und ihrer konjugiert komplexen in der Entwicklung (10.7) äquivalent ist. Der Vektor der dielektrischen Verschiebung dieser Welle beträgt

$$\mathfrak{D}_{\mathfrak{k}}\, e^{-i\omega_{\mathfrak{k}} t} + \mathfrak{D}_{-\mathfrak{k}}\, e^{i\omega_{\mathfrak{k}} t}. \tag{11.5}$$

Da $\omega_{\mathfrak{k}}$ bedeutend kleiner ist als die Eigenfrequenzen der Ionenschwingungen, ist der Realteil des Brechnungsindex dieser Welle

$$n_0 = \sqrt{\varepsilon} \tag{11.6}$$

(ε ist die statische Dielektrizitätskonstante), während sein Imaginärteil in erster Näherung proportional der Frequenz ist:

$$n_0\, \varkappa = \beta\, \omega_{\mathfrak{k}}. \tag{11.7}$$

Der Absorptionskoeffizient τ des Kristalls hängt mit der Konstanten β folgendermaßen zusammen

$$\tau = \frac{2 n_0 \varkappa}{c_1}\, \omega_{\mathfrak{k}} = \frac{2\beta}{c_1}\, \omega_{\mathfrak{k}}^2, \tag{11.8}$$

dabei ist c_1 die Lichtgeschwindigkeit im Vakuum. Der zeitliche Mittelwert der Amplitude der elektromagnetischen Welle (11.5) beträgt

$$\overline{S} = \frac{c_1}{2\pi\, \varepsilon^{3/2}}\, |\mathfrak{D}_{\mathfrak{k}}|^2. \tag{11.9}$$

In der Zeit- und Volumeneinheit des Kristalls wird eine Energie

$$\tau\, \overline{S} = \frac{\beta}{\pi\, \varepsilon^{3/2}}\, \omega_{\mathfrak{k}}^2\, |\mathfrak{D}_{\mathfrak{k}}|^2 \tag{11.10}$$

absorbiert. Sämtliche Wellen (10.7) übergeben im Gesamtvolumen L^3 des Kristalls den Ionen pro Zeiteinheit die Energie

$$W = \frac{L^3 \beta}{2\pi\, \varepsilon^{3/2}} \sum_{\mathfrak{k}} \omega_{\mathfrak{k}}^2\, |\mathfrak{D}_{\mathfrak{k}}|^2 = \frac{\beta}{2\pi\, \varepsilon^{3/2}} \int\limits_{L^3} [(\mathfrak{v}\,\mathrm{grad})\, \mathfrak{D}]^2\, d\tau. \tag{11.11}$$

Die letzte Gleichung läßt sich leicht bestätigen, indem man $\mathfrak{D}$ unter dem Integral nach Formel (10.7) entwickelt. Wie im vorigen Paragraphen gezeigt wurde, ist bei kleinen Polaronengeschwindigkeiten $\mathfrak{D}[\psi, \mathfrak{r}]$ nur wenig verschieden von $\mathfrak{D}[\psi_0, \mathfrak{r}]$. Bei der Berechnung des Integrals haben wir dementsprechend die Funktion ψ aus Formel (6.16) entnommen. Es ergab sich

$$W = \frac{0{,}29\, e^2\, \alpha_3^3\, v^2\, \beta}{\pi\, \varepsilon^{3/2}}, \tag{11.12}$$

mit

$$\alpha_3 = 0{,}95 \cdot 10^8 \frac{\mu}{m} c_0 \quad [\mathrm{cm}^{-1}]. \tag{11.13}$$

Im Fall der stationären Bewegung des Polarons im äußeren elektrischen Feld $\mathfrak{E}$ hat man die Energie W, die das Polaron pro Zeiteinheit an die Ionen abgibt, der Leistung $e\,\mathfrak{v}\,\mathfrak{E}$ des äußeren Feldes gleichzusetzen. Aus dieser Gleichung ergibt sich folgender Ausdruck für die Beweglichkeit des Polarons:

$$b = \frac{v}{|\mathfrak{E}|} = \frac{\pi\, \varepsilon^{3/2}}{0{,}29\, e\, \alpha_3^3\, \beta}. \tag{11.14}$$

Setzen wir hier das α_3 aus Formel (11.13) ein, so erhalten wir:

$$b = 2{,}62 \cdot 10^{-14} \frac{\varepsilon^{3/2}}{\beta \left(\frac{\mu}{m}\right)^3 \left(\frac{1}{n^2} - \frac{1}{\varepsilon}\right)^3} \quad [\text{el.-dyn. CGS}]. \tag{11.15}$$

Diese Formel drückt die Polaronenbeweglichkeit durch den Absorptionskoeffizienten für elektromagnetische Wellen aus, deren Frequenz bedeutend kleiner ist als die Eigenfrequenzen der Ionenschwingungen.

Der Wert für die Konstante β ist aus den experimentellen Daten über die Absorption elektromagnetischer Wellen im Kristall zu entnehmen. Beispielsweise ist für den NaCl-Kristall $\beta \approx 2{,}7 \cdot 10^{-15}$ sec [*19*], $n = 1{,}52$, $\varepsilon = 5{,}8$. Setzt man für diesen Kristall willkürlich $\mu = m$, so erhält man:

$$b = 8 \cdot 10^3 \,[\text{el.-dyn. CGS}] = 26{,}7 \quad [\mathrm{cm^2/V\,sec}]. \tag{11.16}$$

In § 31 wird nachgewiesen, daß beim NaCl $\mu = 2{,}78$ m ist. Verwendet man diesen Wert für μ, so folgt:

$$b = 372 \,[\text{el.-dyn. CGS}] = 1{,}24 \quad [\mathrm{cm^2/V\,sec}]. \tag{11.17}$$

Nachdem wir die Polaronenbeweglichkeit unter Berücksichtigung der thermischen Ionenschwingungen behandelt haben, kommen wir wieder zur Frage, welche der beiden erwähnten Ladungsträgerarten bei der elektrischen Leitung vorherrscht. Es wird gezeigt werden, daß die Beweglichkeit der Polaronen größenordnungsmäßig mit der experimentell ermittelten Beweglichkeit der Ladungsträger in Kristallen übereinstimmt. Versucht man die experimentell beobachteten Ladungsträger mit den Bandelektronen zu identifizieren, so muß man annehmen, daß diese und die Polaronen Beweglichkeiten von gleicher Größenordnung haben. Dann können aber infolge der sehr viel größeren Konzentration der Polaronen die Bandelektronen keine merkliche Rolle bei der elektrischen Leitung spielen. Man hat also anzunehmen, daß nicht die Bandelektronen, sondern die Polaronen die wichtigsten Ladungsträger sind.

KAPITEL III

Polaronentheorie mit quantenmechanischer Behandlung der Ionenbewegung

§ 12. Grundgleichungen

Im vorigen Kapitel wurde die Ionenbewegung mit Hilfe der klassischen Mechanik behandelt. Der Vorteil dieses Vorgehens besteht in seiner Anschaulichkeit und relativen Einfachheit. Die klassische Mechanik ist bekanntlich in allen Fällen brauchbar, in denen sich die DE BROGLIE-Wellenlänge λ des Teilchens räumlich langsam ändert:

$$\frac{d\lambda}{d\varkappa} \ll 2\pi. \tag{12.1}$$

Für die Kristallionen ist aber diese Ungleichung nur schlecht erfüllt. Die Ergebnisse des vorigen Kapitels, die auf Grund der klassischen Mechanik gewonnen wurden, bedürfen deshalb einer Nachprüfung und Präzisierung durch eine quantenmechanische Behandlung der Ionenbewegung. Diese wird im vorliegenden Kapitel durchgeführt. Außerdem wurden bisher die thermischen Ionenschwingungen vernachlässigt (es wurde nur der Fall für $T = 0$ behandelt). Jetzt werden wir auch diese Ionenschwingungen berücksichtigen.

Wie in § 3 gezeigt wurde, befindet sich das Leitungselektron in einem periodischen Feld mit dem Potential $W(\mathfrak{r})$, falls die Ionen fest in den Gitterpunkten sitzen. Infolge der Verschiebung der Ionen aus diesen Gitterpunkten treten in der potentiellen Energie des Leitungselektrons die Zusatzglieder $V(\mathfrak{r})$ und $V'(\mathfrak{r})$ auf, die in § 5 ausführlich behandelt wurden. Bei beliebiger Lage der Ionen beträgt also die potentielle Energie des Leitungselektrons

$$W(\mathfrak{r}) + V(\mathfrak{r}) + V'(\mathfrak{r}). \tag{12.2}$$

Hier bezeichnet $V(\mathfrak{r})$ wie bisher das Potential des Elektrons in einem polarisierten dielektrischen Kontinuum und wird als glatte Funktion von $\mathfrak{r}$ angesehen, während $V'(\mathfrak{r})$ die Potentialänderung des Elektrons ist, die von der Verschiebung der ein oder zwei dem Elektron nächstbenachbarten Ionen herrührt. Die Potentialänderung $V'(\mathfrak{r})$ wird besonders aufgeführt, da sie sich mit Hilfe des Modells eines dielektrischen Kontinuums nicht richtig darstellen läßt und keine glatte Funktion der Koordinaten darstellt[1]).

Das Glied $V'(\mathfrak{r})$ wurde im vorigen Kapitel gar nicht berücksichtigt, da es sich dort nur um die Polarisationsverschiebungen der Ionen handelte, welche die Kraft $\mathfrak{D}$ hervorruft; diese Verschiebungen sind sehr klein [siehe Formel (7.16)], daher ist mit ihnen auch das Glied $V'(\mathfrak{r})$ klein.

---

[1]) Der explizite Ausdruck für das Potential $V'(\mathfrak{r})$ wird in § 18 angegeben.

Im Gegensatz dazu werden in diesem Kapitel die thermischen Schwingungen und Nullpunktsschwingungen der Ionen behandelt, deren Amplituden größer sind als die Polarisationsverschiebungen der Ionen. Das Glied $V'(\mathfrak{r})$ wird deshalb eine bedeutendere Rolle spielen als im vorigen Kapitel und hier als kleine Störung behandelt werden.

Wir setzen voraus, daß sich die Ionenschwingungen in Abwesenheit eines Leitungselektrons mit Hilfe von Normalkoordinaten beschreiben lassen. Diese Schwingungen werden bekanntlich [21] in *akustische*, bei denen sich die Dichte des Kristalls periodisch ändert, und *optische* unterteilt, bei denen sich das Dipolmoment periodisch ändert. Alle Normalschwingungen sind voneinander unabhängig; die HAMILTON-Funktion des Systems besteht aus mehreren Summanden, deren jeder die HAMILTON-Funktion für eine der Normalschwingungen darstellt. Wir setzen der Einfachheit halber voraus, der Kristall besitze ein Gitter vom Steinsalztyp. H_{akust} bezeichne die HAMILTON-Funktion sämtlicher akustischer Wellen, $H_{\text{opt}\parallel}$ die HAMILTON-Funktion sämtlicher optischer Longitudinalwellen und $H_{\text{opt}\perp}$ die HAMILTON-Funktion sämtlicher optischer Transversalwellen. In Anwesenheit eines Leitungselektrons hat der Energieoperator des Gesamtsystems die Form

$$H' = -\frac{\hbar^2}{2m}\Delta + W(\mathfrak{r}) + V(\mathfrak{r}) + V'(\mathfrak{r}) + H_{\text{opt}\parallel} + H_{\text{opt}\perp} + H_{\text{akust}}. \quad (12.3)$$

Das erste Glied stellt hierbei die kinetische Energie des Leitungselektrons, das zweite, dritte und vierte Glied stellen die Wechselwirkungsenergien mit den Ionen und die letzten drei Glieder die Energie der Ionen in Abwesenheit eines Leitungselektrons dar.

Nach Formel (5.1) ist

$$V(\mathfrak{r}) = e\int \frac{\mathfrak{P}(\mathfrak{r}_1)\,(\mathfrak{r}-\mathfrak{r}_1)}{|\mathfrak{r}-\mathfrak{r}_1|^3}\,d\tau_1. \quad (12.4)$$

Wir entwickeln die Volumenpolarisation in eine FOURIER-Reihe[1]):

$$\mathfrak{P}(\mathfrak{r}) = \sum_{\mathfrak{w}} \mathfrak{P}_{\mathfrak{w}}\,\chi_{\mathfrak{w}}(\mathfrak{r}), \quad (12.5)$$

mit

$$\chi_{\mathfrak{w}}(\mathfrak{r}) = \sqrt{\frac{2}{L^3}}\begin{cases}\cos(\mathfrak{w}\,\mathfrak{r}) & \text{für } w_x \leqq 0,\\ \sin(\mathfrak{w}\,\mathfrak{r}) & \text{für } w_x > 0.\end{cases}$$

Hier ist wie üblich die Periodizitätsbedingung für eine große Periode L eingeführt; die $\chi_{\mathfrak{w}}$ sind im Grundgebiet L^3 normiert. Die drei Projektionen eines jeden $\mathfrak{P}_{\mathfrak{w}}$ (jeweils eine auf die Richtung von $\mathfrak{w}$ und jeweils zwei in der zu $\mathfrak{w}$ senkrechten Ebene) entsprechen der longitudinalen bzw. den beiden transversalen Polarisationswellen. In Abwesenheit eines Leitungselektrons schwingen diese Komponenten harmonisch mit der Zeit; man wählt sie zweckmäßigerweise als Normalkoordinaten, welche die optischen Ionenschwingungen beschreiben.

Die Volumenpolarisation kann man in zwei Anteile aufspalten:

$$\mathfrak{P}(\mathfrak{r}) = \mathfrak{P}_{\parallel}(\mathfrak{r}) + \mathfrak{P}_{\perp}(\mathfrak{r}); \quad (12.6)$$

---

[1]) Diese Entwicklung stellt den Übergang zum polarisierten Kontinuum dar. Nur diejenigen FOURIER-Komponenten haben eine Bedeutung, deren Wellenlänge bedeutend größer ist als die Gitterkonstante. Eben diese Oberschwingungen spielen die Hauptrolle bei der Wechselwirkung der Ionenschwingungen mit dem Polaron.

der erste Summand bildet die Summe aller Longitudinal-, der zweite die Summe aller Transversalwellen. Führt man die Aufspaltung (12.6) in Formel (12.4) unter dem Integral durch und berücksichtigt

$$\operatorname{div} \mathfrak{P}_\perp \equiv 0, \tag{12.7}$$

so verschwindet das Glied mit $\mathfrak{P}_\perp$ bei der Integration:

$$\int \mathfrak{P}_\perp \operatorname{grad} \frac{1}{|\mathfrak{r}-\mathfrak{r}_1|}\, d\tau_1 = \int \operatorname{div} \frac{\mathfrak{P}_\perp}{|\mathfrak{r}-\mathfrak{r}_1|}\, d\tau_1 - \int \frac{1}{|\mathfrak{r}-\mathfrak{r}_1|} \operatorname{div} \mathfrak{P}_\perp\, d\tau_1 = 0. \tag{12.8}$$

Das erste Glied nach dem Gleichheitszeichen verschwindet hier nach Umformung des Volumenintegrals in ein Oberflächenintegral, das zweite ist infolge von (12.7) gleich Null. Es ist also

$$V(\mathfrak{r}) = e \int \frac{\mathfrak{P}_\parallel(\mathfrak{r}_1)(\mathfrak{r}-\mathfrak{r}_1)}{|\mathfrak{r}-\mathfrak{r}_1|^3}\, d\tau_1 . \tag{12.9}$$

Das Potential $V(\mathfrak{r})$ hängt also nicht von den Normalkoordinaten der transversalen Polarisationswellen ab.

In Formel (12.3) wird das Glied $V'(\mathfrak{r})$ als kleine Störung aufgefaßt. Läßt man es in nullter Näherung weg, so gehen die Normalkoordinaten der akustischen und der transversalen optischen Schwingungen nur in die letzten beiden Glieder der Formel (12.3) ein. Da diese Glieder nicht von den übrigen Koordinaten des Systems abhängen, lassen sich die akustischen und transversalen optischen Schwingungen als unabhängige abgeschlossene konservative Untersysteme vollständig separieren. Mit anderen Worten stehen die akustischen und die transversalen optischen Schwingungen in nullter Näherung nicht mit den Schwingungen des Systems in den übrigen Freiheitsgraden in Wechselwirkung. Das bedeutet, daß die ψ-Funktion des Systems in nullter Näherung aus drei Faktoren besteht; der eine davon hängt nur von den Koordinaten der akustischen Schwingungen, der zweite von den Koordinaten der transversalen optischen Schwingungen und der dritte von den Koordinaten der longitudinalen optischen Schwingungen und den Elektronenkoordinaten ab. Die ersten beiden Faktoren sind trivial; sie sehen genau so aus, als ob es kein Leitungselektron im Kristall gäbe.

In den folgenden Paragraphen werden die Bewegung des Leitungselektrons und die longitudinalen Polarisationsschwingungen in nullter Näherung behandelt. Diese Bewegungen werden durch den Energieoperator

$$\boldsymbol{H}'' = \boldsymbol{H}' - H_{\mathrm{opt}\perp} - H_{\mathrm{akust}} = -\frac{\hbar^2}{2m}\Delta + W(\mathfrak{r}) + V(\mathfrak{r}) + H_{\mathrm{opt}\parallel} \tag{12.10}$$

beschrieben. Im folgenden wird es sich ausschließlich um die longitudinalen Polarisationsschwingungen handeln; das Symbol $\|$ bei $\mathfrak{P}$ und $\mathfrak{P}_{\mathfrak{w}}$ wird deshalb der Einfachheit halber weggelassen werden.

Bei der Lösung der Wellengleichung mit dem Operator (12.10) kann man die Methode der effektiven Masse verwenden, d. h. das periodische Potential $W(\mathfrak{r})$ fortlassen und gleichzeitig m durch μ ersetzen. Diese Methode wurde in § 4 für den Fall eines Elektrons in einem vorgegebenen Potential begründet. Der hier behandelte Fall unterscheidet sich davon dadurch, daß hier außer dem Elektron noch eine große Menge anderer Freiheitsgrade vorhanden ist. Die Methode der effektiven Masse läßt sich jedoch leicht auf diesen Fall verallgemeinern[1]).

Dadurch wird (12.10) durch den einfacheren Operator

$$H = -\frac{\hbar^2}{2\mu}\Delta + V(\mathfrak{r}) + H_{\mathrm{opt}\parallel} \tag{12.11}$$

ersetzt. Bekanntlich bildet die HAMILTON-Funktion jedes Systems, das kleine harmonische Schwingungen ausführt, eine rein quadratische Form der Normalkoordinaten und -geschwindigkeiten. (In dieser Form kommen nur die Quadrate dieser Größen vor, nicht aber ihre gemischten Produkte.) Insbesondere läßt sich die HAMILTON-Funktion der optischen Longitudinalschwingungen folgendermaßen darstellen:

$$H_{\mathrm{opt}\parallel} = \sum_{\mathfrak{w}} \frac{2\pi}{c_{\mathfrak{w}}}\left(\mathfrak{P}_{\mathfrak{w}}^2 + \frac{1}{\omega_{\mathfrak{w}}^2}\dot{\mathfrak{P}}_{\mathfrak{w}}^2\right). \tag{12.12}$$

Hier sind die $P_{\mathfrak{w}}$, wie bereits erwähnt, als Normalkoordinaten gewählt, welche die longitudinalen Polarisationsschwingungen beschreiben; $\omega_{\mathfrak{w}}$ sind die Eigenfrequenzen, $c_{\mathfrak{w}}$ konstante Koeffizienten.

Bildet die Polarisation eine glatte Funktion der Koordinaten (d. h. ändert sie sich über Abstände von der Größenordnung der Gitterkonstanten nur wenig), so spielen in der Entwicklung (12.5) und in der Summe (12.12) die Glieder mit kleinen $\mathfrak{w}$ die Hauptrolle. In diesem Fall kann man $\omega_{\mathfrak{w}}$ und $c_{\mathfrak{w}}$ näherungsweise durch die entsprechenden Größen für die transversalen Schwingungen (für Schwingungen mit unendlich großer Wellenlänge) ersetzen. Diese Grenzgrößen bezeichnen wir einfach mit ω und c. Die HAMILTON-Funktion der optischen Longitudinalschwingungen kommt hierdurch auf die Form

$$H_{\mathrm{opt}\parallel} = \frac{2\pi}{c}\sum_{\mathfrak{w}}\left(\mathfrak{P}_{\mathfrak{w}}^2 + \frac{1}{\omega^2}\dot{\mathfrak{P}}_{\mathfrak{w}}^2\right) = \frac{2\pi}{c}\int_{L^3}\left[\mathfrak{P}^2(\mathfrak{r}) + \frac{1}{\omega^2}\dot{\mathfrak{P}}^2(\mathfrak{r})\right]d\tau. \tag{12.13}$$

Der hier eingehende Koeffizient c ist mit dem Koeffizienten von (5.10) zu identifizieren; man sieht das leicht ein, wenn man das Glied für die potentielle Energie der Schwingungen in Formel (12.13) mit dem Ausdruck (5.13) vergleicht.

Im folgenden ist es zweckmäßig, die dimensionslosen kanonisch konjugierten Koordinaten

$$q_{\mathfrak{w}} = \sqrt{\frac{4\pi}{\hbar\,\omega_{\mathfrak{w}}\,c_{\mathfrak{w}}}}\,P_{\mathfrak{w}} \tag{12.14}$$

[1]) Für den Operator (12.10) ist die Begründung dieser Methode völlig analog der in § 4 gegebenen, nur mit dem Unterschied, daß man an Stelle der Entwicklung (4.29) eine Entwicklung nach Eigenfunktionen des Operators

$$-\frac{\hbar^2}{2\mu}\Delta + E^0 + H_{\mathrm{opt}\parallel} \tag{a}$$

vorzunehmen und an Stelle der Entwicklung (4.32) nach Eigenfunktionen des Operators

$$-\frac{\hbar^2}{2m}\Delta + W(\mathfrak{r}) + H_{\mathrm{opt}\parallel} \tag{b}$$

zu entwickeln hat.

und Impulse

$$p_{\mathfrak{w}} = \sqrt{\frac{4\pi}{\hbar\,\omega_{\mathfrak{w}}^3 c_{\mathfrak{w}}}}\,\dot{P}_{\mathfrak{w}} \tag{12.15}$$

einzuführen. Mit diesen Bezeichnungen nimmt Formel (12.12) folgende Form an:

$$H_{\mathrm{opt}\parallel} = \tfrac{1}{2}\sum_{\mathfrak{w}} \hbar\,\omega_{\mathfrak{w}}(q_{\mathfrak{w}}^2 + p_{\mathfrak{w}}^2)\,. \tag{12.16}$$

Die klassischen Bewegungsgleichungen für die Ionen (in Abwesenheit eines Leitungselektrons) haben die Form der kanonischen Gleichungen:

$$\left.\begin{aligned} \hbar\,\dot{q}_{\mathfrak{w}} &= \frac{\partial H_{\mathrm{opt}\parallel}}{\partial p_{\mathfrak{w}}}\,, \\ \hbar\,\dot{p}_{\mathfrak{w}} &= -\frac{\partial H_{\mathrm{opt}\parallel}}{\partial q_{\mathfrak{w}}}\,. \end{aligned}\right\} \tag{12.17}$$

Den Energieoperator erhält man wie üblich, indem man in Formel (12.16) $p_{\mathfrak{w}}$ durch $-i\dfrac{\partial}{\partial q_{\mathfrak{w}}}$ ersetzt. Der Energieoperator des Elektrons und der longitudinalen optischen Schwingungen ergibt sich durch Einsetzen von (12.9) und (12.16) in (12.11):

$$\boldsymbol{H} = -\frac{\hbar^2}{2\mu}\Delta + e\int \frac{\mathfrak{P}_\parallel(\mathfrak{r}_1)\,(\mathfrak{r}-\mathfrak{r}_1)}{|\mathfrak{r}-\mathfrak{r}_1|^3}\,d\tau_1 + \frac{1}{2}\sum_{\mathfrak{w}} \hbar\,\omega_{\mathfrak{w}}\left(q_{\mathfrak{w}}^2 - \frac{\partial^2}{\partial q_{\mathfrak{w}}^2}\right). \tag{12.18}$$

Hierbei ist vorausgesetzt, daß $\mathfrak{P}_\parallel$ nach Formel (12.5) in eine Reihe entwickelt ist und daß die Entwicklungskoeffizienten nach Formel (12.14) durch die $q_{\mathfrak{w}}$ ausgedrückt werden.

§ 13. Eigenschaften der Wellenfunktion, die sich aus der Gruppentheorie ergeben

Wir betrachten einen Operator, der auf die Koordinaten des Systems derart einwirkt, daß diese Wirkung äquivalent einer Verschiebung des Leitungselektrons und des Polarisationspotentialtopfes um einen Vektor $\mathfrak{r}'$ ist. Diesen Operator bezeichnen wir als *Translationsoperator des Polarons* und bezeichnen ihn mit $\boldsymbol{T}_{\mathfrak{r}'}$. Dieser bewirkt folgende Koordinatentransformation:

$$\mathfrak{r} \to \mathfrak{r}'' = \mathfrak{r} + \mathfrak{r}'\,, \tag{13.1}$$

$$\mathfrak{P}_\parallel(\mathfrak{r}_1) \to \mathfrak{P}_\parallel'(\mathfrak{r}_1) = \mathfrak{P}_\parallel(\mathfrak{r}_1 - \mathfrak{r}')\,. \tag{13.2}$$

Die Transformation (13.2) kann man durch die Normalkoordinaten der Ionenschwingung ausdrücken:

$$\begin{aligned} \mathfrak{P}_{\mathfrak{w}}' = \int \mathfrak{P}_\parallel'(\mathfrak{r}_1)\,\chi_{\mathfrak{w}}(\mathfrak{r}_1)\,d\tau_1 &= \int \mathfrak{P}_\parallel(\mathfrak{r}_1 - \mathfrak{r}')\,\chi_{\mathfrak{w}}(\mathfrak{r}_1)\,d\tau_1 \\ &= \int \mathfrak{P}_\parallel(\mathfrak{r}_1)\,\chi_{\mathfrak{w}}(\mathfrak{r}_1 + \mathfrak{r}')\,d\tau_1\,. \end{aligned} \tag{13.3}$$

Nach Formel (12.5) ist aber

$$\chi_{\mathfrak{w}}(\mathfrak{r}_1 + \mathfrak{r}') = \begin{cases} \chi_{\mathfrak{w}}(\mathfrak{r}_1)\cos\mathfrak{w}\,\mathfrak{r}' - \chi_{-\mathfrak{w}}(\mathfrak{r}_1)\sin\mathfrak{w}\,\mathfrak{r}' & (\mathfrak{w}_x \leq 0)\,, \\ \chi_{\mathfrak{w}}(\mathfrak{r}_1)\cos\mathfrak{w}\,\mathfrak{r}' + \chi_{-\mathfrak{w}}(\mathfrak{r}_1)\sin\mathfrak{w}\,\mathfrak{r}' & (\mathfrak{w}_x > 0)\,. \end{cases} \tag{13.4}$$

Setzen wir dies in (13.3) ein, so erhalten wir

$$P'_{\mathfrak{w}} = P_{\mathfrak{w}} \cos \mathfrak{w}\,\mathfrak{r}' + P_{-\mathfrak{w}} \sin \mathfrak{w}\,\mathfrak{r}'. \tag{13.5}$$

Diese Transformation der Normalkoordinaten ist gleichwertig der Transformation (13.2).

Der Energieoperator $\boldsymbol{H}$ des Systems wird durch Formel (12.18) gegeben. Offenbar ist er invariant gegenüber Translationen. In der Tat ändert sich das erste Glied in dem Ausdruck für $\boldsymbol{H}$ bei einer Translation nicht, da der Operator Δ invariant gegenüber den Transformationen (13.1) ist; das zweite Glied in dem Ausdruck für $\boldsymbol{H}$ bleibt ebenfalls unverändert, da die Transformationen (13.1) und (13.2) einer Ersetzung der Integrationsvariablen $\mathfrak{r}_1$ durch $\mathfrak{r}_1 + \mathfrak{r}'$ in einem bestimmten Integral gleichwertig sind. Im dritten Glied von $\boldsymbol{H}$ kann man die Summanden paarweise zusammenfassen, und zwar jeweils ein Glied mit dem Index $\mathfrak{w}$ mit dem entsprechenden Glied mit dem Index $-\mathfrak{w}$.

Wegen

$$\omega_{\mathfrak{w}} = \omega_{-\mathfrak{w}}, \tag{13.6}$$

hat jedes dieser Paare die Form

$$\frac{1}{2}\hbar\,\omega_{\mathfrak{w}}\left(q_{\mathfrak{w}}^2 + q_{-\mathfrak{w}}^2 + \frac{\partial^2}{\partial q_{\mathfrak{w}}^2} + \frac{\partial^2}{\partial q_{-\mathfrak{w}}^2}\right). \tag{13.7}$$

Bei einer Translation nach Formel (13.5) transformieren sich die Koordinaten $q_{\mathfrak{w}}$ und $q_{-\mathfrak{w}}$ folgendermaßen:

$$\left.\begin{aligned} q'_{\mathfrak{w}} &= q_{\mathfrak{w}} \cos \mathfrak{w}\,\mathfrak{r}' + q_{-\mathfrak{w}} \sin \mathfrak{w}\,\mathfrak{r}', \\ q'_{-\mathfrak{w}} &= -\,q_{\mathfrak{w}} \sin \mathfrak{w}\,\mathfrak{r}' + q_{-\mathfrak{w}} \cos \mathfrak{w}\,\mathfrak{r}'. \end{aligned}\right\} \tag{13.8}$$

Faßt man die Koordinaten $q_{\mathfrak{w}}$ und $q_{-\mathfrak{w}}$ als kartesische Koordinaten eines Punktes in der Ebene auf, so stellt die Transformation (13.8) eine Drehung der kartesischen Achsen um den Winkel $\mathfrak{w}\,\mathfrak{r}'$ dar. Bei einer solchen Drehung bleiben bekanntlich die Formen

$$q_{\mathfrak{w}}^2 + q_{-\mathfrak{w}}^2 \quad \text{und} \quad \frac{\partial^2}{\partial q_{\mathfrak{w}}^2} + \frac{\partial^2}{\partial q_{-\mathfrak{w}}^2} \tag{13.9}$$

invariant. Der Ausdruck (13.7) und das gesamte dritte Glied von $\boldsymbol{H}$ sind also invariant gegenüber Translationen. Da $\boldsymbol{H}$ invariant gegenüber der Transformation $\boldsymbol{T}_{\mathfrak{r}'}$ ist, sind diese Operatoren vertauschbar:

$$\boldsymbol{T}_{\mathfrak{r}'}\,\boldsymbol{H} = \boldsymbol{H}\,\boldsymbol{T}_{\mathfrak{r}'}. \tag{13.10}$$

Die Menge aller Translationsoperatoren $\boldsymbol{T}_{\mathfrak{r}'}$ mit allen möglichen $\mathfrak{r}'$ bildet eine kommutative Gruppe. Diese Gruppe ist isomorph der Gruppe aller Verschiebungen eines Punktes im Raum. Nach bekannten Sätzen der Gruppentheorie kann man ein vollständiges System von Eigenfunktionen ψ des Operators $\boldsymbol{H}$ derart wählen, daß sie gleichzeitig Eigenfunktionen sämtlicher Operatoren $\boldsymbol{T}_{\mathfrak{r}'}$ sind. Ganz analog wie in § 2 für den Operator $\boldsymbol{T}_{\mathfrak{m}}$ kann man zeigen, daß die Eigenwerte des Operators $\boldsymbol{T}_{\mathfrak{r}'}$ die Form $e^{i\mathfrak{k}\mathfrak{r}'}$ haben, d. h. daß

$$\boldsymbol{T}_{\mathfrak{r}'}\,\Psi_{\mathfrak{k}}(\mathfrak{r}, \ldots, q_{\mathfrak{w}}, \ldots) = e^{i\mathfrak{k}\mathfrak{r}'}\,\Psi_{\mathfrak{k}}(\mathfrak{r}, \ldots, q_{\mathfrak{w}}, \ldots) \tag{13.11}$$

ist, wobei $\Psi_{\mathfrak{k}}$ eine Eigenfunktion des Operators $\boldsymbol{H}$ und sämtlicher Operatoren $\boldsymbol{T}_{\mathfrak{r}'}$ ist. Man kann leicht zeigen, daß der Operator $\boldsymbol{H}'$ [Formel (12.3)] ebenfalls mit $\boldsymbol{T}_{\mathfrak{r}'}$ vertauschbar ist und daß seine Eigenfunktionen ebenfalls die Eigenschaft (13.11) aufweisen.

Die Formel (13.11) bildet ein Analogon und eine Verallgemeinerung des Satzes von Bloch [siehe (3.5)]. Dieser bezieht sich auf ein Elektron in einem vorgegebenen konstanten periodischen elektrischen Potential, während Formel (13.11) für ein System mit vielen Freiheitsgraden gilt und schon die Berücksichtigung der Wechselwirkung des Elektrons mit den Ionenschwingungen enthält. Aus Formel (13.11) geht hervor, daß die Operatoren $\boldsymbol{H}'$ und $\boldsymbol{H}$ kontinuierliche Energiespektren besitzen (d. h. $\mathfrak{k}$ ist eine kontinuierliche Quantenzahl).

§ 14. Angenäherte Bestimmung der Energie des Systems

In § 12 wurde gezeigt, daß in nullter Näherung das Leitungselektron und die longitudinalen Polarisationsschwingungen ein abgeschlossenes konservatives Untersystem bilden, das mit den akustischen und den transversalen optischen Schwingungen nicht in Wechselwirkung steht. Der Energieoperator dieses Untersystems wird durch Formel (12.18) gegeben. In diesem Paragraphen wird die Energie des Grundzustandes des Polarons mit Hilfe einer recht groben direkten Variationsmethode näherungsweise berechnet. In den folgenden Paragraphen wird eine genauere und allgemeinere Lösung des Problems hergeleitet.

An Stelle der Wellengleichung mit dem Operator (12.18) verwenden wir das äquivalente Variationsprinzip

$$\delta \int \Psi^*(\mathfrak{r}, \ldots, q_{\mathfrak{w}}, \ldots) \boldsymbol{H} \Psi(\mathfrak{r}, \ldots, q_{\mathfrak{w}}, \ldots) \, d\tau \, dq = 0 \tag{14.1}$$

mit

$$dq = \prod_{\mathfrak{w}} dq_{\mathfrak{w}}$$

und der Zusatzbedingung

$$\int |\Psi|^2 \, d\tau \, dq = 1 . \tag{14.2}$$

Wir machen das Funktional (14.1) durch Approximation des Zustandes des Systems durch eine Funktion von der Form

$$\Psi(\mathfrak{r}, \ldots, q_{\mathfrak{w}}, \ldots) = \psi(\mathfrak{r}) \, \Phi(\ldots, q_{\mathfrak{w}}, \ldots) \tag{14.3}$$

zu einem Minimum. Wenn wir der Auswahl der Näherungsfunktionen durch die Forderung des Produktansatzes (14.3) eine Beschränkung auferlegen, verringern wir selbstverständlich ihre „Schmiegsamkeit“; infolgedessen läßt sich das Minimum nicht ganz erreichen, und man erhält einen etwas zu hohen Energiewert. Der Fehler hierbei ist jedoch gering[1]; man kann sich davon durch Vergleich dieses Ergebnisses mit dem genaueren Ergebnis von § 16 überzeugen.

---

[1]) Wir bemerken, daß nach der Methode von Hartree [*23*] — Fock [*24*] für die Funktion ebenfalls ein Produktansatz eingeführt wird. Bei der Mehrzahl der direkten Variationsmethoden werden der Näherungsfunktion noch weitergehende Einschränkungen auferlegt. Trotzdem erhält man durch diese Methoden im allgemeinen äußerst genaue Energiewerte.

Bevor wir das Funktional (14.1) zu einem Minimum machen, führen wir zweckmäßigerweise folgende Bezeichnungen ein:

$$\overline{\mathfrak{P}}_{\mathfrak{w}} = \int \mathfrak{P}_{\mathfrak{w}} \, |\Phi|^2 \, dq, \tag{14.4}$$

$$\overline{H}_{\mathrm{opt}\,||} = \int \Phi^* \, \mathfrak{H}_{\mathrm{opt}\,||} \, \Phi \, dq, \tag{14.5}$$

$$\mathfrak{D}[\psi, \mathfrak{r}_1] = e \int |\psi(\mathfrak{r})|^2 \frac{(\mathfrak{r}_1 - \mathfrak{r})}{|\mathfrak{r}_1 - \mathfrak{r}|^3} \, d\tau, \tag{14.6}$$

$$\mathfrak{D}_{\mathfrak{w}}[\psi] = \int \mathfrak{D}[\psi, \mathfrak{r}_1] \, \chi_{\mathfrak{w}}(\mathfrak{r}_1) \, d\tau_1. \tag{14.7}$$

Da $\mathfrak{D}$ ein rotationsfreier Vektor ist, ist wegen Formel (14.7) $\mathfrak{D}_{\mathfrak{w}}$ stets parallel zu $\mathfrak{w}$ und damit auch parallel zu $\mathfrak{P}_{\mathfrak{w}}$ (sofern es sich nur um die longitudinalen Polarisationswellen handelt). Um das nachzuweisen, bedenken wir, daß $\mathfrak{D}$ ein Gradient ist:

$$\left.\begin{aligned} \mathfrak{D} &= -\operatorname{grad} \varphi, \\ \varphi(\mathfrak{r}_1) &= e \int |\psi(\mathfrak{r})|^2 \frac{d\tau}{|\mathfrak{r}_1 - \mathfrak{r}|}. \end{aligned}\right\} \tag{14.8}$$

Man kann also das Integral in Formel (14.7) folgendermaßen umformen

$$\begin{aligned} &-\int [\operatorname{grad} \varphi(\mathfrak{r}_1)] \, \chi_{\mathfrak{w}}(\mathfrak{r}_1) \, d\tau_1 \\ &= -\int \operatorname{grad}(\varphi \, \chi_{\mathfrak{w}}) \, d\tau_1 + \int \varphi (\operatorname{grad} \chi_{\mathfrak{w}}) \, d\tau_1. \end{aligned} \tag{14.9}$$

Hier ist das erste Glied rechts unmittelbar integrierbar; nach Einsetzen unendlicher Integrationsgrenzen verschwindet dieses Integral. Das zweite Glied rechts ist parallel zum Vektor $\mathfrak{w}$, da nach Formel (12.5)

$$\operatorname{grad} \chi_{\mathfrak{w}} = \mathfrak{w} \, \chi_{-\mathfrak{w}} \tag{14.10}$$

ist. Die Vektoren $\mathfrak{D}_{\mathfrak{w}}$, $\mathfrak{w}$ und $\mathfrak{P}_{\mathfrak{w}}$ sind also in der Tat parallel.

Wir setzen voraus, daß die Funktionen ψ und Φ in Formel (14.3) jede für sich normiert seien. Diese Voraussetzung bildet keine neue Einschränkung. Setzen wir $\boldsymbol{H}$ nach den Formeln (12.18) und (12.5) und Ψ nach Formel (14.3) in das Funktional (14.1) ein, so erhalten wir

$$\begin{aligned} \overline{H} &= \int \Psi^* \boldsymbol{H} \Psi \, d\tau \, dq \\ &= \frac{\hbar^2}{2\mu} \int |\operatorname{grad} \psi|^2 \, d\tau - \sum_{\mathfrak{w}} \overline{\mathfrak{P}}_{\mathfrak{w}} \, \mathfrak{D}_{\mathfrak{w}}[\psi] + \overline{H}_{\mathrm{opt}\,||}. \end{aligned} \tag{14.11}$$

Dieses Funktional muß zu einem Minimum gemacht werden, und zwar durch unabhängige Variation von ψ und Φ, aber unter Erhaltung ihrer Normierung. Variiert man Φ bei beliebigem festen ψ und setzt die entsprechende Variation von $\overline{H}$ gleich Null, so gelangt man zu einer EULERschen Gleichung folgender Form:

$$\Big(\sum_{\mathfrak{w}} \boldsymbol{H}_{\mathfrak{w}}\Big) \Phi = \lambda \, \Phi, \tag{14.12}$$

mit

$$\boldsymbol{H}_{\mathfrak{w}} = \frac{\hbar \, \omega_{\mathfrak{w}}}{2} \left[(q_{\mathfrak{w}} - q_{\mathfrak{w}0})^2 - \frac{\partial^2}{\partial q_{\mathfrak{w}}^2} \right] - \frac{c_{\mathfrak{w}}}{8\pi} \, \mathfrak{D}_{\mathfrak{w}}^2[\psi] \tag{14.13}$$

und

$$q_{\mathfrak{w}0} = \left(\frac{c_{\mathfrak{w}}}{4\pi\hbar\,\omega_{\mathfrak{w}}}\right)^{1/2} D_{\mathfrak{w}}[\psi]. \tag{14.14}$$

Die Gleichung (14.12) läßt sich exakt lösen: Durch die Substitution

$$\Phi = \prod_{\mathfrak{w}} \Phi_{n_{\mathfrak{w}}}(q_{\mathfrak{w}} - q_{\mathfrak{w}0}) \tag{14.15}$$

lassen sich die Variablen trennen, und die Gleichung zerfällt in unabhängige Gleichungen von der Form

$$H_{\mathfrak{w}}\,\Phi_{n_{\mathfrak{w}}}(q_{\mathfrak{w}} - q_{\mathfrak{w}0}) = E_{\mathfrak{w}}\,\Phi_{n_{\mathfrak{w}}}(q_{\mathfrak{w}} - q_{\mathfrak{w}0}). \tag{14.16}$$

Jede dieser Gleichungen läßt sich als Wellengleichung für einen harmonischen Oszillator auffassen, dessen Gleichgewichtslage unter dem Einfluß der konstanten Zusatzkraft in den Punkt $q_{\mathfrak{w}0}$ verschoben worden ist. Ihre Lösung hat die Form

$$\Phi_{n_{\mathfrak{w}}}(q_{\mathfrak{w}} - q_{\mathfrak{w}0}) = e^{-\frac{1}{2}(q_{\mathfrak{w}} - q_{\mathfrak{w}0})^2} H_{n_{\mathfrak{w}}}(q_{\mathfrak{w}} - q_{\mathfrak{w}0}), \tag{14.17}$$

$$E_{\mathfrak{w}} = \hbar\,\omega_{\mathfrak{w}}\left(n_{\mathfrak{w}} + \frac{1}{2}\right) - \frac{c_{\mathfrak{w}}}{8\pi}\mathfrak{D}_{\mathfrak{w}}^2. \tag{14.18}$$

Hier ist $n_{\mathfrak{w}}$ die Quantenzahl des Oszillators und $H_{n_{\mathfrak{w}}}$ das HERMITEsche Polynom vom Grade $n_{\mathfrak{w}}$.

Setzen wir (14.15), (14.17) und (14.18) in das Funktional (14.11) ein, so erhalten wir:

$$\begin{aligned} \overline{H} = \frac{\hbar^2}{2\mu}\int |\operatorname{grad}\psi|^2\,d\tau - \frac{1}{8\pi}\sum_{\mathfrak{w}} c_{\mathfrak{w}}\,\mathfrak{D}_{\mathfrak{w}}^2[\psi] \\ + \sum_{\mathfrak{w}} \hbar\,\omega_{\mathfrak{w}}\left(n_{\mathfrak{w}} + \frac{1}{2}\right). \end{aligned} \tag{14.19}$$

Dieses Funktional hängt nun nur noch von ψ ab; wir haben es durch Variation von ψ zu einem Minimum zu machen. Vorher müssen wir uns jedoch von der unendlichen Summe im zweiten Glied der Formel (14.19) frei machen. Hierzu können wir die bereits mehrfach benutzte Voraussetzung verwenden, daß der Polarisationsradius des Polarons bedeutend größer ist als die Gitterkonstante. In diesem Fall sind nach Formel (14.7) nur diejenigen $\mathfrak{D}_{\mathfrak{w}}$ von Bedeutung, für die

$$|\mathfrak{w}| \ll \frac{2\pi}{a} \tag{14.20}$$

ist, wobei a die Gitterkonstante ist.

In der Formel (14.19) spielen in der Summe die Glieder mit kleinen $|\mathfrak{w}|$, die der Ungleichung (14.20) genügen, die Hauptrolle. Man kann also $c_{\mathfrak{w}}$ angenähert durch seinen Grenzwert für $\mathfrak{w} \to 0$ ersetzen. Dieser ist, wie in § 12 gezeigt, gleich dem Koeffizienten

$$c = \frac{1}{n^2} - \frac{1}{\varepsilon}, \tag{14.21}$$

der in § 5 eingeführt wurde. Ersetzen wir $c_{\mathfrak{w}}$ durch c und ziehen dieses vor die Summe, so können wir den übrigen Teil der unendlichen Summe aufsummieren:[1])

$$\sum_{\mathfrak{w}} \mathfrak{D}_{\mathfrak{w}}^2 = \int \mathfrak{D}^2[\psi, \mathfrak{r}]\, d\tau. \tag{14.22}$$

Diese Gleichung läßt sich leicht nachprüfen, indem man $\mathfrak{D}$ unter dem Integral in eine Reihe von der Form

$$\mathfrak{D}[\psi, \mathfrak{r}] = \sum_{\mathfrak{w}} \mathfrak{D}_{\mathfrak{w}}[\psi]\, \chi_{\mathfrak{w}}(\mathfrak{r}) \tag{14.23}$$

entwickelt. Aus Formel (14.19) folgt also:

$$\overline{H} = J[\psi] + \sum_{\mathfrak{w}} \hbar\, \omega_{\mathfrak{w}} \left(n_{\mathfrak{w}} + \frac{1}{2}\right), \tag{14.24}$$

wobei $J[\psi]$ das Funktional ist, das uns schon im vorigen Kapitel beschäftigte [siehe Formel (6.4)]. Dieses Funktional wurde bereits im § 6 zu einem Minimum gemacht; wir können also hier alle damals gewonnenen Ergebnisse benutzen. Der Minimalwert von J und das entsprechende ψ werden durch die Formeln (6.12), (6.14) und (6.15) gegeben. Setzt man diese Ergebnisse in (14.24) ein, so erhält man

$$\left.\begin{aligned} \overline{H}_{\min} &= J[\psi_0] + \sum_{\mathfrak{w}} \hbar\, \omega_{\mathfrak{w}} \left(n_{\mathfrak{w}} + \frac{1}{2}\right), \\ J[\psi_0] &= -0{,}0544\, \frac{\mu e^4}{\hbar^2}\, c^2. \end{aligned}\right\} \tag{14.25}$$

Diese Größe stellt die Energie des Systems dar, in dem sich das Elektron im Polaronengrundzustand befindet und die Ionenschwingungen durch die Quantenzahlen $n_{\mathfrak{w}}$ bestimmt werden. Das erste Glied stimmt hier mit der Energie des Polaronengrundzustandes überein, die im vorigen Paragraphen berechnet wurde. Das zweite Glied stellt die Energie der Ionenschwingungen gegenüber den unter dem Einfluß des Feldes $\mathfrak{D}$ verschobenen Gleichgewichtslagen dar; im vorigen Paragraphen fiel dieses Glied selbstverständlich fort, da dort die Eigenschwingungen der Ionen nicht behandelt wurden. Übereinstimmung der Ergebnisse dieses Paragraphen mit denen von § 6 sowohl hinsichtlich der ψ-Funktion des Elektrons als auch hinsichtlich der Energie beruht darauf, daß der Produktansatz (14.3) die Korrelation zwischen den Bewegungen von Elektronen und Ionen nicht berücksichtigen kann. Sie gibt dem Elektron nur die Möglichkeit, das mittlere Feld der schwingenden Ionen zu „empfinden". Dieses mittlere Feld ist dasselbe wie jenes, welches durch die Ionen erzeugt wird, die in den verschobenen Gleichgewichtslagen ruhen; eben dieser Fall wurde in § 6 behandelt.

Aus den Ergebnissen dieses Paragraphen geht hervor, daß man nicht nur bei klassischer, sondern auch bei quantenmechanischer Behandlung der Ionenbewegung Polaronenzustände erhält, die stabil und energetisch günstiger als die Bandzustände des Elektrons sind. Diese Schlußfolgerung kann auch bei exakter Lösung der Wellengleichung des Systems nicht mehr umgestoßen werden, da,

---

[1]) Es ist auch eine exaktere Summierung ohne Ersetzung von $c_{\mathfrak{a}}$ durch c möglich [*22*].

wie bereits erwähnt, alle hier gewonnenen Energiewerte zu hoch liegen; der genaue Energiewert des Grundzustandes des Systems liegt also noch tiefer.

Der hier gewonnene Ausdruck für Ψ entspricht dem Fall, daß ein Polaron im Koordinatenursprung festgehalten wird, d. h. daß sich der Mittelpunkt des Polarons im Punkt $\mathfrak{r} = 0$ befindet. Nach § 13 besitzt der Operator $\boldsymbol{H}$ Translationssymmetrie, d. h. es ist

$$\boldsymbol{T}_{\mathfrak{r}'} \boldsymbol{H} = \boldsymbol{H}\, \boldsymbol{T}_{\mathfrak{r}'} . \tag{14.26}$$

Daraus folgt, daß, falls Ψ eine Eigenfunktion des Operators $\mathfrak{H}$ ist, die Funktion

$$\Psi_{\mathfrak{r}'} = \boldsymbol{T}_{\mathfrak{r}'} \Psi \tag{14.27}$$

ebenfalls eine Eigenfunktion desselben Operators ist. $\Psi_{\mathfrak{r}'}$ entspricht einem im Punkt $\mathfrak{r}'$ lokalisierten Polaron; es gehört zu dem gleichen Energieeigenwert des Systems wie die Funktion Ψ.

§ 15. Der Energieoperator des Systems in der adiabatischen Näherung [22]

Genauere Ergebnisse erhält man mit Hilfe der adiabatischen Näherung. Die Frequenzen der Ionenschwingungen werden als so klein vorausgesetzt, daß der Zustand des Leitungselektrons der Ionenbewegung adiabatisch folgen kann. Diese Voraussetzung wurde auch schon im zweiten Kapitel gemacht (siehe § 5).

Der Vorteil der adiabatischen Näherung besteht darin, daß sie bei der Behandlung des Elektronenzustandes die tatsächlichen Momentanwerte des Feldes der schwingenden Ionen zu berücksichtigen gestattet, während die im vorigen Paragraphen verwendete Methode dem Elektron nur die Möglichkeit gibt, den Mittelwert des Ionenfeldes zu „empfinden“.

Wir setzen voraus, daß die Ionenkonfiguration des Kristalls durch die Normalkoordinaten $p_{\mathfrak{w}}$ und $q_{\mathfrak{w}}$ bestimmt sei. Der Elektronenzustand, der dieser Ionenkonfiguration adiabatisch entspricht, wird durch die Gleichung

$$\left[-\frac{\hbar^2}{2\mu}\Delta + V(\mathfrak{r})\right]\psi(\mathfrak{r}) = E\,\psi(\mathfrak{r}) \tag{15.1}$$

gegeben. Ersetzt man diese Gleichung durch das äquivalente Variationsprinzip und setzt $V(\mathfrak{r})$ nach Formel (12.9) ein, so erhält man

$$E(\ldots, \mathfrak{P}_{\mathfrak{w}}, \ldots) = \mathrm{Min}_{\psi}\left\{\frac{\hbar^2}{2\mu}\int |\mathrm{grad}\,\psi|^2\, d\tau - \int \mathfrak{P}_{||}(\mathfrak{r}_1)\, \mathfrak{D}[\psi, \mathfrak{r}_1]\, d\tau_1\right\}. \tag{15.2}$$

Dieses Funktional muß durch Variation von ψ bei fester Polarisation $\mathfrak{P}_{||}(\mathfrak{r}_1)$, d. h. bei festen $\mathfrak{P}_{\mathfrak{w}}$ zu einem Minimum gemacht werden.

Die Gesamtenergie des Leitungselektrons und der optischen Longitudinalschwingungen der Ionen beträgt in der adiabatischen Näherung

$$H = E(\ldots, \mathfrak{P}_{\mathfrak{w}}, \ldots) + H_{\mathrm{opt}\|} . \tag{15.3}$$

Setzt man hier das $H_{\mathrm{opt}\|}$ aus Formel (12.13) ein, so erhält man

$$H = E(\ldots, \mathfrak{P}_{\mathfrak{w}}, \ldots) + \frac{2\pi}{c}\int \left[\mathfrak{P}_{\|}^2(\mathfrak{r}) + \frac{1}{\omega^2}\dot{\mathfrak{P}}_{\|}^2(\mathfrak{r})\right] d\tau . \tag{15.4}$$

Diese Energie ist die HAMILTON-Funktion, welche die longitudinalen Polarisationsschwingungen der Ionen in Anwesenheit des Leitungselektrons beschreibt.

Die exakte Lösung des Problems mit dieser HAMILTON-Funktion ist schon deshalb unmöglich, weil der genaue explizite Ausdruck für $E(\ldots, \mathfrak{P}_{\mathfrak{w}}, \ldots)$ unbekannt ist: Zur Bestimmung von $E(\ldots, \mathfrak{P}_{\mathfrak{w}}, \ldots)$ bei beliebigen $\mathfrak{P}_{\mathfrak{w}}$ müßte man die Gleichung (15.1) bei beliebigem Polarisationspotentialtopf $V(\mathfrak{r})$ lösen, was praktisch unmöglich ist. Man kann jedoch das Problem näherungsweise lösen, wenn man berücksichtigt, daß bei nicht allzu hohen Temperaturen die Ionen vorwiegend in der nächsten Umgebung der Punkte anzutreffen sind, in denen die potentielle Energie der Ionen ein Minimum ist. Nach den Formeln (15.4) und (15.2) beträgt diese potentielle Energie

$$\begin{aligned} \operatorname{Min}_\psi F[\psi, \mathfrak{P}] = \operatorname{Min}_\psi \Big\{ \frac{\hbar^2}{2\mu} \int |\operatorname{grad} \psi|^2 \, d\tau - \\ - \int \mathfrak{P}(\mathfrak{r}_1)\, \mathfrak{D}[\psi, \mathfrak{r}_1]\, d\tau_1 \Big\} + \frac{2\pi}{c} \int \mathfrak{P}^2(\mathfrak{r})\, d\tau . \end{aligned} \tag{15.5}$$

Um die erwähnten Gleichgewichtskonfigurationen der Ionen mit minimaler potentieller Energie zu finden, hat man (15.5) hinsichtlich $\mathfrak{P}$ zu einem Minimum zu machen, d. h. das absolute Minimum von F sowohl hinsichtlich ψ als auch hinsichtlich $\mathfrak{P}$ zu bestimmen. Diese Operation wurde schon in § 6 bei der Behandlung des ruhenden Polarons durchgeführt. Die damals berechneten Größen

$$\psi_0(\mathfrak{r}), \quad \mathfrak{D}_0(\mathfrak{r}), \quad \mathfrak{P}_0(\mathfrak{r}) \quad \text{und} \quad V_0(r) \tag{15.6}$$

beziehen sich auf ein Polaron, dessen Mittelpunkt sich im Koordinatenursprung befindet. Es muß jedoch hervorgehoben werden, daß sich das ruhende Polaron ebensogut an jedem anderen Punkt des Kristalls lokalisieren kann, und daß in allen Fällen die potentielle Energie der Ionen den gleichen Minimalwert besitzt. Es gibt also eine unendliche Anzahl von Gleichgewichtskonfigurationen der Ionen. Für ein Polaron mit dem Mittelpunkt im Punkt $\mathfrak{r}'$ erhält man die Gleichgewichtslösung durch einfache Translation der Größen (15.6) um den Vektor $\mathfrak{r}'$: diese Lösungen haben die Form

$$\psi_0(\mathfrak{r} - \mathfrak{r}'), \quad \mathfrak{D}_0(\mathfrak{r} - \mathfrak{r}'), \quad \mathfrak{P}_0(\mathfrak{r} - \mathfrak{r}') \quad \text{und} \quad V_0(\mathfrak{r} - \mathfrak{r}') . \tag{15.7}$$

Schwingen die Ionen um die Lagen, in denen die potentielle Energie ein Minimum hat, so bedeutet dies, daß die Polarisation stets gegen $P_0(\mathfrak{r} - \mathfrak{r}')$ geht, sofern man $\mathfrak{r}'$ entsprechend wählt. Man kann folglich die Polarisation folgendermaßen darstellen:

$$\mathfrak{P}(\mathfrak{r}) = \mathfrak{P}_0(\mathfrak{r} - \mathfrak{r}') + \mathfrak{P}'(\mathfrak{r}) , \tag{15.8}$$

wobei man $\mathfrak{P}'(\mathfrak{r})$ als kleine Störung der Polarisation auffassen kann, falls es sich um das Raumgebiet handelt, in dem das Polaron lokalisiert ist, d. h. in dem das Glied $\mathfrak{P}_0(\mathfrak{r} - \mathfrak{r}')$ einen merklichen Wert hat. Im ganzen übrigen Raum, in weiter Entfernung vom Punkt $\mathfrak{r}'$ ist das Glied $\mathfrak{P}_0(\mathfrak{r} - \mathfrak{r}')$ verschwindend klein, und die Polarisation des Kristalls ist gleich $\mathfrak{P}'(\mathfrak{r})$. In der Gleichung (15.1) wird $\psi(\mathfrak{r})$ durch die Polarisation und das Potential $V(\mathfrak{r})$ in dem Gebiet, in dem sich das Polaron lokalisiert hat, bestimmt.

In nullter Näherung fällt das Glied $\mathfrak{P}'(\mathfrak{r})$ fort, und $\mathfrak{P}_0(\mathfrak{r}-\mathfrak{r}')$ ist dann die Lösung der Gleichung (15.1). Führt man nun das Glied $\mathfrak{P}'(\mathfrak{r})$ als kleine Störung ein und benutzt die übliche Störungstheorie, so kann man die Energie des Elektrons in erster Näherung berechnen. Sie beträgt

$$E(\ldots,\mathfrak{P}_{\mathfrak{w}},\ldots)=\frac{\hbar^2}{2\mu}\int|\operatorname{grad}\psi_0|^2\,d\tau-\int\mathfrak{P}(\mathfrak{r})\,\mathfrak{D}_0(\mathfrak{r}-\mathfrak{r}')\,d\tau. \tag{15.9}$$

Man kann leicht das Korrekturglied zweiter Ordnung zur Energie abschätzen [*45*]. Es zeigt sich, daß es sehr klein ist und weggelassen werden kann.

Setzt man die Ausdrücke (15.9) und (15.8) in Formel (15.4) ein und berücksichtigt

$$\mathfrak{P}_0(\mathfrak{r}-\mathfrak{r}')=\frac{c}{4\pi}\,\mathfrak{D}_0(\mathfrak{r}-\mathfrak{r}'), \tag{15.10}$$

so ergibt sich:

$$H=J[\psi_0]+\frac{2\pi}{c}\int\mathfrak{P}'^2(\mathfrak{r})\,d\tau+\frac{2\pi}{c\,\omega^2}\int\dot{\mathfrak{P}}^2(\mathfrak{r})\,d\tau. \tag{15.11}$$

Entwickelt man hier die Polarisationen $\mathfrak{P}'(\mathfrak{r})$ und $\mathfrak{P}(\mathfrak{r})$ in eine Reihe von der Form (12.5), wobei man zu den dimensionslosen kanonisch konjugierten Koordinaten $q_{\mathfrak{w}}$ und Impulsen $p_{\mathfrak{w}}$ [siehe (12.14) und (12.15)] übergeht und $p_{\mathfrak{w}}$ durch den Operator $-i\frac{\partial}{\partial q_{\mathfrak{w}}}$ ersetzt, so erhält man für die Energie (15.11) den Operator

$$\boldsymbol{H}=J[\psi_0]+\frac{1}{2}\hbar\,\omega\sum_{\mathfrak{w}}\left[(q_{\mathfrak{w}}-q_{\mathfrak{w}\mathfrak{r}'})^2-\frac{\partial^2}{\partial q_{\mathfrak{w}}^2}\right]. \tag{15.12}$$

Hier ist

$$\left.\begin{aligned} q_{\mathfrak{w}\mathfrak{r}'}&=\sqrt{\frac{4\pi}{\hbar\,\omega\,c}}\,\mathfrak{P}_{\mathfrak{w}\mathfrak{r}'},\\ \mathfrak{P}_{\mathfrak{w}\mathfrak{r}'}&=\int\mathfrak{P}_0(\mathfrak{r}-\mathfrak{r}')\,\chi_{\mathfrak{w}}(\mathfrak{r})\,d\tau.\end{aligned}\right\} \tag{15.13}$$

Es erhebt sich die Frage, wie der Vektor $\mathfrak{r}'$ in den Funktionen $\mathfrak{P}_0(\mathfrak{r}-\mathfrak{r}')$ und $\psi_0(\mathfrak{r}-\mathfrak{r}')$ zu wählen ist, damit der Vektor $\mathfrak{P}_0(\mathfrak{r}-\mathfrak{r}')$ in dem Gebiet, in dem das Polaron lokalisiert ist, der tatsächlichen Polarisation $\mathfrak{P}(\mathfrak{r})$ möglichst nahekommt.

Offenbar muß $\mathfrak{r}'$ von der vorgegebenen Polarisation $\mathfrak{P}(\mathfrak{r})$ abhängen, bei der man die Energie $E(\ldots,\mathfrak{P}_{\mathfrak{w}},\ldots)$ zu berechnen hat.

Die günstigste Wahl von $\mathfrak{r}'$ ist diejenige, bei der $E(\ldots,\mathfrak{P}_{\mathfrak{w}},\ldots)$ am genauesten durch Formel (15.9) gegeben wird. Nach dem Variationsprinzip (15.2) wird die größte Genauigkeit bei der Berechnung von $E(\ldots,\mathfrak{P}_{\mathfrak{w}},\ldots)$ durch diejenige Wahl von $\mathfrak{r}'$ gewährleistet, bei der die Energie (15.9) ein Minimum hat. Die Bedingung für das Minimum hat die Form

$$\frac{\partial E(\ldots,\mathfrak{P}_{\mathfrak{w}},\ldots,\mathfrak{r}')}{\partial r'_i}=-\int\mathfrak{P}(\mathfrak{r})\,\frac{\partial\mathfrak{D}_0(\mathfrak{r}-\mathfrak{r}')}{\partial r'_i}\,d\tau=0\quad(i=1,2,3). \tag{15.14}$$

Aus diesen drei Gleichungen lassen sich die Komponenten des Vektors $\mathfrak{r}'(r'_1,r'_2,r'_3)$ in Abhängigkeit von $\mathfrak{P}(\mathfrak{r})$ bestimmen. In dem Operator (15.12) ist also $\mathfrak{r}'$ ein Funktional von $\mathfrak{P}(\mathfrak{r})$ oder eine Funktion der Koordinaten $q_{\mathfrak{w}}$, welche die Polarisation festlegen.

Die oben angegebene Wahl von $\mathfrak{r}'$ kann man folgendermaßen deuten. Wir setzen voraus, daß in einem träge polarisierten Medium mit einem Dipolmoment $\mathfrak{P}(\mathfrak{r}, t)$ sich eine freie masselose und undeformierbare Ladung befinde, deren Dichte $e|\psi_0(\mathfrak{r} - \mathfrak{r}')|^2$ betrage; ihr soll die dielektrische Verschiebung $\mathfrak{D}_0(\mathfrak{r} - \mathfrak{r}')$ ($\mathfrak{r}'$ist die Koordinate des Mittelpunktes der Ladung) entsprechen. Betrachtet man die Bewegung der Ladung mit Hilfe der klassischen Mechanik, so ergibt sich die Lage dieser masselosen Ladung in jedem Zeitpunkt aus der Bedingung minimaler potentieller Energie ihrer Wechselwirkung mit dem polarisierten Medium:

$$-\delta \int \mathfrak{P}(\mathfrak{r}, t)\, \mathfrak{D}_0(\mathfrak{r} - \mathfrak{r}')\, d\tau = 0. \tag{15.15}$$

Diese Bedingung stimmt mit (15.14) überein.

Wir gehen nunmehr zur Untersuchung der Eigenschaften der Funktion $\mathfrak{r}'(\ldots, q_{\mathfrak{w}}, \ldots)$ über, die implizit durch die drei Gleichungen (15.14) gegeben wird. Diese Eigenschaften werden in den folgenden Paragraphen Verwendung finden. Entwickelt man in Formel (15.14) $\mathfrak{P}(\mathfrak{r})$ und $\mathfrak{D}_0(\mathfrak{r} - \mathfrak{r}')$ in eine Reihe nach den Funktionen $\chi_{\mathfrak{w}}(\mathfrak{r})$, wobei man gliedweise integriert und die Beziehungen (15.13) und (15.10) berücksichtigt, so kann man die Gleichungen (15.14) folgendermaßen schreiben:

$$\sum_{\mathfrak{w}} q_{\mathfrak{w}} \frac{\partial q_{\mathfrak{w}\mathfrak{r}'}}{\partial r_i'} = 0 \qquad (i = 1,\ 2,\ 3). \tag{15.16}$$

Diese Gleichungen lassen sich nicht nach r_1, r_2, r_3 auflösen. Da die Gleichungen (15.16) linear und homogen in den $q_{\mathfrak{w}}$ sind, ändern sich offenbar bei gleichzeitiger Multiplikation aller $q_{\mathfrak{w}}$ mit einem beliebigen Faktor t die Wurzeln $\mathfrak{r}'$ der Gleichungen nicht:

$$r_i'(\ldots, t\, q_{\mathfrak{w}}, \ldots) \equiv r_i'(\ldots, q_{\mathfrak{w}}, \ldots). \tag{15.17}$$

$\mathfrak{r}_1'(\ldots, q_{\mathfrak{w}}, \ldots)$ sind also homogene Funktionen der $q_{\mathfrak{w}}$, wobei die Ordnung gleich Null ist. Differenzieren wir die Gleichung (15.17) nach t und setzen dann $t = 1$, so erhalten wir:

$$\sum_{\mathfrak{w}} \frac{\partial r_i'}{\partial q_{\mathfrak{w}}} q_{\mathfrak{w}} \equiv 0. \tag{15.18}$$

Die Ableitungen $\frac{\partial r_i'}{\partial q_{\mathfrak{w}}}$ kann man durch Differenzieren der Gleichungen (15.16) berechnen:

$$\sum_{\mathfrak{w}} \sum_{j=1}^{3} q_{\mathfrak{w}} \frac{\partial^2 q_{\mathfrak{w}\mathfrak{r}'}}{\partial r_i' \partial r_j'} dr_j' + \sum_{\mathfrak{w}} \frac{\partial q_{\mathfrak{w}\mathfrak{r}'}}{\partial r_i'} d q_{\mathfrak{w}} = 0 \qquad (i = 1,\ 2,\ 3). \tag{15.19}$$

Mit den Bezeichnungen

$$\left.\begin{aligned} a_{ij} &= -\sum_{\mathfrak{w}} q_{\mathfrak{w}} \frac{\partial^2 q_{\mathfrak{w}\mathfrak{r}'}}{\partial r_i' \partial r_j'} \\ \text{und} \qquad b_i &= \sum_{\mathfrak{w}} \frac{\partial q_{\mathfrak{w}\mathfrak{r}'}}{\partial r_i'} d q_{\mathfrak{w}} \end{aligned}\right\} \tag{15.20}$$

kann man die Beziehungen (15.19) folgendermaßen schreiben:

$$\sum_{j=1}^{3} a_{ij}\, dr'_j = b_i \qquad (i = 1,\ 2,\ 3). \tag{15.19 a}$$

Diese drei linearen Gleichungen lassen sich leicht nach dr'_j auflösen. Es ist:

$$dr'_1 = \frac{1}{\Delta}\begin{vmatrix} b_1 & a_{12} & a_{13} \\ b_2 & a_{22} & a_{23} \\ b_3 & a_{32} & a_{33} \end{vmatrix}, \tag{15.21}$$

mit

$$\Delta = \begin{vmatrix} a_{11} & a_{12} & a_{13} \\ a_{21} & a_{22} & a_{23} \\ a_{31} & a_{32} & a_{33} \end{vmatrix}.$$

Analoge Ausdrücke gelten für dr'_2 und dr'_3. Setzt man hier die b_1 nach Formel (15.20) ein, so sieht man leicht, daß gilt

$$\frac{\partial r'_1}{\partial q_{\mathfrak{w}}} = \frac{1}{\Delta}\begin{vmatrix} \dfrac{\partial q_{\mathfrak{w}\mathfrak{r}'}}{\partial r'_1} & a_{12} & a_{13} \\ \dfrac{\partial q_{\mathfrak{w}\mathfrak{r}'}}{\partial r'_2} & a_{22} & a_{23} \\ \dfrac{\partial q_{\mathfrak{w}\mathfrak{r}'}}{\partial r'_3} & a_{32} & a_{33} \end{vmatrix}. \tag{15.22}$$

Unter Beachtung der Beziehungen (12.14), (15.13) und (15.8) kann man die Koeffizienten a_{ij} folgendermaßen schreiben:

$$\begin{aligned} a_{ij} &= -\sum_{\mathfrak{w}} q_{\mathfrak{w}} \frac{\partial^2 q_{\mathfrak{w}\mathfrak{r}'}}{\partial r'_i\, \partial r'_j} = -\frac{4\pi}{\hbar\omega c}\sum_{\mathfrak{w}} \mathfrak{P}_{\mathfrak{w}} \frac{\partial^2 \mathfrak{P}_{\mathfrak{w}\mathfrak{r}'}}{\partial r'_i\, \partial r'_j} \\ &= -\frac{4\pi}{\hbar\omega c}\int \mathfrak{P}(\mathfrak{r}) \frac{\partial^2 \mathfrak{P}_0(\mathfrak{r}-\mathfrak{r}')}{\partial r'_1\, \partial r'_j}\, d\tau = -\frac{4\pi}{\hbar\omega c}\int [\mathfrak{P}_0(\mathfrak{r}-\mathfrak{r}') + \mathfrak{P}'(\mathfrak{r})] \times \\ &\qquad \times \frac{\partial^2 \mathfrak{P}_0(\mathfrak{r}-\mathfrak{r}')}{\partial x_i\, \partial x_j}\, d\tau = a^0_{ij} + a'_{ij}; \end{aligned} \tag{15.23}$$

dabei ist

$$\begin{aligned} a^0_{ij} &= -\frac{4\pi}{\hbar\omega c}\int \mathfrak{P}_0(\mathfrak{r}) \frac{\partial^2 \mathfrak{P}_0(\mathfrak{r})}{\partial x_i\, \partial x_j}\, d\tau \\ &= \frac{4\pi}{\hbar\omega c}\int \frac{\partial \mathfrak{P}_0}{\partial x_i}\,\frac{\partial \mathfrak{P}_0}{\partial x_j}\, d\tau = \delta_{ij}\frac{4\pi}{\hbar\omega c}\int \left(\frac{\partial \mathfrak{P}_0}{\partial x_i}\right)^2 d\tau \end{aligned} \tag{15.24}$$

und

$$a'_{ij} = -\frac{4\pi}{\hbar\omega c}\int \mathfrak{P}'(\mathfrak{r}) \frac{\partial^2 \mathfrak{P}_0(\mathfrak{r}-\mathfrak{r}')}{\partial x_i\, \partial x_j}\, d\tau. \tag{15.25}$$

Infolge der Kugelsymmetrie des Vektors $\mathfrak{P}_0(\mathfrak{r})$ ist

$$a^0_{11} = a^0_{22} = a^0_{33}. \tag{15.26}$$

Wir bezeichnen demnach im folgenden diese Koeffizienten einfach mit a^0. Es wird also

$$a_{ij} = \delta_{ij} a^0 + a'_{ij}. \tag{15.27}$$

Unter Benutzung der Beziehung (15.10) und der Tatsache, daß der in Formel (10.34) vorkommende Koeffizient c_2 bei Kristallen mit einem Gitter vom Steinsalztyp folgendermaßen mit c zusammenhängt[1]:

$$c_2 = \frac{c}{\omega^2}, \tag{15.28}$$

können wir die Formel (15.24) wie folgt umschreiben:

$$a^0_{ij} = \delta_{ij} a^0 \quad \text{und} \quad a^0 = \frac{\omega M}{\hbar}. \tag{15.29}$$

Hier ist M die effektive Masse des Polarons, die im vorigen Kapitel eingeführt wurde [siehe Formel (10.34)].

Oben wurde angenommen, daß in dem Gebiet, in dem das Polaron lokalisiert ist, d. h. in dem $\mathfrak{P}_0(\mathfrak{r} - \mathfrak{r}')$ wesentlich von Null verschieden ist, $\mathfrak{P}'(\mathfrak{r})$ eine kleine Störung bildet. Im Einklang mit dieser Voraussetzung ist a_{ij} eine Größe von erster Ordnung, während a^0 von nullter Ordnung ist.

Unter Vernachlässigung von Größen, die in höherer als erster Ordnung verschwinden, ergibt sich

$$\Delta = a^{0^3} + a^{0^2}(a'_{11} + a'_{22} + a'_{33}) + \cdots \tag{15.30}$$

und

$$\frac{\partial r'_i}{\partial q_{\mathfrak{w}}} = \frac{1}{a^0} \frac{\partial q_{\mathfrak{w}\mathfrak{r}'}}{\partial r'_i} - \frac{1}{a^{0^2}} \sum_{j=1}^{3} a'_{ij} \frac{\partial q_{\mathfrak{w}\mathfrak{r}'}}{\partial r'_j} + \cdots \tag{15.31}$$

Die Punkte bezeichnen Glieder, die in höherer Ordnung verschwinden.

Man kann leicht zeigen, daß

$$\begin{aligned}&\sum_{\mathfrak{w}} \frac{\partial^{m_1+m_2+m_3} q_{\mathfrak{w}\mathfrak{r}'}}{\partial r'^{m_1}_1 \partial r'^{m_2}_2 \partial r'^{m_3}_3} \frac{\partial^{n_1+n_2+n_3} q_{\mathfrak{w}\mathfrak{r}'}}{\partial r'^{n_1}_1 \partial r'^{n_2}_2 \partial r'^{n_3}_3} \\ &= \frac{4\pi}{\hbar\omega c} \int \frac{\partial^{m_1+m_2+m_3} \mathfrak{P}_0(\mathfrak{r}-\mathfrak{r}')}{\partial r'^{m_1}_1 \partial r'^{m_2}_2 \partial r'^{m_3}_3} \frac{\partial^{n_1+n_2+n_3} \mathfrak{P}_0(\mathfrak{r}-\mathfrak{r}')}{\partial r'^{n_1}_1 \partial r'^{n_2}_2 \partial r'^{n_3}_3} d\tau\end{aligned} \tag{15.32}$$

ist. Um das nachzuweisen, hat man $\mathfrak{P}_0(\mathfrak{r} - \mathfrak{r}')$ unter dem Integral in eine Reihe nach den Funktionen $\chi_{\mathfrak{w}}(\mathfrak{r})$ zu entwickeln und dann gliedweise zu integrieren. Ist eine der drei Zahlen $m_i + n_i (i = 1, 2, 3)$ ungerade, so verschwindet das Integral in (15.32), denn der Ausdruck unter dem Integral ist eine ungerade Funktion der entsprechenden Koordinate [$\mathfrak{P}_0(\mathfrak{r})$ ist ein kugelsymmetrischer Vektor].

---

[1]) Seiner ursprünglichen Definition nach ist c_2 ein Entwicklungskoeffizient in Formel (10.14) [siehe auch Formel (10.10)]. Im Fall von Kristallen mit Steinsalzgitter hat die Hamilton-Funktion für die optischen Longitudinalschwingungen für lange Wellen die vereinfachte Form (12.13). In diesem Fall kann man die erzwungenen Grenzschwingungen der Ionen (Schwingungen mit unendlich großer Wellenlänge) unter dem Einfluß der äußeren periodischen Kraft von der Form $\mathfrak{D}_{\mathfrak{k}} e^{i\omega_{\mathfrak{k}} t}$ leicht behandeln. Man erhält eine Formel von der Form (10.10), in der

$$c(\omega_{\mathfrak{k}}) = \frac{c}{1 - \frac{\omega_{\mathfrak{k}}^2}{\omega^2}} \tag{a}$$

ist (ω ist die Eigenfrequenz der Ionengrenzschwingungen). Entwickelt man $c(\omega_{\mathfrak{k}})$ in eine Reihe der Form (10.14), so erhält man für c_2 den Wert (15.28).

Auf Grund der Formeln (15.24) und (15.25) sowie (15.30) bis (15.32) erhalten wir folgende Beziehungen

$$\sum_{\mathfrak{w}} \left(\frac{\partial r'_i}{\partial q_{\mathfrak{w}}}\right)^2 = \frac{1}{a^0}\left(1 - \frac{2\alpha'_{ii}}{a^0} + \cdots\right) \tag{15.33}$$

$$\sum_{\mathfrak{w}} \frac{\partial^2 r'_i}{\partial q_{\mathfrak{w}}^2} = -\sum_{\mathfrak{w}} \frac{\partial r'_i}{\partial q_{\mathfrak{w}}} \frac{1}{\Delta} \frac{\partial \Delta}{\partial q_{\mathfrak{w}}} = -\frac{1}{a^{0^2}} \sum_{\mathfrak{w}} \mathfrak{w}^2 q_{\mathfrak{w}} \frac{\partial q_{\mathfrak{w}\mathfrak{r}'}}{\partial r'_i} + \cdots \tag{15.34}$$

Diese Beziehungen werden in den folgenden Paragraphen Verwendung finden.

§ 16. *Energiespektrum und ψ-Funktionen des Systems in der adiabatischen Näherung*

Bei dem Versuch, die genauen Eigenwerte und Eigenfunktionen des Energieoperators (15.12) zu finden, stößt man auf große mathematische Schwierigkeiten, und zwar nicht nur deshalb, weil im Operator (15.12) die Variablen $q_{\mathfrak{w}}$ nicht getrennt sind, sondern insbesondere deshalb, weil die explizite Abhängigkeit der Koeffizienten $q_{\mathfrak{w}\mathfrak{r}'}$ von den $q_{\mathfrak{w}}$ nicht bekannt ist: die Abhängigkeit des Vektors $\mathfrak{r}'$ von den $q_{\mathfrak{w}}$ ist nur implizit gegeben. In diesem Paragraphen werden angenäherte Eigenwerte und Eigenfunktionen des Operators (15.12) bestimmt.

Zunächst betrachten wir nicht das vollständige System der Eigenfunktionen, sondern nur ein Teilsystem von der Form

$$\Psi(\ldots, q_{\mathfrak{w}}, \ldots) = e^{i\mathfrak{k}\mathfrak{r}'(\ldots, q_{\mathfrak{w}}, \ldots)} f(\eta), \tag{16.1}$$

mit

$$\eta = \frac{1}{2} \sum_{\mathfrak{w}} (q_{\mathfrak{w}} - q_{\mathfrak{w}\mathfrak{r}'})^2. \tag{16.2}$$

Differenzieren wir (16.2) nach den $q_{\mathfrak{w}}$, so erhalten wir:

$$\frac{\partial \eta}{\partial q_{\mathfrak{w}}} = (q_{\mathfrak{w}} - q_{\mathfrak{w}\mathfrak{r}'}) - \sum_{\mathfrak{w}_1} \sum_{i=1}^{3} (q_{\mathfrak{w}_1} - q_{\mathfrak{w}_1\mathfrak{r}'}) \frac{\partial q_{\mathfrak{w}\mathfrak{r}'}}{\partial r'_i} \frac{\partial r'_i}{\partial q_{\mathfrak{w}}}. \tag{16.3}$$

Das zweite Glied rechts verschwindet infolge der Gleichung (15.16) sowie der Beziehung (15.32) und der anschließenden Bemerkungen. Somit ist:

$$\frac{\partial \eta}{\partial q_{\mathfrak{w}}} = q_{\mathfrak{w}} - q_{\mathfrak{w}\mathfrak{r}'} \tag{16.4}$$

und

$$\frac{\partial^2 \eta}{\partial q_{\mathfrak{w}}^2} = 1 - \sum_{i=1}^{3} \frac{\partial q_{\mathfrak{w}\mathfrak{r}'}}{\partial r'_i} \frac{\partial r'_i}{\partial q_{\mathfrak{w}}}. \tag{16.5}$$

Setzen wir die Funktion (16.1) in die Gleichung

$$\boldsymbol{H}\Psi = H\Psi \tag{16.6}$$

ein und berücksichtigen die Gleichungen (15.18) und (15.22), so erhalten wir für $f(\eta)$ die Gleichung

$$\begin{aligned} -\eta f'' - \frac{1}{2} f' \sum_{\mathfrak{w}} \left(1 - \sum_{j=1}^{3} \frac{\partial q_{\mathfrak{w}\mathfrak{r}'}}{\partial r'_j} \frac{\partial r'_j}{\partial q_{\mathfrak{w}}}\right) + \\ + \left\{\eta + \frac{1}{2} \sum_{\mathfrak{w}} \left[\left(\mathfrak{k} \frac{\partial \mathfrak{r}'}{\partial q_{\mathfrak{w}}}\right)^2 - i\mathfrak{k} \frac{\partial^2 \mathfrak{r}'}{\partial q_{\mathfrak{w}}^2}\right]\right\} f = \lambda f, \end{aligned} \tag{16.7}$$

mit

$$\lambda = \frac{H - J[\psi_0]}{\hbar \omega}. \tag{16.8}$$

Setzen wir (15.31), (15.33) und (15.34) in (16.7) ein und lassen Glieder, die von erster Ordnung verschwinden, fort, so daß wir nur Glieder nullter Ordnung behalten, so ergibt sich für f die Gleichung

$$-\eta f'' - \frac{1}{2} f'(\nu - 3) + \left(\eta + \frac{\mathfrak{k}^2}{2a^0}\right) f = \lambda f, \tag{16.9}$$

wobei

$$\nu = \sum_{\mathfrak{w}} 1 \tag{16.10}$$

die Gesamtzahl der longitudinalen Polarisations-Normalschwingungen des Dielektrikums im Grundgebiet (Volumen L^3) ist.

Durch die Substitution

$$f = v(\eta)\, e^{-\eta} \tag{16.11}$$

kommt Gleichung (16.9) auf die Form

$$\eta v'' + \left(\frac{\nu - 3}{2} - 2\eta\right) v' + \left(\lambda - \frac{\nu - 3}{2} - \frac{\mathfrak{k}^2}{2a^0}\right) v = 0. \tag{16.12}$$

Wir machen einen Lösungsansatz für diese Gleichung in Form einer Potenzreihe:

$$v = \sum_{m=0}^{\infty} a_m \eta^m. \tag{16.13}$$

Setzen wir diese Reihe in Gleichung (16.12) ein und setzen die Koeffizienten aller Potenzen von η gleich Null, so erhalten wir folgendes Gleichungssystem:

$$a_{m+1} = a_m \frac{2m + \frac{\nu - 3}{2} + \frac{\mathfrak{k}^2}{2a^0} - \lambda}{(m+1)\left(m + \frac{\nu - 3}{2}\right)} \quad (m = 0, 1, 2, \ldots). \tag{16.14}$$

Dies sind Rekursionsformeln, welche die a_m durch a_0 ausdrücken. Die Reihe (16.13) konvergiert für jedes η, denn es ist

$$\lim_{m \to \infty} \frac{a_{m+1}}{a_m} = \frac{2}{m} \to 0. \tag{16.15}$$

Aus dieser Formel sieht man, daß die höheren Glieder der Reihe (16.13) asymptotisch mit den höheren Gliedern der Entwicklung der Funktion $e^{2\eta}$ übereinstimmen. Bei $\eta \to \infty$ dominieren in der Entwicklung (16.13) die höheren Glieder (die höheren Potenzen von η). Mit $\eta \to \infty$ geht also v gegen Unendlich wie $e^{2\eta}$. Dabei gehen $f = v\, \varepsilon^{-\eta}$ und Ψ ebenfalls gegen Unendlich. Endliche Lösungen existieren nur für Werte von λ, bei denen die Reihe (16.13) abbricht und so in ein Polynom übergeht. Hierzu ist notwendig, daß bei irgendeinem ganzzahligen $m = n$ der Zähler auf der rechten Seite der Formel (16.14) verschwindet. Die Eigenwerte müssen also sein

$$\lambda_{\mathfrak{k} n} = 2n + \frac{\nu - 3}{2} + \frac{\mathfrak{k}^2}{2a^0}. \tag{16.16}$$

Nach den Formeln (16.8) und (15.29) ist

$$H_{\mathfrak{k} n} = J[\psi_0] + \frac{\nu - 3}{2} \hbar\, \omega + 2n\, \hbar\, \omega + \frac{\hbar^2 \mathfrak{k}^2}{2M}, \tag{16.17}$$

und die entsprechenden ψ-Funktionen des Systems sind

$$\Psi_{\mathfrak{k} n} = e^{i \mathfrak{k} \mathfrak{r}'} f_n(\eta) = e^{i \mathfrak{k} \mathfrak{r}' - \eta}\, v_n(\eta), \tag{16.18}$$

wobei $v_n(\eta)$ ein Polynom n-ten Grades ist, dessen Koeffizienten durch die Rekursionsformel (16.14) bestimmt werden.

Das oben gefundene System von Eigenfunktionen ist natürlich nicht vollständig, da nur Lösungen aus einer bestimmten Funktionenklasse (16.1), (16.2) gesucht wurden. Der Grundzustand jedoch befindet sich unter den Lösungen (16.18): setzt man $n = 0$, $\mathfrak{k} = 0$, so erhält man:

$$\Psi_{00} = A e^{-\eta}. \tag{16.19}$$

Diese Funktion hat keine Knoten und entspricht folglich dem Zustand mit der geringsten Energie.

Die Energie des Grundzustandes des Systems beträgt

$$H_{00} = J[\Psi_0] + \frac{\nu - 3}{2} \hbar\, \omega. \tag{16.20}$$

Dieser Energiewert für den Grundzustand liegt, wie zu erwarten war, tiefer (und zwar um $\frac{3}{2} \hbar\, \omega$) als der mit Hilfe der direkten Variationsmethode berechnete Wert [siehe (14.25)]; diese Methode führt, wie wir wissen, zu etwas zu hohen Energiewerten.

Wir gehen nun zur Behandlung einer anderen Lösungsmethode für Gleichung (16.6) über, welche die Möglichkeit gibt, ein vollständiges System angenäherter Eigenfunktionen des Operators $\boldsymbol{H}$ zu bestimmen. An Stelle der bisherigen Variablen $q_{\mathfrak{w}}$ führen wir neue ein:

$$\left.\begin{array}{l} q'_{\mathfrak{w}} = q_{\mathfrak{w}} - q_{\mathfrak{w}\,\mathfrak{r}'(\ldots,\, q_{\mathfrak{w}},\ldots)} \\ \cdots\cdots\cdots\cdots\cdots\cdots \\ \cdots\cdots\cdots\cdots\cdots\cdots \end{array}\right\} \nu - 6, \tag{16.21a}$$

$$q'_{\mathfrak{w}_l} = \sqrt{q^2_{\mathfrak{w}_l} + q^2_{-\mathfrak{w}_l}} \qquad (l = 1, 2, 3) \tag{16.21b}$$

und

$$r'_j = r'_j(\ldots,\, q_{\mathfrak{w}},\, \ldots) \qquad (j = 1, 2, 3). \tag{16.21c}$$

Die Einführung der neuen („gestrichenen“) Variablen ist mit einer gewissen Unsymmetrie behaftet: von insgesamt ν Koordinaten werden $\nu - 6$ durch die Formeln (16.21a) definiert, dann drei durch die Formeln (16.21b), und als übrige drei Koordinaten sind die drei Komponenten des Vektors $\mathfrak{r}'$ gewählt. Aus dem Folgenden wird sich ergeben, daß die physikalischen Ergebnisse nicht davon abhängen, welche sechs alte Koordinaten in die Substitutionen (16.21) in Gestalt der Koordinaten $q_{\pm \mathfrak{w}_l} (l = 1, 2, 3)$ eingehen.

Aus den Substitutionen (16.21) findet man das Transformationsgesetz für die Ableitungen:

$$\frac{\partial}{\partial q_{\mathfrak{w}}} = \frac{\partial}{\partial q'_{\mathfrak{w}}} - \sum_{\mathfrak{w}_1}{}'' \sum_{j=1}^{3} \frac{\partial r'_j}{\partial q_{\mathfrak{w}}} \frac{\partial q_{\mathfrak{w}_1 \mathfrak{r}'}}{\partial r'_j} \frac{\partial}{\partial q'_{\mathfrak{w}_1}} + \sum_{j=1}^{3} \frac{\partial r'_j}{\partial q_{\mathfrak{w}}} \frac{\partial}{\partial r'_j}, \tag{16.22}$$

$$\frac{\partial}{\partial q_{\pm \mathfrak{w}_l}} = \frac{q_{\pm \mathfrak{w}_l}}{\sqrt{q^2_{\mathfrak{w}_l} + q^2_{-\mathfrak{w}_l}}} \frac{\partial}{\partial q'_{\mathfrak{w}_l}} - \sum_{\mathfrak{w}_1}{}'' \sum_{j=1}^{3} \frac{\partial r'_j}{\partial q_{\pm \mathfrak{w}_l}} \frac{\partial q_{\mathfrak{w}_1 \mathfrak{r}'}}{\partial r'_j} \frac{\partial}{\partial q'_{\mathfrak{w}\, l}} + $$
$$+ \sum_{j=1}^{3} \frac{\partial r'_j}{\partial q_{\pm \mathfrak{w}_l}} \frac{\partial}{\partial r'_j}. \tag{16.23}$$

Hier und im folgenden bezeichnet $\sum\limits_{\mathfrak{w}}''$ die Summierung über sämtliche Werte von $\mathfrak{w}$ unter Ausschluß der sechs Werte $\pm\,\mathfrak{w}_l\,(l=1,2,3)$, dagegen bedeutet $\sum\limits_{\mathfrak{w}}'$ die Summierung über alle Werte von $\mathfrak{w}$ unter Ausschluß der Werte $-\mathfrak{w}_l\,(l=1,2,3)$.

Schreiben wir den Operator (15.12) auf die neuen Variablen um, wobei wir die Formeln (15.31), (15.33) sowie die Formel (15.32) und die folgenden Bemerkungen benutzen und Glieder, die in erster Ordnung verschwinden [also proportional zu $\mathfrak{P}'(\mathfrak{r})$ sind] weglassen, so daß wir nur Glieder nullter Ordnung übrigbehalten, so ergibt sich[1])

$$H = J[\psi_0] + \frac{1}{2}\hbar\,\omega\sum_{\mathfrak{w}}'\left(r'^2_{\mathfrak{w}} - \frac{\partial^2}{\partial q^2_{\mathfrak{w}}}\right) - \frac{\hbar^2}{2M}\sum_{j=1}^{3}\frac{\partial^2}{\partial r'^2_j} + H^{(\mathrm{III})} + H^{(\mathrm{IV})}, \tag{16.24}$$

dabei ist

$$H^{(\mathrm{III})} = \frac{\hbar^2}{2M}\sum_{\mathfrak{w}}'\sum_{j=1}^{3}\frac{\partial^2 q_{\mathfrak{w}\mathfrak{r}'}}{\partial r'^2_j}\,\frac{\partial}{\partial q'_{\mathfrak{w}}} \tag{16.25}$$

und

$$H^{(\mathrm{IV})} = \frac{\hbar^2}{2M}\sum_{\mathfrak{w},\,\mathfrak{w}_1}'\sum_{j=1}^{3}\frac{\partial q_{\mathfrak{w}\mathfrak{r}'}}{\partial r'_j}\,\frac{\partial q_{\mathfrak{w}_1\mathfrak{r}'}}{\partial r'_j}\,\frac{\partial^2}{\partial q'_{\mathfrak{w}}\,\partial q'_{\mathfrak{w}_1}}\,. \tag{16.26}$$

Die Glieder $H^{(\mathrm{III})}$ und $H^{(\mathrm{IV})}$ werden im folgenden Paragraphen als kleine Störungen berücksichtigt. Hier, in der nullten Näherung, lassen wir diese Glieder fort. Der Energieoperator des Systems nimmt dadurch die Form an:

$$J[\psi_0] + \frac{1}{2}\hbar\,\omega\sum_{\mathfrak{w}}'\left(q'^2_{\mathfrak{w}} - \frac{\partial^2}{\partial q'^2_{\mathfrak{w}}}\right) - \frac{\hbar^2}{2M}\Delta_{\mathfrak{r}'}\,. \tag{16.27}$$

Eine Wellengleichung mit einem derartigen Energieoperator läßt sich durch Trennung der Variablen exakt lösen. Die Lösung hat die Form:

$$\Psi_{\mathfrak{k},\ldots,n_{\mathfrak{w}},\ldots} = \frac{1}{L^{3/2}}\,e^{i\mathfrak{k}\mathfrak{r}'}\prod_{\mathfrak{w}}'\Phi_{n\mathfrak{w}}(q'_{\mathfrak{w}})\,. \tag{16.28}$$

Die Funktionen $\Phi_{n\mathfrak{w}}$ sind Wellenfunktionen harmonischer Oszillatoren; sie werden durch Formel (14.17) bestimmt. Die Eigenfunktionen (16.28) bilden ein vollständiges System. Die Energieeigenwerte des Systems sind also

$$H_{\mathfrak{k},\ldots,n_{\mathfrak{w}},\ldots} = J[\psi_0] + \hbar\,\omega\sum_{\mathfrak{w}}'\left(n_{\mathfrak{w}} + \frac{1}{2}\right) + \frac{\hbar^2\mathfrak{k}^2}{2M}\,. \tag{16.29}$$

Durch Vergleich dieser Formel mit (16.17) sieht man, daß jeder der oben bei Betrachtung der beschränkten Anzahl von Lösungen gewonnenen Energieterme (16.17) genau mit einem der Terme (16.29) übereinstimmt. Insbesondere beträgt die Energie des Grundzustandes des Systems nach Formel (16.29)

$$H_{0,\ldots,0,\ldots} = J[\psi_0] + (\nu - 3)\frac{\hbar\,\omega}{2}\,; \tag{16.30}$$

---

[1]) Man hat dabei zu beachten, daß die Größen $q_{\mathfrak{w}\mathfrak{r}'}$ unendlich klein (proportional $L^{-3/2}$) sind, und daß man Summen $\sum\limits_{\mathfrak{w}}''$, die unendlich viele unendlich kleine Glieder enthalten, durch $\sum\limits_{\mathfrak{w}}'$ ersetzen kann.

dieser Ausdruck stimmt genau mit (16.20) überein (man hat zu beachten, daß die Summe $\sum_{\mathfrak{w}}'$ genau $\nu - 3$ Summanden enthält).

In den Formeln (16.28) und (16.29) bedeuten die Striche bei den Indizes von Produkt und Summe, daß das betrachtete System drei Schwingungsfreiheitsgrade weniger als das Dielektrikum ohne Leitungselektron besitzt. Man sieht das mit Hilfe folgender Überlegung leicht ein: die Einführung eines Elektrons, dessen Zustand der Ionenbewegung adiabatisch folgt, darf die Gesamtzahl der Freiheitsgrade der Ionen nicht verändern. Vor der Einführung des Leitungselektrons waren sämtliche ν Freiheitsgrade der Ionen Schwingungsfreiheitsgrade. Nach der Einführung des Leitungselektrons und der Bildung eines Polarons treten drei Freiheitsgrade der Ionen auf, und zwar r_1', r_2', r_3', für welche die entsprechende Bewegung keine Schwingung, sondern eine Translation darstellt. Diese drei neuen Freiheitsgrade verdanken ihre Entstehung nur einer Verminderung der Anzahl der Schwingungsfreiheitsgrade um drei.

Die Zustände (16.28) und (16.18) werden wir im folgenden der Kürze halber als *Polaronenwellen* bezeichnen. Die Formel (16.29) gibt die Abhängigkeit der Energie einer solchen Welle vom Wellenvektor $\mathfrak{k}$ an. Als Wellenpaket bezeichnen wir eine Superposition von Wellen (16.28) mit nahe benachbarten Werten von $\mathfrak{k}$. Führen wir in jede dieser Wellen, die das Paket bilden, den Zeitfaktor $e^{-iH_{\mathfrak{k}}t/\hbar}$ ein, so ergibt sich auf dem üblichen Wege die bekannte Formel für die Gruppengeschwindigkeit des Paketes:

$$\mathfrak{v} = \frac{1}{\hbar} \operatorname{grad}_{\mathfrak{k}} H_{\mathfrak{k},\ldots,n_{\mathfrak{w}},\ldots} = \frac{\hbar \mathfrak{k}}{M}. \tag{16.31}$$

Die klassische Geschwindigkeit des Polarons entspricht der Gruppengeschwindigkeit $\mathfrak{v}$ des Wellenpaketes. Mit Hilfe der Formel (16.31) kann man das letzte Glied in dem Ausdruck (16.29) folgendermaßen schreiben:

$$\frac{\hbar^2 \mathfrak{k}^2}{2M} = \frac{M \mathfrak{v}^2}{2}. \tag{16.32}$$

Diese Größe stellt die kinetische Energie des Polarons dar. Man kann die Formel (16.31) als DeBroglIEsche Beziehung für das Polaron auffassen; $M\mathfrak{v}$ spielt hierbei die Rolle eines Impulses des Polarons.

Der Mittelpunkt des Polarons (der Punkt mit den Koordinaten $\mathfrak{r}'$) bewegt sich wie ein freies Teilchen mit der Masse M. Bei quantenmechanischer Behandlung der Ionenbewegung ergibt sich also genau dieselbe effektive Masse des Polarons wie im Kapitel II, in dem die Ionenbewegung klassisch beschrieben wurde.

Die elektrische Gesamtladung, die sich im Wellenpaket befindet, ist gleich der Elektronenladung e. Die Bewegung dieses Paketes stellt einen elektrischen Strom dar. Der Gesamtstrom (die Stromdichte integriert über das Volumen L^3 des Grundgebietes) ist gleich $e\mathfrak{v}$.

Die oben erwähnte Periodizitätsbedingung bedeutet in Anwendung auf $\Psi_{\mathfrak{k},\ldots,n_{\mathfrak{w}},\ldots}$, daß diese Funktion periodisch in den r_1', r_2', r_3' sein muß, wobei für jede dieser Variablen dieselbe Periode L gilt. Aus dieser Bedingung geht hervor, daß die Komponenten des Wellenvektors $\mathfrak{k}$ und die Vektoren $\mathfrak{w}$ nicht beliebig sind, sondern nur folgende Werte annehmen können:

$$k_s = \frac{2\pi}{L} m_s, \quad \mathfrak{w}_s = \frac{2\pi}{L} \mu_s$$
$$(s = 1, 2, 3;\ m_s, \mu_s = 0, \pm 1, \pm 2, \pm 3, \ldots). \tag{16.33}$$

Die Koeffizienten a'_{ij} wurden oben als in erster Ordnung verschwindende Größen angesehen, während die Koeffizienten a^0 von nullter Ordnung waren. Jetzt jedoch, da die ψ-Funktionen des Systems bereits bekannt sind, ist es notwendig, die oben gemachten Vernachlässigungen zu rechtfertigen.

Zunächst haben wir Kriterien für die Fälle aufzustellen, in denen die a'_{ij} tatsächlich bedeutend kleiner sind als a^0.

Nach den Formeln (15.25), (15.13) und (16.21a) ist

$$a'_{ij} = -\sum_{\mathfrak{w}} (q_{\mathfrak{w}} - q_{\mathfrak{w}\mathfrak{r}'}) \frac{\partial^2 q_{\mathfrak{w}\mathfrak{r}'}}{\partial r'_i \partial r'_j} = -\sum_{\mathfrak{w}}' q'_{\mathfrak{w}} \frac{\partial^2 q_{\mathfrak{w}\mathfrak{r}'}}{\partial r'_i \partial r'_j}. \tag{16.34}$$

Diese Größe kann im allgemeinen unbeschränkt große Werte annehmen, falls die $q'_{\mathfrak{w}}$ hinreichend groß sind. Ionenkonfigurationen mit großen $q'_{\mathfrak{w}}$ sind jedoch wenig wahrscheinlich, da hierbei

$$|\Psi_{\mathfrak{k}, \ldots, n_{\mathfrak{w}}, \ldots}|^2 = \prod_{\mathfrak{w}}' \Phi^2_{n_{\mathfrak{w}}}(q'_{\mathfrak{w}}) \tag{16.35}$$

sehr klein ist. Für unsere Zwecke haben wir a'_{ij} für solche Ionenkonfigurationen abzuschätzen, bei denen die Größe $|\Psi_{\mathfrak{k}, \ldots, n_{\mathfrak{w}}, \ldots}|^2$ merkliche Werte hat. Da a'_{ij} eine Variable ist, die im Mittel verschwindet, schätzen wir am besten ihren quadratischen Mittelwert ab:

$$\overline{a'^2_{ij}} = \int a'^2_{ij} |\Psi_{\mathfrak{k}, \ldots, n_{\mathfrak{w}}, \ldots}|^2 \, dq' \, dr'_1 \, dr'_2 \, dr'_3, \tag{16.36a}$$

mit

$$dq' = \prod_{\mathfrak{w}}' dq'_{\mathfrak{w}}. \tag{16.36}$$

Setzen wir hier die Ausdrücke (16.34) und (16.35) ein und beachten

$$\overline{q'_{\mathfrak{w}_1} q'_{\mathfrak{w}_2}} = \int q'_{\mathfrak{w}_1} q'_{\mathfrak{w}_2} \prod_{\mathfrak{w}}' \Phi^2_{n_{\mathfrak{w}}}(q'_{\mathfrak{w}}) \, dq' = \delta_{\mathfrak{w}_1 \mathfrak{w}_2} \left(n_{\mathfrak{w}_1} + \frac{1}{2}\right), \tag{16.37}$$

so erhalten wir

$$\begin{aligned} \overline{a'^2_{ij}} &= \sum_{\mathfrak{w}}' \left(n_{\mathfrak{w}} + \frac{1}{2}\right) \left(\frac{\partial^2 q_{\mathfrak{w}\mathfrak{r}'}}{\partial r'_i \partial r'_j}\right)^2 = \left(\bar{n} + \frac{1}{2}\right) \frac{4\pi}{\hbar \omega c} \int \left(\frac{\partial^2 \mathfrak{P}_0(\mathfrak{r})}{\partial x_i \partial x_j}\right)^2 d\tau \\ &= \left(\bar{n} + \frac{1}{2}\right) \frac{c}{4\pi \hbar \omega} \int \left(\frac{\partial^2 \mathfrak{D}_0(\mathfrak{r})}{\partial x_i \partial x_j}\right)^2 d\tau. \end{aligned} \tag{16.38}$$

Hier ist vorausgesetzt, daß die Ionenschwingungen im thermischen Gleichgewicht sind, so daß $n_{\mathfrak{w}}$ mit seinem mittleren PLANCKschen Wert (siehe § 19):

$$\bar{n} = \frac{1}{e^{\hbar \omega / k T} - 1}$$

vor das Summenzeichen gezogen werden kann. Bei der Auswertung des Integrals (16.38) kann man das $\psi_0(\mathfrak{r})$ aus (6.16) in $\mathfrak{D}_0 = \mathfrak{D}[\psi_0, \mathfrak{r}]$ einsetzen. Man erhält dann:

$$\overline{a_{ij}'^2} = 0{,}011 \left(\bar{n} + \frac{1}{2}\right) \frac{\alpha_3^5 \varepsilon^2 c}{\hbar \omega} \cdot \begin{cases} 3, & \text{für} \quad i = j, \\ 1, & \text{für} \quad i \neq j. \end{cases} \tag{16.39}$$

Damit ist $\overline{a_{ij}'^2}$ bedeutend kleiner als a^{0^2}. Unter Benutzung der Formeln (15.29), (10.35) und (15.28) erhalten wir

$$a^{0^2} = 2{,}153 \cdot 10^{-3} \frac{\alpha_3^6 \varepsilon^4 c^2}{(\hbar \omega)^2}. \tag{16.40}$$

Die Ungleichung $a^{0^2} \gg \overline{a_{ij}'^2}$ kann man folgendermaßen schreiben:

$$0{,}098 \frac{\mu \varepsilon^4 c^2}{\hbar^3 \omega} \gg \left(\bar{n} + \frac{1}{2}\right) \cdot \begin{cases} 3, & \text{für} \quad i = j, \\ 1, & \text{für} \quad i \neq j. \end{cases} \tag{16.41}$$

Drücken wir die linke Seite dieser Ungleichung nach Formel (6.12) durch $|H_0|$ aus, so können wir diese wie folgt schreiben:

$$1{,}8 |H_0| \gg \left(\bar{n} + \frac{1}{2}\right) \hbar \omega \cdot \begin{cases} 3, & \text{für} \quad i = j, \\ 1, & \text{für} \quad i \neq j. \end{cases} \tag{16.42}$$

Bei tiefen Temperaturen ($\bar{n} < 1$) stimmt die Bedingung (16.42) angenähert mit der Bedingung (7.4) überein, die der adiabatischen Näherung zugrunde liegt; in diesem Fall bedeutet die Ungleichung (16.42) keine neue Einschränkung der Theorie.

Man kann die Ungenauigkeit, die auf der Vernachlässigung der in erster Ordnung verschwindenden Größen (a_{ij}') beruht, leicht abschätzen. Beim Übergang zu den neuen Variablen (16.21) transformiert sich der Operator (15.12) in den Operator (16.24). Die wichtigsten Glieder des Operators (16.24) — das erste und das zweite — bleiben genau erhalten. Eine Vernachlässigung der Größen a_{ij}' bringt nun in den letzten drei Gliedern des Operators (16.24) einen Fehler von der Größenordnung a_{ij}'/a^0 mit sich. Was die Glieder $\boldsymbol{H}^{(\mathrm{III})}$ und $\boldsymbol{H}^{(\mathrm{IV})}$ anbelangt, so wurden sie selbst als klein vorausgesetzt und werden im folgenden Paragraphen als Störung aufgefaßt, die zu einer Streuung der Polaronenwellen führt. Das dritte Glied im Operator (16.24) stellt die kinetische Energie des Polarons dar und hat im allgemeinen die Größenordnung kT. In dem Operator (16.24) sind also Glieder von der Größenordnung

$$\frac{M v^2}{3} \frac{\sqrt{\overline{a_{ij}'^2}}}{a^0} = \frac{M v^2}{2} \sqrt{\frac{\left(\bar{n} + \frac{1}{2}\right) \hbar \omega \cdot \begin{cases} 3 \\ 1 \end{cases}}{1{,}8 |H_0|}} \tag{16.43}$$

fortgefallen.

§ 17. *Streuung der Polaronenwellen durch die optischen Ionenschwingungen*

Der exakte Energieoperator des Systems besitzt Eigenfunktionen, die stationäre Quantenzustände des Systems darstellen.

Befindet sich das System in einem dieser Zustände, so kann es beliebig lange darin verweilen (vorausgesetzt natürlich, daß es gegen äußere Einflüsse isoliert ist).

Ein stationärer Zustand mit nichtverschwindender Stromdichte ist der Zustand eines Supraleiters. In der Tat fließt unter diesen Umständen im Kristall ohne äußeres Feld ein konstanter Strom. Solche Fälle sind im folgenden von der Behandlung ausgeschlossen.

Ist im stationären Zustand die Stromdichte gleich Null, so kann ein Strom durch Einschalten eines äußeren elektrischen Feldes erzeugt werden. In diesem Fall haben die Begriffe der elektrischen Leitfähigkeit und der Beweglichkeit des Polarons in einem äußeren Feld einen Sinn. Nach Einschalten eines äußeren Feldes ist jedoch der Zustand im quantenmechanischen Sinn nicht mehr stationär, da der Ladungsträger ständig Energie im Feld aufnehmen und diese an die Ionenschwingungen abgeben kann; das bedeutet eine Temperatursteigerung des Kristalls.

Grundsätzlich kann man wahrscheinlich ein äußeres elektrisches Feld in den Energieoperator des Systems einführen und mit Hilfe der zeitabhängigen SCHRÖDINGER-Gleichung die obenerwähnten nichtstationären Zustände, ferner die Stromdichte und die Beweglichkeit bestimmen. Praktisch ist dies jedoch unmöglich, wenigstens beim gegenwärtigen Stand der Theorie.

Heutzutage ist die wichtigste Methode zur Berechnung der Beweglichkeit die kinetische Gleichung. Sie läßt sich bekanntlich nur in dem Fall anwenden, in dem die HAMILTON-Funktion des Systems in zwei Teile zerfällt: die HAMILTON-Funktion der Bewegung des Ladungsträgers und die der Bewegung des „Mediums". Jeder dieser Anteile muß für sich ein konservatives Untersystem bilden, das bestimmte Energieterme und stationäre Zustände besitzt. Eine schwache Wechselwirkung zwischen diesen Untersystemen muß zu Quantenübergängen in ihnen führen. Um die Verteilungsfunktion für die Geschwindigkeiten der Ladungsträger zu erhalten, hat man deren Wellenfunktionen so zu wählen, daß sie einen Zustand beschreiben, in dem nicht nur die Energie, sondern auch die Geschwindigkeit des Ladungsträgers einen bestimmten Wert hat.

Eine derartige Aufspaltung des Systems in zwei Untersysteme mit schwacher Kopplung wurde oben vorgenommen: in Formel (16.24) stellt das zweite Glied die HAMILTON-Funktion der Bewegung des „Mediums", das dritte Glied die HAMILTON-Funktion der Bewegung des Ladungsträgers (des Polarons) dar, während die letzten beiden Glieder $\boldsymbol{H}^{(\mathrm{III})}$ und $\boldsymbol{H}^{(\mathrm{IV})}$ die Wechselwirkung zwischen diesen beiden Untersystemen beschreiben, welche Quantenübergänge in ihnen hervorruft. In nullter Näherung, unter Vernachlässigung der Wechselwirkungsglieder $\boldsymbol{H}^{(\mathrm{III})}$ und $\boldsymbol{H}^{(\mathrm{IV})}$, erhalten wir die Polaronenwellen (16.28), welche die Zustände darstellen, in denen die Geschwindigkeit des Ladungsträgers den exakten Wert (16.31) hat.

Für die weitere Berechnung der Beweglichkeit des Ladungsträgers mit Hilfe der kinetischen Gleichung haben wir die Wahrscheinlichkeit für die Streuung der Polaronenwellen (16.28) durch die Störglieder $\boldsymbol{H}^{(\mathrm{III})}$ und $\boldsymbol{H}^{(\mathrm{IV})}$ auszudrücken. Das Problem, zu untersuchen, ob diese Streuung klein ist, wird im Zusammenhang mit den entsprechenden Kriterien weiter unten behandelt.

Um einen expliziten Ausdruck für die Koeffizienten $q_{\mathfrak{w}\mathfrak{r}'}$ zu erhalten, müssen wir von der Formel (15.13) ausgehen, wobei wir $\mathfrak{P}_0(\mathfrak{r})$ mit Hilfe der Formeln (6.3) und (6.16) berechnen können. Es ergibt sich

$$q_{\mathfrak{w}\mathfrak{r}'} = q^0_{\mathfrak{w}} \cdot \begin{cases} \cos \mathfrak{w}\,\mathfrak{r}' & \text{für} \quad \mathfrak{w}_x \geqq 0, \\ \sin \mathfrak{w}\,\mathfrak{r}' & \text{für} \quad \mathfrak{w}_x < 0 \end{cases} \tag{17.1}$$

mit

$$q^0_{\mathfrak{w}} = \sqrt{\frac{8\pi c}{\hbar\,\omega\,L^3}}\,\frac{e}{|\mathfrak{w}|}\,\frac{1+\dfrac{\mathfrak{w}^2}{28\alpha_3^2}}{1+\left(\dfrac{\mathfrak{w}^2}{4\alpha_3^2}\right)^4}, \qquad \alpha_3 = \frac{\mu e^2}{2\hbar^1}\,c \tag{17.2}$$

und

$$\Delta_{\mathfrak{r}'}\, q_{\mathfrak{w}\mathfrak{r}'} = -\mathfrak{w}^2\, q_{\mathfrak{w}\mathfrak{r}'}. \tag{17.3}$$

Den Operator $\boldsymbol{H}^{(\mathrm{III})}$ können wir jetzt schreiben:

$$\boldsymbol{H}^{(\mathrm{III})} = -\frac{\hbar^2}{2M}\sum_{\mathfrak{w}}{}'\,\mathfrak{w}^2\, q_{\mathfrak{w}\mathfrak{r}'}\,\frac{\partial}{\partial q'_{\mathfrak{w}}}. \tag{17.4}$$

Nach der gewöhnlichen quantenmechanischen Störungstheorie wird die Übergangswahrscheinlichkeit für die Streuung der Polaronenwelle durch das Matrixelement gegeben:

$$H^{(\mathrm{III})}_{\mathfrak{k},\ldots n_{\mathfrak{w}},\ldots;\mathfrak{k}',\ldots,n'_{\mathfrak{w}},\ldots} = \int \Psi^*_{\mathfrak{k},\ldots,n_{\mathfrak{w}},\ldots}\,\boldsymbol{H}^{(\mathrm{III})}\,\Psi_{\mathfrak{k}',\ldots,n'_{\mathfrak{w}},\ldots}\,dq\,dr'_1\,dr'_2\,dr'_3. \tag{17.5}$$

Setzen wir hierin $\Psi_{\mathfrak{k},\ldots,n_{\mathfrak{w}},\ldots}$ nach Formel (16.28) ein und integrieren, so sehen wir, daß das Matrixelement (17.5) nur für solche Übergänge $\mathfrak{k},\ldots,n_{\mathfrak{w}},\ldots \to \mathfrak{k}',\ldots,n'_{\mathfrak{w}},\ldots$ nicht verschwindet, für die gilt:

1. Es ändert sich nur eine der Oszillatorenquantenzahlen $n_{\mathfrak{w}}$ um Eins;
2. Diese Quantenzahl $n_{\mathfrak{w}}$ gehört zu einer der beiden Polarisationsschwingungen mit dem Wellenvektor

$$\mathfrak{w} = \pm(\mathfrak{k}' - \mathfrak{k}). \tag{17.6}$$

Sind diese beiden Auswahlregeln erfüllt, so hat der Betrag des Matrixelementes den Wert:

$$|H^{\mathrm{III})}_{\mathfrak{k}\,n_{\mathfrak{w}};\mathfrak{k}'\,n_{\mathfrak{w}}\pm 1}| = \frac{\hbar^2}{4M}|\mathfrak{k}'-\mathfrak{k}|^2\sqrt{\frac{1}{2}\cdot\begin{cases} n_{\mathfrak{w}}+1 \\ n_{\mathfrak{w}}\end{cases}}\cdot q^0_{\mathfrak{k}'-\mathfrak{k}}. \tag{17.7}$$

Unter der Wurzel steht $n_{\mathfrak{w}}+1$ bzw. $n_{\mathfrak{w}}$ für die Übergänge $n_{\mathfrak{w}} \to n_{\mathfrak{w}}+1$ bzw. $n_{\mathfrak{w}} \to n_{\mathfrak{w}}-1$.

Analog ergibt sich bei Behandlung der Störmatrix von $\boldsymbol{H}^{(\mathrm{IV})}$, daß die Matrixelemente $H^{(\mathrm{IV})}_{\mathfrak{k},\ldots,n_{\mathfrak{w}};\mathfrak{k}',\ldots,n'_{\mathfrak{w}},\ldots}$ nur für die Übergänge verschieden von Null sind, für die entweder

a) sich zwei Oszillatorenquantenzahlen $n_{\mathfrak{w}_1}$ und $n_{\mathfrak{w}_2}$ um Eins ändern, wobei die Wellenvektoren dieser Schwingungen der Beziehung

$$\mathfrak{k}' - \mathfrak{k} = \pm\mathfrak{w}_1 \pm \mathfrak{w}_2, \tag{17.8}$$

genügen oder

b) nur eine Quantenzahl $n_{\mathfrak{w}}$ sich um Zwei ändert, wobei

$$\mathfrak{k}' - \mathfrak{k} = \begin{cases} \pm 2\mathfrak{w}, \\ 0, \end{cases} \tag{17.9}$$

oder schließlich

c) die Oszillatorenquantenzahlen sich nicht ändern.

Wir sehen, daß in dem Grenzfall unbeschränkt wachsender Abmessungen des Grundgebietes ($L \to \infty$) die Wahrscheinlichkeit für eine Streuung, die den Regeln b) und c) genügt, gegen Null geht. Die Wahrscheinlichkeit für eine Streuung nach der Regel a) bleibt dagegen endlich (siehe unten).

Im Fall a) ergibt sich mit Hilfe der Formeln (16.26), (16.28) und (17.1)

$$|H^{(IV)}_{\mathfrak{k} n_{\mathfrak{w}_1} n_{\mathfrak{w}_2};\, \mathfrak{k}' n_{\mathfrak{w}_1} \pm 1,\, n_{\mathfrak{w}_2} \pm 1}| = \frac{\hbar^2}{16M} |\mathfrak{w}_1 \mathfrak{w}_2|\, q^0_{\mathfrak{w}_1} q^0_{\mathfrak{w}_2} \sqrt{\left\{\begin{matrix} n_{\mathfrak{w}_1} + 1 \\ n_{\mathfrak{w}_1} \end{matrix}\right.} \sqrt{\left\{\begin{matrix} n_{\mathfrak{w}_2} + 1 \\ n_{\mathfrak{w}_2} \end{matrix}\right.} . \tag{17.10}$$

Hier hängen $\mathfrak{w}_1$ und $\mathfrak{w}_2$ durch die Beziehung (17.8) zusammen. Unter der Wurzel steht $n_{\mathfrak{w}_i} + 1$ oder $n_{\mathfrak{w}_i}$ $(i = 1, 2)$ für die Übergänge $n_{\mathfrak{w}_i} \to n_{\mathfrak{w}_i} + 1$ bzw. $n_{\mathfrak{w}_i} \to n_{\mathfrak{w}_i} - 1$.

Die Wahrscheinlichkeit für den Übergang pro Zeiteinheit des Systems vom Zustand mit dem Wellenvektor $\mathfrak{k}$ in einen Zustand mit einem Wellenvektor $\mathfrak{k}'$, der innerhalb des Raumwinkels $d\Omega$ liegt, wird durch die bekannte Formel der Störungsrechnung gegeben:

$$W_{\mathfrak{k} n_{\mathfrak{w}}, \mathfrak{k}' n'_{\mathfrak{w}}}\, d\Omega = \frac{2\pi}{\hbar} |H^{(III)}_{\mathfrak{k} n_{\mathfrak{w}}, \mathfrak{k}' n'_{\mathfrak{w}}} + H^{(IV)}_{\mathfrak{k} n_{\mathfrak{w}}, \mathfrak{k}' n'_{\mathfrak{w}}}|^2\, \varrho\, d\Omega . \tag{17.11}$$

Hier hat ϱ folgende Bedeutung: $dN = \varrho\, d\Omega\, dH_{\mathfrak{k}' n'_{\mathfrak{w}}}$ ist die Anzahl der Zustände des Systems, deren Wellenvektoren $\mathfrak{k}'$ innerhalb des Raumwinkels $d\Omega$ liegen, während ihre Energie zwischen $H_{\mathfrak{k}' n'_{\mathfrak{w}}}$ und $H_{\mathfrak{k}' n'_{\mathfrak{w}}} + dH_{\mathfrak{k}' n'_{\mathfrak{w}}}$ liegt. Die Größe ϱ läßt sich leicht folgendermaßen berechnen: Durch Differentiation von (16.29) erhält man

$$dH_{\mathfrak{k}' n'_{\mathfrak{w}}} = \frac{\hbar^2 k'\, dk'}{M} . \tag{17.12}$$

Es ist die Anzahl der Zustände des Systems zu bestimmen, bei denen der Wellenvektor $\mathfrak{k}'$ innerhalb des Raumwinkels $d\Omega$ liegt, während sein Betrag k' im Intervall dk' liegt. Jeder Zustand des Systems wird durch einen Phasenpunkt im $\mathfrak{k}$-Raum dargestellt. Die gesuchte Anzahl der Zustände ist gleich der Anzahl der Punkte im Volumenelement:

$$k'^2\, dk'\, d\Omega . \tag{17.13}$$

Nach Formel (16.33) bedecken diese Punkte den $\mathfrak{k}$-Raum mit der konstanten Konzentration $(L/2\pi)^3$. Unter Berücksichtigung von (17.12) haben wir also

$$dN = \left(\frac{L}{2\pi}\right)^3 k'^2\, dk'\, d\Omega = \left(\frac{L}{2\pi}\right)^3 \frac{M}{\hbar^2} k'\, d\Omega\, dH_{\mathfrak{k}' n'_{\mathfrak{w}}} . \tag{17.14}$$

Hieraus folgt, wie leicht einzusehen ist,

$$\varrho = \left(\frac{L}{2\pi}\right)^3 \frac{M}{\hbar^2} k' . \tag{17.15}$$

Wie oben erwähnt, ist das Matrixelement $H_{\mathfrak{k} n_{\mathfrak{w}}, \mathfrak{k}' n'_{\mathfrak{w}}}$ nur bei Übergängen verschieden von Null, bei denen *eine* der Oszillatorenquantenzahlen $n_{\mathfrak{w}}$ sich um Eins ändert; solche Übergänge bezeichnen wir in der Folge als *einquantige*. Das Matrixelement $H^{(IV)}_{\mathfrak{k} n_{\mathfrak{w}}, \mathfrak{k}' n'_{\mathfrak{w}}}$ hingegen ist nur für *zweiquantige* Übergänge von Null verschieden. $H^{(III)}_{\mathfrak{k} n_{\mathfrak{w}}, \mathfrak{k}' n'_{\mathfrak{w}}}$ und $H^{(IV)}_{\mathfrak{k} n_{\mathfrak{w}}, \mathfrak{k}' n'_{\mathfrak{w}}}$ können für den gegebenen Übergang nicht gleichzeitig verschieden von Null sein. Betrachtet man die einquantige Streuung, so hat man also in Formel (17.11) das Glied $H^{(IV)}_{\mathfrak{k}\,n\,\mathfrak{w},\,\mathfrak{k}'n'_{\mathfrak{w}}}$ fortzulassen, umgekehrt bei Behandlung der zweiquantigen Streuung das Glied $H^{(III)}_{\mathfrak{k}\,n_{\mathfrak{w}},\,\mathfrak{k}'n'_{\mathfrak{w}}}$ [1]).

Wir wenden uns nun der Behandlung der einquantigen Streuung zu. Setzen wir die Ausdrücke (17.7), (17.2) und (17.15) in Formel (17.11) ein, so erhalten wir

$$W'_{\mathfrak{k}\,n_{\mathfrak{w}},\,\mathfrak{k}'n_{\mathfrak{w}}\pm 1}\,d\Omega = \frac{d\Omega\, c\, e^2\, |\mathfrak{k}'-\mathfrak{k}|^2\, k'}{16\pi\, M\,\omega}\,\frac{\left(1+\frac{|\mathfrak{k}'-\mathfrak{k}|^2}{28\alpha_3^2}\right)^2}{\left(1+\frac{|\mathfrak{k}'-\mathfrak{k}|^2}{4\alpha_3^2}\right)^8}\cdot\begin{cases} n_{\mathfrak{w}}+1, \\ n_{\mathfrak{w}}. \end{cases} \tag{17.16}$$

Stehen die Ionenschwingungen im thermischen Gleichgewicht, so kann man in Formel (17.16) für $n_{\mathfrak{w}}$ den PLANCKschen Mittelwert

$$\bar{n} = \frac{1}{e^{\frac{\hbar\omega}{kT}}-1} \tag{17.17}$$

einsetzen. In diesem Fall sind die Wahrscheinlichkeiten für eine Streuung des Polarons an den Schwingungen mit den Indizes $\mathfrak{w} = (\mathfrak{k}'-\mathfrak{k})$ und $\mathfrak{w} = -(\mathfrak{k}'-\mathfrak{k})$ gleich. Die Gesamtwahrscheinlichkeit für die Streuung $\mathfrak{k}\to\mathfrak{k}'$ ist also gleich der doppelten Wahrscheinlichkeit (17.16):

$$W'_{\mathfrak{k}\mathfrak{k}'}\,d\Omega = 2\,W'_{\mathfrak{k}\,n_{\mathfrak{w}},\,\mathfrak{k}'n_{\mathfrak{w}}\pm 1}\,d\Omega$$

$$= \frac{d\Omega\, c\, e^2\, |\mathfrak{k}'-\mathfrak{k}|^2\, k'}{8\pi\, M\,\omega}\,\frac{\left(1+\frac{|\mathfrak{k}'-\mathfrak{k}|^2}{28\alpha_3^2}\right)^2}{\left(1+\frac{|\mathfrak{k}'-\mathfrak{k}|^2}{4\alpha_3^2}\right)^8}\cdot\begin{cases} \bar{n}+1, \\ \bar{n}. \end{cases} \tag{17.18}$$

Die Gesamtenergie $H_{\mathfrak{k},\ldots,n_{\mathfrak{w}},\ldots}$ [siehe (16.29)] muß bei diesem Übergang erhalten bleiben; folglich ist:

$$\frac{\hbar^2}{2M}(\mathfrak{k}'^2-\mathfrak{k}^2) = \begin{cases} -\hbar\omega, \\ +\hbar\omega. \end{cases} \tag{17.19}$$

Die Formel (17.18) wird in den beiden Grenzfällen einfacher:

1. im Grenzfall eines langsam bewegten Polarons:

$$\frac{\hbar^2\mathfrak{k}^2}{2M} \ll \hbar\omega. \tag{17.20}$$

Hier ist eine Streuung nur in Verbindung mit einer Absorption, nicht mit einer Emission eines Schwingungsquants $\hbar\omega$ möglich. Nach den Formeln (17.19) und (17.20) ist:

$$k \ll k' \cong \sqrt{\frac{2M\omega}{\hbar}}. \tag{17.21}$$

Folglich ist

$$W'_{\mathfrak{k}\mathfrak{k}'}\,d\Omega = \frac{d\Omega\, c\, e^2}{4\pi\,\hbar^{3/2}}\sqrt{2M\omega}\,\frac{\left(1+\frac{1}{7}x\right)^2}{(1+x)^8}\,\bar{n} \tag{17.22}$$

[1]) Die Störung $H^{(III)}$ führt in zweiter Näherung ebenfalls zu einer zweiquantigen Streuung. Die Rechnung zeigt, daß bei $\hbar\omega \leq 3\,|H_0|$ die Wahrscheinlichkeit für diese Streuung gegenüber der zweiquantigen Streuung, zu der das Glied $H^{(IV)}$ in erster Näherung führt, verschwindend klein ist. Wir merken an, daß die oben angegebene Ungleichung erfüllt ist, da der adiabatischen Näherung die stärkere Ungleichung (7.4) zugrunde liegt.

mit
$$x = \frac{|\mathfrak{k}' - \mathfrak{k}|^2}{4\alpha_3^2}. \tag{17.23}$$
Ist die Bedingung (17.20) erfüllt, so erhalten wir unter Beachtung von (10.35)
$$x \cong \frac{M\omega}{2\hbar\,\alpha_3^2} = 0{,}0116\,\frac{\mu\, e^4\, c^2}{\hbar^3\,\omega}. \tag{17.24}$$
Wie aus den Formeln (17.22) und (17.24) hervorgeht, hängt für ein langsam bewegtes Polaron die Streuwahrscheinlichkeit weder vom Streuwinkel noch von der Geschwindigkeit des Polarons ab.

2. Im Grenzfall eines schnell bewegten Polarons:
$$\frac{\hbar^2\,\mathfrak{k}^2}{2M} \gg \hbar\,\omega. \tag{17.25}$$
In diesem Fall ist nach den Formeln (17.19) und (17.25)
$$k' \cong k. \tag{17.26}$$
Wir haben also
$$x = \frac{|\mathfrak{k}' - \mathfrak{k}|^2}{4\alpha_3^2} \cong \frac{\mathfrak{k}^2(1 - \cos\theta)}{2\alpha_3^2}, \tag{17.27}$$
wobei θ der Winkel zwischen den Richtungen von $\mathfrak{k}$ und $\mathfrak{k}'$ ist und
$$d\Omega = 2\pi\sin\theta\, d\theta \cong \frac{4\pi\,\alpha_3^2}{\mathfrak{k}^2}\,dx \tag{17.28}$$
ist. Setzen wir die Ausdrücke (17.27), (17.28) und (10.35) in (17.16) ein, so erhalten wir
$$W'_{\mathfrak{k}\mathfrak{k}'}\,d\Omega = 43{,}1\,\frac{\alpha_3\,\omega}{k}\,\frac{\left(1 + \frac{1}{7}x\right)^2 x\,dx}{(1+x)^8}\cdot\begin{cases}\bar{n} + 1,\\ \bar{n}.\end{cases} \tag{17.29}$$

Wir wenden uns nun der zweiquantigen Streuung zu. Die Wahrscheinlichkeit für eine Streuung, bei der $n_{\mathfrak{w}_1}$ um Eins wächst und $n_{\mathfrak{w}_2}$ um Eins abnimmt, wird durch Formel (17.11) gegeben; man hat in diese die Ausdrücke (17.10) und (17.15) einzusetzen; dann erhält man
$$W''_{\mathfrak{k},n_{\mathfrak{w}_1},n_{\mathfrak{w}_2};\mathfrak{k}',n_{\mathfrak{w}_1}+1,n_{\mathfrak{w}_2}-1}\,d\Omega = \frac{\hbar\,L^3\,k'}{(32\pi)^2\,M}\,|\mathfrak{w}_1\,\mathfrak{w}_2\,q^0_{\mathfrak{w}_1}\,q^0_{\mathfrak{w}_2}|^2\,(n_{\mathfrak{w}_1}+1)\,n_{\mathfrak{w}_2}\,d\Omega. \tag{17.30}$$
Eine Streuung ist nur möglich, wenn die Bedingung (17.8)
$$\mathfrak{w}_2 = \pm(\mathfrak{k}' - \mathfrak{k} \pm \mathfrak{w}_1)$$
erfüllt ist. Unter der Voraussetzung, daß die Ionenschwingungen im thermischen Gleichgewicht stehen, kann man wieder in (17.30) $n_{\mathfrak{w}_1}$ und $n_{\mathfrak{w}_2}$ durch den Planckschen Mittelwert $\bar{n}$ ersetzen.

Die Formel (17.30) gibt die Wahrscheinlichkeit für die Streuung $\mathfrak{k}, n_{\mathfrak{w}_1}, n_{\mathfrak{w}_2} \to \mathfrak{k}', n_{\mathfrak{w}_1} + 1, n_{\mathfrak{w}_2} - 1$ unter Beteiligung zweier vorgegebener Normalschwingungen der Ionen mit den Indizes $\mathfrak{w}_1$ und $\mathfrak{w}_2$. Im folgenden werden wir uns jedoch nur für die Wahrscheinlichkeit der Streuung $\mathfrak{k} \to \mathfrak{k}'$ interessieren, wobei uns gleichgültig ist, welche Normalschwingungen sich an der Streuung beteiligen. Diese Wahrscheinlichkeit erhalten wir durch Summierung der Größen (17.30) über sämtliche $\mathfrak{w}_1$ und $\mathfrak{w}_2$, die der Bedingung (17.8) genügen:
$$\begin{gathered} W''_{\mathfrak{k}\mathfrak{k}'} = \sum_{\mathfrak{w}_1} W''_{\mathfrak{k},n_{\mathfrak{w}_1},n_{\mathfrak{w}_2};\mathfrak{k}',n_{\mathfrak{w}_1}+1,n_{\mathfrak{w}_2}-1}\,;\\ \mathfrak{w}_2 = \pm(\mathfrak{k}' - \mathfrak{k} \pm \mathfrak{w}_1). \end{gathered} \tag{17.31}$$

In der Gleichung (17.8) sind vier verschiedene Vorzeichenkombinationen möglich; bei jeder davon hat die Summe (17.31) den gleichen Wert, da eine gerade Funktion von $\mathfrak{w}_1$ und $\mathfrak{w}_2$ summiert wird. Man kann also eine beliebige Vorzeichenkombination wählen, beispielsweise

$$\mathfrak{w}_2 = \mathfrak{k}' - \mathfrak{k} - \mathfrak{w}_1, \tag{17.8a}$$

und das Ergebnis der Summierung dann mit vier multiplizieren. Die Summation über $\mathfrak{w}_1$ kann man durch eine Integration ersetzen, wobei man berücksichtigen muß, daß es infolge der Periodizität im Element des $\mathfrak{w}$-Raumes $d\mathfrak{w}_1 d\mathfrak{w}_2 d\mathfrak{w}_3$

$$\left(\frac{L}{2\pi}\right)^3 d\mathfrak{w}_1\, d\mathfrak{w}_2\, d\mathfrak{w}_3 \tag{17.32}$$

longitudinale Polarisationsschwingungen der Ionen gibt.

Setzen wir die Ausdrücke (17.30), (17.2) und (10.35) in (17.31) ein und gehen von der Summe zum Integral über, so erhalten wir:

$$W_{\mathfrak{k}\mathfrak{k}'}^{\prime\prime}\, d\Omega = 0{,}174\, \frac{c\, \epsilon^2 k'}{\hbar}\, I(\mathfrak{a})\, (\overline{n}+1)\, \overline{n}\, d\Omega \tag{17.33}$$

mit

$$I(\mathfrak{a}) = \iiint\limits_{-\infty}^{\infty} \frac{[\mathfrak{r}(\mathfrak{a}+\mathfrak{r})]^2 \left(1+\frac{1}{7}\mathfrak{r}^2\right)^2 \left[1+\frac{1}{7}(\mathfrak{a}+\mathfrak{r})^2\right]^2}{\mathfrak{r}^2(\mathfrak{a}+\mathfrak{r})^2\,(1+\mathfrak{r}^2)^3\,[1+(\mathfrak{a}+\mathfrak{r})^2]^3}\, dx\, dy\, dz. \tag{17.34}$$

Dabei ist

$$\frac{\mathfrak{k}'-\mathfrak{k}}{2\alpha_3} = \mathfrak{a}, \qquad \frac{\mathfrak{w}_1}{2\alpha_3} = \mathfrak{r}, \tag{17.35}$$

und x, y, z sind die kartesischen Koordinaten des Vektors $\mathfrak{r}$.

Da bei der oben behandelten zweiquantigen Streuung die Gesamtenergie der Ionenschwingungen sich nicht ändert, ändert sich nach dem Energiesatz auch die kinetische Energie des Polarons nicht. Es ist also

$$k' = k. \tag{17.36}$$

Ganz analog kann man die zweiquantige Streuung behandeln, bei der die Quantenzahlen $n_{\mathfrak{w}_1}$ und $n_{\mathfrak{w}_2}$ beide um Eins zu- oder beide um Eins abnehmen. Im ersten Fall ergibt sich die Formel (17.30), in der nur statt $(n_{\mathfrak{w}_1}+1)\cdot n_{\mathfrak{w}_2}$ stehen muß $n_{\mathfrak{w}_1}\cdot n_{\mathfrak{w}_2}$; im zweiten Fall hat man statt $(n_{\mathfrak{w}_1}+1)\cdot n_{\mathfrak{w}_2}$ zu setzen $(n_{\mathfrak{w}_1}+1)\cdot\cdot(n_{\mathfrak{w}_2}+1)$.

Die Gesamtwahrscheinlichkeit für die Streuung $\mathfrak{k}\to\mathfrak{k}'$ erhält man durch Summierung über alle $\mathfrak{w}_1$, $\mathfrak{w}_2$, die der Bedingung (17.8) genügen. Bei der Ausrechnung einer Summe wie der in (17.31) hat man aber folgendes zu beachten: Entsprach oben jedes Paar von Summanden, die sich voneinander durch Vertauschung der Indizes $\mathfrak{w}_1$ und $\mathfrak{w}_2$ unterschieden, zwei verschiedenen Quantenübergängen (die Endzustände der Übergänge sind verschieden), so entsprechen in diesem Fall, in dem beide Quantenzahlen $n_{\mathfrak{w}_1}$ und $n_{\mathfrak{w}_2}$ gleichzeitig um Eins zu- oder abnehmen, zwei Summanden, die sich durch Vertauschung von $\mathfrak{w}_1$ und $\mathfrak{w}_2$ unterscheiden, ein und demselben Übergang (die Endzustände sind identisch). Die Wahrscheinlichkeit für jeden Übergang kommt also in der Summe zweimal vor, und die Summe muß daher durch zwei dividiert werden.

Unter Berücksichtigung dieses Umstandes erhalten wir statt Formel (17.33) die Formel

$$W_{\mathfrak{k}\mathfrak{k}'}^{\prime\prime}\, d\Omega = 0{,}174\, \frac{c\, e^2\, k'}{2\hbar}\, I(\mathfrak{a})\, d\Omega \cdot \begin{cases} \bar{n}^2, \\ (\bar{n}+1)^2. \end{cases} \tag{17.37}$$

Aus dem Energiesatz folgt:

$$\frac{\hbar^2}{2M}(\mathfrak{k}'^2 - \mathfrak{k}^2) = \begin{cases} 2\hbar\,\omega, \\ -2\hbar\,\omega. \end{cases} \tag{17.38}$$

In diesen Formeln hat man die oberen oder die unteren Ausdrücke zu verwenden, je nachdem, ob bei der Streuung des Polarons zwei Ionenschwingungsquanten absorbiert oder erzeugt werden. Eine Streuung unter Erzeugung ist nur dann möglich, wenn die kinetische Energie des Polarons vor der Streuung größer ist als $2\hbar\omega$. Man sieht leicht ein, daß die Wahrscheinlichkeit für die Streuung $\mathfrak{k} \to \mathfrak{k}'$ mit einer Änderung der Quantenzahl $n_{\mathfrak{w}}$ um 2, ebenso wie ohne Änderung von Quantenzahlen mit wachsendem L wie L^{-3} gegen Null geht.

Zum Schluß bemerken wir, daß sämtliche soeben gewonnenen Ausdrücke für die Wahrscheinlichkeit einer Streuung nur unter der Bedingung gültig sind, daß die Streuung als kleine Störung aufzufassen ist; andernfalls ist die Störungsrechnung selbst nicht anwendbar. Offenbar sind für langsame Polaronen, deren kinetische Energie kleiner ist als $\hbar\omega$, eine einquantige Streuung nur unter Absorption eines Quants $\hbar\omega$ und eine zweiquantige Streuung nur bei Absorption wenigstens eines Quants möglich. Dabei sind die Streuwahrscheinlichkeiten proportional $\bar{n}$ bzw. $\bar{n}^2$, d. h. sie sind bei hinreichend tiefen Temperaturen in der Tat klein.

Für schnelle Polaronen ist auch eine Streuung unter Erzeugung von Schwingungsquanten möglich. Die Wahrscheinlichkeiten für eine solche Streuung enthalten die Faktoren $(\bar{n}+1)$ und $(\bar{n}+1)^2$. Diese Faktoren lassen sich durch Temperatursenkung nicht beliebig klein machen. In diesem Fall können die Streuwahrscheinlichkeiten nur bei günstigen Zahlenwerten der Parameter des Kristalls klein sein. In § 20 werden die quantitativen Bedingungen betrachtet, welche die Grenzen der Anwendbarkeit der Methode der Streuung festlegen.

§ 18. Streuung der Polaronenwellen durch die akustischen Schwingungen des Kristalls

Säßen die Ionen des Kristalls fest in den Gitterpunkten, so befände sich das Leitungselektron in einem periodischen Feld mit dem Potential $W(\mathfrak{r})$. Infolge der Verschiebung der Ionen aus den Gitterpunkten treten in der potentiellen Energie des Leitungselektrons die Zusatzglieder $V(\mathfrak{r}) + V'(\mathfrak{r})$ auf, die in § 5 eingehend behandelt wurden. Das Glied $V(\mathfrak{r})$ stellt einen Polarisationspotentialtopf dar, der oben als Potential eines polarisierten Kontinuums behandelt wurde. Das Glied $V'(\mathfrak{r})$ liefert die zusätzliche Potentialänderung, die auf der Verschiebung der ein oder zwei dem Leitungselektron nächst benachbarten Ionen beruht; bei der Berechnung dieses Anteils kann man nicht von dem Modell des dielektrischen

Kontinuums ausgehen, sondern hat den mikroskopischen Verlauf des Potentials im einzelnen zu berücksichtigen.

Oben wurde bei der Behandlung der Quantenzustände des Systems das Glied $V'(\mathfrak{r})$ vernachlässigt. Wir führen es nunmehr als kleine Störung ein, die eine Streuung der Polaronenwellen verursacht. Offenbar ist $V'(\mathfrak{r})$ eine Funktion der Verschiebungen der Ionen derjenigen Kristallelementarzelle, in der sich das Leitungselektron befindet. Unter der Voraussetzung, daß die Verschiebungen der Ionen klein sind, kann man $V'(\mathfrak{r})$ in eine Reihe nach Potenzen der Verschiebungen entwickeln, wobei man sich auf lineare Glieder beschränkt. Man kann also $V'(\mathfrak{r})$ als lineare Funktion der Ionenverschiebungen ansehen. Die Ionenverschiebungen sind ihrerseits lineare Funktionen sämtlicher Normalkoordinaten der Ionen (sowohl der optischen als auch der akustischen Schwingungen). Die Ionenverschiebungen und damit auch $V'(\mathfrak{r})$ lassen sich also in zwei Summanden zerlegen. In einen dieser Summanden gehen die Normalkoordinaten der akustischen Schwingungen linear und homogen ein, in den anderen die Normalkoordinaten der optischen Schwingungen:

$$V'(\mathfrak{r}) = V'_{\text{akust}}(\mathfrak{r}) + V'_{\text{opt}}(\mathfrak{r}). \tag{18.1}$$

Der Energieoperator des Gesamtsystems wird gegeben durch Formel (12.3). Läßt man in nullter Näherung das Glied $V(\mathfrak{r})$ fort, so zerfällt, wie in § 12 gezeigt wurde, der Energieoperator in drei Summanden. Der erste hängt nur von den Koordinaten $\mathfrak{r}$ des Elektrons und den Normalkoordinaten $q_{\mathfrak{w}}$ der longitudinalen Polarisationsschwingungen ab; er hat die Form (12.10). Der zweite Summand hängt nur von den Koordinaten der transversalen Polarisationsschwingungen, der dritte nur von den Koordinaten der akustischen Schwingungen ab. In nullter Näherung zerfällt also das System in drei unabhängige abgeschlossene konservative Untersysteme, und die ψ-Funktion des Systems besteht aus den drei entsprechenden Faktoren. Der erste davon bildet eine Eigenfunktion des Operators (12.10). Der zweite und der dritte Faktor stellen die ψ-Funktionen der transversalen optischen und der akustischen Schwingungen dar; sie haben genau dasselbe Aussehen, als wenn im Kristall kein Leitungselektron vorhanden wäre.

Da die Störung $V'(\mathfrak{r})$ eine lineare homogene Form der Normalkoordinaten ist, ruft sie, wie stets in solchen Fällen, Quantenübergänge hervor, bei denen nur eine der Oszillatorenquantenzahlen sich um Eins ändert. In diesen Fällen streuen die verschiedenen Normalschwingungen unabhängig voneinander und lassen sich einzeln behandeln[1]) (es handelt sich um eine Störung erster Ordnung).

Benutzen wir diese Tatsache, so können wir zunächst die Streuung der Polaronenwellen durch akustische Schwingungen des Kristalls behandeln, deren Wellenlänge beträchtlich größer ist als die Gitterkonstante. Eine derartige Streuung untersuchte J. J. Perlin [27]. Im Fall der langwelligen akustischen Schwingungen kann man annehmen, daß die Ionen, die dem Leitungselektron am nächsten

[1]) Dies ergibt sich offenbar aus der allgemeinen Form des Ausdrucks für die Streuwahrscheinlichkeit, wenn man berücksichtigt, daß bei jedem Übergang das Matrixelement nur einer der Normalkoordinaten von Null verschieden ist.

liegen, die gleiche Verschiebung $\mathfrak{u}$ erfahren. Dabei verschiebt sich das gesamte Mikropotential einfach um den Vektor $\mathfrak{u}$. Hierdurch ergibt sich im Punkt $\mathfrak{r}$ der Wert des Mikropotentials, der vor der Verschiebung im Punkt $\mathfrak{r} - \mathfrak{u}$ herrschte. Hatte vor der Verschiebung der Ionen das Mikropotential den Wert $W(\mathfrak{r})$, so beträgt es nach der Verschiebung im Punkt $\mathfrak{r}$

$$W_1(\mathfrak{r}) = W(\mathfrak{r} - \mathfrak{u}) \cong W(\mathfrak{r}) - \mathfrak{u} \operatorname{grad} W + \cdots. \tag{18.2}$$

Hieraus folgt

$$V'_{\text{akust}}(\mathfrak{r}) = -\mathfrak{u} \operatorname{grad} W. \tag{18.3}$$

Die Verschiebung $\mathfrak{u}$ kann man nach den Normaleigenschwingungen des Kristalls entwickeln [28]:

$$\mathfrak{u} = \sqrt{\frac{\Omega}{L^3}} \sum_{\mathfrak{q} j} \mathfrak{e}_{\mathfrak{q} j} (a_{\mathfrak{q} j} e^{i \mathfrak{q} \mathfrak{r}} + a^*_{\mathfrak{q} j} e^{-i \mathfrak{q} \mathfrak{r}}). \tag{18.4}$$

Hier ist Ω das Volumen der Elementarzelle des Kristalls, $\mathfrak{q}$ der Wellenvektor der akustischen Wellen. Zu einem gegebenen Wert $\mathfrak{q}$ gehören bekanntlich drei akustische Wellen; eine davon ist parallel, die beiden anderen sind senkrecht zu $\mathfrak{q}$ polarisiert. Der Index $j = 1, 2, 3$ bezeichnet diese drei Wellen. Der Vektor $\mathfrak{e}_{\mathfrak{q} j}$ ist der Einheitsvektor, der die Polarisation bestimmt. Als Normalkoordinaten zur Beschreibung der akustischen Schwingungen des Kristalls verwenden wir die Amplituden $a_{\mathfrak{q} j}$.

Die Formel (18.3) zeigt, daß $V'_{\text{akust}}(\mathfrak{r})$ keine glatte Funktion von $\mathfrak{r}$ ist [$V'_{\text{akust}}(\mathfrak{r})$ ändert sich auf Abständen von der Größenordnung der Gitterkonstante des Kristalls bedeutend]. Man hat folglich bei der Berechnung des Matrixelementes mit Hilfe der Methode der effektiven Masse, die in § 4 entwickelt wurde, nicht die „geglätteten" (4.29), sondern die detaillierten Wellenfunktionen des Elektrons (4.36) zu benutzen. Die geglättete Wellenfunktion des Elektrons $\psi_0(\mathfrak{r} - \mathfrak{r}')$ im Polaronengrundzustand wurde oben bestimmt. Nach § 4 ist die detaillierte Wellenfunktion des Elektrons

$$\psi_{0\,\text{det}} = \sum_{\mathfrak{k}} A_{\mathfrak{k}} U_{\mathfrak{k}}(\mathfrak{r}) e^{i \mathfrak{k} \mathfrak{r}}. \tag{18.5}$$

Hier sind $A_{\mathfrak{k}}$ die Entwicklungskoeffizienten der „geglätteten" Wellenfunktion $\psi_0(\mathfrak{r} - \mathfrak{r}')$ in der FOURIER-Reihe:

$$A_{\mathfrak{k}} = \frac{1}{L^{3/2}} \int \psi_0(\mathfrak{r} - \mathfrak{r}') e^{-i \mathfrak{k} \mathfrak{r}} d\tau = e^{-i \mathfrak{k} \mathfrak{r}'} a_{\mathfrak{k}}; \tag{18.6}$$

die Koeffizienten

$$a_{\mathfrak{k}} = \frac{1}{L^{3/2}} \int \psi_0(\mathfrak{r}) e^{-i \mathfrak{k} \mathfrak{r}} d\tau \tag{18.7}$$

kamen schon oben vor; sie werden durch Formel (7.9) gegeben.

Nach der bekannten Methode der adiabatischen Näherung [7] erhält man die ψ-Funktion des Gesamtsystems durch Produktansatz der ψ-Funktion der Ionen und der ψ-Funktion des Elektrons; es wird vorausgesetzt, daß diese den langsamen Bewegungen der Ionen adiabatisch folgt und von den Koordinaten der Ionen als Parametern abhängt. Unter Benutzung der Ergebnisse von § 16, insbesondere der Formel (16.28), kann man die ψ-Funktion des Gesamtsystems folgendermaßen schreiben:

$$\Phi_{\mathfrak{k},\ldots,n_{\mathfrak{w}},\ldots,N_{\mathfrak{q}j}} = \frac{1}{L^{3/2}}\psi_{0\,\mathrm{det}}(\mathfrak{r}\,\mathfrak{r}')\,e^{i\mathfrak{k}\mathfrak{r}'}\prod_{\mathfrak{w}}{}'\,\Phi_{n_{\mathfrak{w}}}(q'_{\mathfrak{w}})\,\Psi_{\perp\mathrm{opt}}\prod_{\mathfrak{q}j}\psi_{N_{\mathfrak{q}j}}(a_{\mathfrak{q}j}). \tag{18.8}$$

Hier sind $\Psi_{\perp\mathrm{opt}}$ und $\prod_{\mathfrak{q}j}\psi_{N_{\mathfrak{q}j}}(a_{\mathfrak{q}j})$ die Wellenfunktionen der transversalen optischen und der akustischen Schwingungen; sie besitzen die triviale Form (dieselbe, als ob im Kristall kein Leitungselektron vorhanden wäre). $\psi_{N_{\mathfrak{q}j}}(a_{\mathfrak{q}j})$ ist die Wellenfunktion des harmonischen Oszillators, welche die Schwingung der Normalkoordinate $a_{\mathfrak{q}j}$ beschreibt. Die $N_{\mathfrak{q}j}$ sind die Oszillatorenquantenzahlen der akustischen Schwingungen.

Im Zustand (18.8) beträgt die Energie des Systems

$$\begin{aligned} H_{\mathfrak{k},\ldots,n_{\mathfrak{w}},\ldots,N_{\mathfrak{q}j}} = J[\psi_0] + \hbar\,\omega\sum_{\mathfrak{w}}{}'\left(n_{\mathfrak{w}} + \frac{1}{2}\right) + H_{\mathrm{opt}\perp} + \\ + \sum\hbar\,\omega_{\mathfrak{q}j}\left(N_{\mathfrak{q}j} + \frac{1}{2}\right) + \frac{\hbar^2\mathfrak{k}^2}{2M}. \end{aligned} \tag{18.9}$$

Die Wahrscheinlichkeit für die Streuung der Polaronenwellen (18.8) durch die akustischen Schwingungen des Kristalls wird gegeben durch das Matrixelement

$$\begin{aligned} (V'_{\mathrm{akust}})_{\mathfrak{k},\ldots,N_{\mathfrak{q}j};\,\mathfrak{k}',\ldots,N'_{\mathfrak{q}j}} = \int \Phi^*_{\mathfrak{k},\ldots,N_{\mathfrak{q}j}}\,V'_{\mathrm{akust}}(\mathfrak{r},\ldots,a_{\mathfrak{q}j},\ldots)\times \\ \times\Phi_{\mathfrak{k}',\ldots,N'_{\mathfrak{q}j}}\,d\tau\,dr'_1\,dr'_2\,dr'_3\,dq\,d\tau_{\mathrm{opt}\perp}\prod_{\mathfrak{q}j}da_{\mathfrak{q}j}. \end{aligned} \tag{18.10}$$

Hier sind die Ausdrücke (18.3) bis (18.8) einzusetzen, und dann ist zu integrieren. Aus Orthogonalitätsbetrachtungen folgt sofort, daß das Matrixelement (18.10) nur für Übergänge von Null verschieden ist, bei denen sich weder die $n_{\mathfrak{w}}$ noch die Oszillatorenquantenzahlen der optischen Transversalschwingungen ändern. Die Quantenzahlen $N_{\mathfrak{q}j}$ müssen beim Übergang unverändert bleiben, mit Ausnahme einer einzigen, die sich um Eins ändert; die Koordinate $a_{\mathfrak{q}j}$, die dieser Quantenzahl entspricht, hat von Null verschiedene Matrixelemente von der Form

$$(a_{\mathfrak{q}j})_{N_{\mathfrak{q}j},\,N_{\mathfrak{q}j}+1} = \sqrt{\frac{\hbar(N_{\mathfrak{q}j}+1)}{2\gamma\,\omega_{\mathfrak{q}j}\,\Omega}}, \tag{18.11}$$

und

$$(a_{\mathfrak{q}j})_{N_{\mathfrak{q}j},\,N_{\mathfrak{q}j}-1} = \sqrt{\frac{\hbar\,N_{\mathfrak{q}j}}{2\gamma\,\omega_{\mathfrak{q}j}\,\Omega}}. \tag{18.12}$$

Hier ist γ die Dichte (das spezifische Gewicht) des Kristalls. Der explizite Ausdruck für $\psi_{N_{\mathfrak{q}j}}(a_{\mathfrak{q}j})$ und die Ableitung der Formeln (18.11) und (18.12) sind in [28], § 32 zu finden.

Man kann also das Matrixelement (18.10) folgendermaßen darstellen:

$$\begin{aligned} (V'_{\mathrm{akust}})_{\mathfrak{k},N_{\mathfrak{q}j};\,\mathfrak{k}'N_{\mathfrak{q}j}\pm1} = -\frac{1}{L^{9/2}}\sum_{\mathfrak{k}_1\mathfrak{k}_2}c^*_{\mathfrak{k}_1}a_{\mathfrak{k}_2}\int_{L^3} e^{i(\mathfrak{k}_1-\mathfrak{k}_2+\mathfrak{k}'-\mathfrak{k})\mathfrak{r}'}\,dr'_1\,dr'_2\,dr'_3\times \\ \times\int_{L^3} U^*_{\mathfrak{k}_1}(\mathfrak{r})\,U_{\mathfrak{k}_2}(\mathfrak{r})\,e^{i(\mathfrak{k}_2-\mathfrak{k}_1\pm\mathfrak{q})\mathfrak{r}}(\mathfrak{e}_{\mathfrak{q}j}\,\mathrm{grad}\,W)\,d\tau\sqrt{\frac{\hbar}{2\gamma\,\omega_{\mathfrak{q}j}}\begin{cases}N_{\mathfrak{q}j}+1,\\ N_{\mathfrak{q}j}.\end{cases}} \end{aligned} \tag{18.13}$$

Hierbei hat man für die Übergänge $N_{\mathfrak{q}j} \to N_{\mathfrak{q}j} + 1$ das obere Vorzeichen und unter der Wurzel $N_{\mathfrak{q}j} + 1$, für die Übergänge $N_{\mathfrak{q}j} \to N_{\mathfrak{q}j} - 1$ das untere Vorzeichen und unter der Wurzel $N_{\mathfrak{q}j}$ zu setzen.

Da die Vektoren $\mathfrak{k}_1$ und $\mathfrak{k}_2$ sowie $\mathfrak{k}$ und $\mathfrak{k}'$ infolge der Periodizitätsbedingung diskret von der Form (16.33) sind, ist

$$\int\limits_{L^3} e^{i(\mathfrak{k}_1 - \mathfrak{k}_2 + \mathfrak{k}' - \mathfrak{k},\, \mathfrak{r}')}\, dr_1'\, dr_2'\, dr_3' = L^3\, \delta_{\mathfrak{k}_1 - \mathfrak{k}_2 + \mathfrak{k}' - \mathfrak{k}}. \tag{18.14}$$

Berücksichtigt man, daß $U_{\mathfrak{k}}(\mathfrak{r})$ und $W(\mathfrak{r})$ die Gitterperiodizität besitzen, so erhält man

$$\begin{aligned} &\int\limits_{L^3} U^*_{\mathfrak{k}_1}(\mathfrak{r})\, U_{\mathfrak{k}_2}(\mathfrak{r})\, e^{i(\mathfrak{k}_2 - \mathfrak{k}_1 \pm \mathfrak{q})\mathfrak{r}} (\mathfrak{e}_{\mathfrak{q}j} \operatorname{grad} W)\, d\tau \\ &\qquad = \delta_{\mathfrak{k}_2 - \mathfrak{k}_1 \pm \mathfrak{q}} \int\limits_{L^3} U^*_{\mathfrak{k}_1}(\mathfrak{r})\, U_{\mathfrak{k}_2}(\mathfrak{r})\, (\mathfrak{e}_{\mathfrak{q}j} \operatorname{grad} W)\, d\tau. \end{aligned} \tag{18.15}$$

Dasselbe Integral kommt in der alten Theorie der elektrischen Leitung vor (siehe [28], § 34); eine Abschätzung zeigt, daß es für transversale Wellen, bei denen $\mathfrak{e}_{\mathfrak{q}j} \perp \mathfrak{q}$ ist, verschwindet, dagegen für longitudinale Wellen, bei denen $\mathfrak{e}_{\mathfrak{q}j} \| \mathfrak{q}$ ist ($j = 1$), folgenden Wert hat:

$$\int\limits_{L^3} U^*_{\mathfrak{k}_1}(\mathfrak{r})\, U_{\mathfrak{k}_2}(\mathfrak{r})\, (\mathfrak{e}_{\mathfrak{q}_1} \operatorname{grad} W)\, d\tau \cong \pm \tfrac{2}{3}\, i\, |\mathfrak{k}_2 - \mathfrak{k}_1|\, G\,; \tag{18.16}$$

dabei ist

$$G \cong \frac{\hbar^2}{2m} \int |\operatorname{grad} U_0(\mathfrak{r})|^2\, d\tau \tag{18.17}$$

die mittlere kinetische Energie des Elektrons am unteren Rande des Leitungsbandes in der Bändertheorie. Die Polaronen werden also nur durch die longitudinalen akustischen Wellen gestreut. Die transversalen Wellen werden wir nicht mehr betrachten und den Index j fortlassen.

Aus den Gleichungen (18.14) und (18.15) geht hervor, daß auf der rechten Seite der Formel (18.13) nur diejenigen Glieder von Null verschieden sind, bei denen

$$\mathfrak{k}_2 - \mathfrak{k}_1 = \mathfrak{k}' - \mathfrak{k} = \mp \mathfrak{q} \tag{18.18}$$

ist. Diese Gleichung drückt den Erhaltungssatz für den Quasiimpuls bei der Streuung aus.

Unter Berücksichtigung der Gleichungen (18.14) bis (18.16) erhalten wir

$$(V'_{\text{akust}})_{\mathfrak{k} N_{\mathfrak{q}};\, \mathfrak{k}' N_{\mathfrak{q}} \pm 1} = \pm \frac{2 i q G}{3 L^{3/2}} \sum_{\mathfrak{k}} a^*_{\mathfrak{k} \pm \mathfrak{q}}\, a_{\mathfrak{k}} \sqrt{\frac{\hbar}{2 \gamma \omega_{\mathfrak{q}}} \begin{cases} N_{\mathfrak{q}} + 1, \\ N_{\mathfrak{q}}. \end{cases}} \tag{18.19}$$

Wegen

$$\psi_0(\mathfrak{r}) = \frac{1}{L^{3/2}} \sum_{\mathfrak{k}} a_{\mathfrak{k}}\, e^{i \mathfrak{k} \mathfrak{r}} \tag{18.20}$$

und

$$\psi_0^*(\mathfrak{r})\, e^{\pm i \mathfrak{q} \mathfrak{r}} = \frac{1}{L^{3/2}} \sum_{\mathfrak{k}_1} a^*_{\mathfrak{k}_1}\, e^{-i(\mathfrak{k}_1 \mp \mathfrak{q})\mathfrak{r}} = \frac{1}{L^{3/2}} \sum_{\mathfrak{k}} a^*_{\mathfrak{k} \pm \mathfrak{q}}\, e^{-i \mathfrak{k} \mathfrak{r}} \tag{18.21}$$

ergibt sich durch Multiplikation der Ausdrücke (18.20) und (18.21) und Integration über das Volumen des Grundgebietes

$$\int |\psi_0(\mathfrak{r})|^2 e^{\pm i\mathfrak{q}\mathfrak{r}} d\tau = \sum_{\mathfrak{k}} a^*_{\mathfrak{k}\pm\mathfrak{q}} a_{\mathfrak{k}}. \tag{18.22}$$

Die Summe, die in Formel (18.19) auftritt, reduziert sich also auf das Volumenintegral (18.22). Dieses Integral kann man auswerten, indem man für $\psi_0(\mathfrak{r})$ den Ausdruck (6.16) benutzt. Man erhält dann

$$\int |\psi_0(\mathfrak{r})|^2 e^{\pm i\mathfrak{q}\mathfrak{r}} d\tau = \frac{1+\frac{\mathfrak{q}^2}{28\alpha_3^2}}{\left(1+\frac{\mathfrak{q}^2}{4\alpha_3^2}\right)^4}. \tag{18.23}$$

Das Matrixelement läßt sich folgendermaßen darstellen:

$$(V'_{\text{akust}})_{\mathfrak{k}\, N_{\mathfrak{q}};\, \mathfrak{k}'\, N_{\mathfrak{q}}\pm 1} = \pm\frac{2}{3}\frac{iG}{L^{3/2}}\sqrt{\frac{\hbar}{2\gamma\,\omega_{\mathfrak{q}}}\begin{Bmatrix} N_{\mathfrak{q}}+1 \\ N_{\mathfrak{q}} \end{Bmatrix}}\; \frac{\mathfrak{q}\left(1+\frac{\mathfrak{q}^2}{28\alpha_3^2}\right)}{\left(1+\frac{\mathfrak{q}^2}{4\alpha_3^2}\right)^4}. \tag{18.24}$$

Die Wahrscheinlichkeit für eine Streuung pro Zeiteinheit wird gegeben durch die übliche Formel

$$W^{\text{akust}}_{\mathfrak{k}\mathfrak{k}'}\, d\Omega = \frac{2\pi}{\hbar} |V'_{\text{akust}}|^2_{\mathfrak{k}\, N_{\mathfrak{q}};\, \mathfrak{k}'\, N_{\mathfrak{q}}\pm 1} \cdot \varrho\, d\Omega, \tag{18.25}$$

wobei ϱ durch die Formel (17.15) gegeben wird. Unter Beachtung der Gleichung (18.18) und unter Berücksichtigung der Tatsache, daß

$$\omega_{\mathfrak{q}} = \mathfrak{q}\, \mathfrak{w}_s \tag{18.26}$$

gilt, wobei $\mathfrak{w}_s$ die Schallgeschwindigkeit im Kristall ist, erhält man

$$W^{\text{akust}}_{\mathfrak{k}\mathfrak{k}'}\, d\Omega = \frac{M G^2 k' |\mathfrak{k}'-\mathfrak{k}|\, d\Omega}{18\pi^2 \hbar^2 \gamma\, v_s} \; \frac{\left(1+\frac{|\mathfrak{k}'-\mathfrak{k}|^2}{28\alpha_3^2}\right)^2}{\left(1+\frac{|\mathfrak{k}'-\mathfrak{k}|^2}{4\alpha_3^2}\right)^8} \cdot \begin{Bmatrix} N_{\mathfrak{k}'-\mathfrak{k}}+1, \\ N_{\mathfrak{k}'-\mathfrak{k}}. \end{Bmatrix} \tag{18.27}$$

Die Gesamtenergie des Systems muß bei einem Quantenübergang erhalten bleiben; somit ist

$$\frac{\hbar^2}{2M}(\mathfrak{k}'^2-\mathfrak{k}^2) = \mp\hbar\,\omega_{\mathfrak{q}} = \mp\hbar\, q\, v_s = \mp\hbar\,|\mathfrak{k}'-\mathfrak{k}|\, v_s. \tag{18.28}$$

Die Formel (18.27) wurde von J. J. Perlin [27] abgeleitet. Vergleicht man sie mit (17.18), welche die Wahrscheinlichkeit für eine einquantige Streuung des Polarons durch die optischen Grenzschwingungen angibt, so sieht man, daß diese Formeln viel Gemeinsames haben. Insbesondere hat der zweite Bruch in beiden Formeln dieselbe Form. Dieser Bruch hat bei $\frac{|\mathfrak{k}'-\mathfrak{k}|}{\alpha_3} < 1$ die Größenordnung 1, nimmt aber mit zunehmendem Verhältnis $\frac{|\mathfrak{k}'-\mathfrak{k}|}{\alpha_3}$ schnell ab und geht gegen Null. Die Polaronen werden also intensiv nur durch die langen Gitterwellen gestreut, deren Wellenvektor

$$|\mathfrak{q}| = |\mathfrak{k}'-\mathfrak{k}| \leqq \alpha_3 \tag{18.29}$$

und deren Wellenlänge

$$\lambda_{\text{akust}} \geqq \frac{2\pi}{\alpha_3} > \mathfrak{r}_p \qquad (18.30)$$

ist, wobei r_p der Polarisationsradius des Polarons ist [siehe (7.6)], der nach Voraussetzung selbst größer als die Gitterkonstante ist.

Im Fall langer Wellen, die der Ungleichung (18.30) genügen, gelten Formel (18.3) und die aus ihr folgenden Ergebnisse (siehe weiter oben). Die kurzwelligen Schwingungen des Kristalls streuen die Polaronen nur schwach und brauchen nicht behandelt zu werden.

Der Parameter G der Theorie wird durch Formel (18.17) definiert und stellt den quantenmechanischen Mittelwert der kinetischen Energie des Elektrons am unteren Rande des Leitungsbandes in der alten Bändertheorie dar [8]. Man kann G in zwei Grenzfällen zahlenmäßig abschätzen:

1. In dem bekannten Fall „fast freier Elektronen" ist $u_{\mathfrak{k}}(\mathfrak{r}) = \text{const}$ und somit $G = 0$. In diesem Fall werden die Polaronen durch die akustischen Schwingungen überhaupt nicht gestreut.

2. Im Fall „stark gebundener Elektronen" kann man bekanntlich mit den ψ-Funktionen der isolierten Atome arbeiten. Nimmt man zum Zwecke einer groben Abschätzung an, daß sich in jedem Atom das Leitungselektron in einem Coulombschen Feld befindet, so ist nach dem Virialsatz die mittlere kinetische Energie des Elektrons gleich dem Ionisierungspotential des Atoms. In einem Ionenkristall ist die ψ-Funktion des Leitungselektrons nur in der Nähe der positiven Ionen wesentlich von Null verschieden. Folglich ist G größenordnungsmäßig gleich dem Ionisierungspotential des Elements, das die positiven Ionen des Kristalls bildet. Zum Beispiel ist für Alkalihalogenidkristalle G etwa gleich 4 bis 5 eV.

J. J. Perlin führte eine vergleichende Abschätzung der Wahrscheinlichkeiten für die Streuung des Polarons durch optische und akustische Ionenschwingungen durch. Es ergab sich, daß bei Zimmertemperatur bei sämtlichen Kristallen (für welche die Kriterien der Theorie erfüllt sind) die Streuung durch die optischen Schwingungen die Hauptrolle spielt. Die Wahrscheinlichkeit für die Streuung durch optische Schwingungen ist aber proportional

$$\overline{n} = \frac{1}{e^{\frac{\hbar\omega}{kT}} - 1}, \qquad (18.31)$$

während die Wahrscheinlichkeit für die Streuung durch akustische Schwingungen proportional

$$\overline{N}_{\mathfrak{q}} = \frac{1}{e^{\frac{\hbar\omega_{\mathfrak{q}}}{kT}} - 1}, \qquad (18.32)$$

ist. Wegen $\omega > \omega_{\mathfrak{q}}$ nimmt $\overline{n}$ bei einer Temperatursenkung schneller ab als $\overline{N}_{\mathfrak{q}}$, und bei ganz tiefen Temperaturen müssen also die akustischen Schwingungen dominieren. Bei der Mehrzahl der Kristalle tritt dies jedoch erst bei sehr tiefen

Temperaturen ein, bei denen beide Streumechanismen unwesentlich werden, da die Beweglichkeit des Polarons bereits durch den „Restwiderstand" bestimmt wird, der in § 11 behandelt wurde.

Wir haben bisher das Glied $V'_{\text{opt}}(\mathfrak{r})$ in der Formel (18.1) vernachlässigt. Es führt zu einer zusätzlichen Streuung des Polarons durch die optischen Ionenschwingungen. Dieser Effekt hätte mit der einquantigen Streuung in § 17 behandelt werden müssen; man hätte dann die Matrixelemente der Übergänge für die Summe der Störungen $\boldsymbol{H}^{(\mathrm{III})} + V'_{\text{opt}}$ berechnen müssen. Man sieht jedoch leicht ein, daß diese zusätzliche Streuung verhältnismäßig gering ist. Die Hauptschwierigkeit bei ihrer Behandlung besteht darin, daß im Fall der optischen Ionenschwingungen die Störung des Mikropotentials $W(\mathfrak{r})$ eine komplizierte Form besitzt und sich nicht durch die einfache Formel (18.3) darstellen läßt. Zur größenordnungsmäßigen Abschätzung können wir jedoch trotzdem die Formel (18.3) benutzen, in die wir für $\mathfrak{u}$ die Verschiebung des dem Elektron nächstbenachbarten Ions (die auf dessen optischen Schwingungen beruht) einsetzen. Durch diese Berechnung erhalten wir ein Matrixelement, das (18.24) ähnelt; es steht jedoch darin nicht $\mathfrak{q}$, sondern $\mathfrak{w}$, nicht $\omega_{\mathfrak{q}}$, sondern ω und schließlich nicht $N_{\mathfrak{q}}$, sondern $n_{\mathfrak{w}}$. Dieses Matrixelement ist stets bedeutend kleiner als $H'_{\mathfrak{k}, \ldots, n_{\mathfrak{w}}; \mathfrak{k}', \ldots, n_{\mathfrak{w}} \pm 1}$, und man kann es deshalb fortlassen.

§ 19. *Anwendung der Statistik auf den Fall des thermischen Gleichgewichts*

Nach dem bekannten kanonischen Verteilungsgesetz beträgt die Wahrscheinlichkeit für einen Zustand mit den Quantenzahlen $\mathfrak{k}, \ldots, n_{\mathfrak{w}}, \ldots$

$$P(\mathfrak{k}, \ldots, n_{\mathfrak{w}}, \ldots) = A\, e^{-\frac{H_{k, \ldots, n_{\mathfrak{w}}, \ldots}}{\mathrm{k}T}} \tag{19.1}$$

Hier ist A der Normierungskoeffizient, der von den Quantenzahlen der Zustände unabhängig ist, k ist die Boltzmann-Konstante und schließlich ist

$$H_{\mathfrak{k}, \ldots, n_{\mathfrak{w}}, \ldots} = J[\psi_0] + \sum_{\mathfrak{w}}{}' \hbar\, \omega_{\mathfrak{w}} \left(n_{\mathfrak{w}} + \frac{1}{2}\right) + \frac{\hbar^2 \mathfrak{k}^2}{2M}. \tag{19.2}$$

Den Koeffizienten A kann man leicht aus der Normierungsbedingung

$$\sum_{\mathfrak{k}, \ldots, n_{\mathfrak{w}}, \ldots} P(\mathfrak{k}, \ldots, n_{\mathfrak{w}}, \ldots) = 1 \tag{19.3}$$

bestimmen. Setzt man hier die Ausdrücke (19.1) und (19.2) ein, berücksichtigt, daß die Dichte der Elemente im Phasenraum der $\mathfrak{k}$ gleich $(L/2\pi)^3$ ist, integriert schließlich über $\mathfrak{k}$ und summiert über $n_{\mathfrak{w}}$, so erhält man

$$A = \frac{1}{L^3} \left(\frac{2\pi \hbar^2}{M \mathrm{k} T}\right)^{3/2} e^{\frac{J[\psi_0] + \sum_{\mathfrak{w}}{}' \frac{\hbar \omega_{\mathfrak{w}}}{2}}{\mathrm{k}T}} \prod_{\mathfrak{w}}{}' \left(1 - e^{-\frac{\hbar \omega_{\mathfrak{w}}}{\mathrm{k}T}}\right). \tag{19.4}$$

Die Wahrscheinlichkeit für einen Zustand mit gegebenem $\mathfrak{k}$, aber beliebigem $n_{\mathfrak{w}}$ erhält man durch Summierung des Ausdrucks (19.1) über alle möglichen Werte von $n_{\mathfrak{w}}$:

$$P(\mathfrak{k}) = \sum_{\ldots,\, n_{\mathfrak{w}},\, \ldots} P(\mathfrak{k}, \ldots, n_{\mathfrak{w}}, \ldots) = \frac{1}{L^3} \left(\frac{2\pi\hbar^2}{M \mathrm{k} T} \right)^{3/2} e^{-\frac{\hbar^2 \mathfrak{k}^2}{2 M \mathrm{k} T}}. \qquad (19.5)$$

Im Fall des thermischen Gleichgewichts gilt also für die Polaronen die MAXWELLsche Geschwindigkeitsverteilung.

Die Wahrscheinlichkeit für einen Zustand mit gegebenem $n_{\mathfrak{w}}$, aber beliebigen Werten der übrigen Quantenzahlen ergibt sich durch Summierung von (19.1) über sämtliche Quantenzahlen mit Ausnahme von $n_{\mathfrak{w}}$:

$$P(n_{\mathfrak{w}}) = \left(1 - e^{-\frac{\hbar\omega_{\mathfrak{w}}}{\mathrm{k} T}}\right) e^{-\frac{\hbar\omega_{\mathfrak{w}}}{\mathrm{k} T}}. \qquad (19.6)$$

Hieraus erhält man unmittelbar den Ausdruck für den Mittelwert von $n_{\mathfrak{w}}$, den wir in § 16 bis 18 benutzten:

$$\overline{n}_{\mathfrak{w}} = \sum_{n_{\mathfrak{w}}=0}^{\infty} n_{\mathfrak{w}} P(n_{\mathfrak{w}}) = \frac{1}{e^{\frac{\hbar\omega_{\mathfrak{w}}}{kT}} - 1}. \qquad (19.7)$$

Wir gehen nun zur Berechnung der Gleichgewichtskonzentration der Leitungselektronen (der Polaronen) und der „Löcher" über, die infolge der thermischen Anregung im Kristall auftreten. Man hat zwei Typen der Anregung von Dielektrika zu unterscheiden: 1. Anregungen, bei denen Ladungsträger, d. h. Elektronen- und „Löcher"polaronen entstehen, 2. Anregungen, bei denen sich die sogenannten *Excitonen* bilden, die zuerst J. I. FRENKEL [9], später R. PEIERLS [9], F. MOTT [25], A. S. DAWIDOW [26] u. a. behandelten. Die Excitonen sind keine Ladungsträger, die einen Anteil zum Strom liefern können.

Wir setzen voraus, daß die Konzentration der Leitungselektronen, Löcher und Excitonen so klein sei, daß man die Wechselwirkung zwischen ihnen vernachlässigen kann. In diesem Fall kann man von der Energie sprechen, die zur Bildung eines Leitungselektrons und eines Loches im Kristall erforderlich ist, wobei diese Energie nicht von der Menge der bereits im Kristall vorhandenen Ladungsträger und Excitonen abhängt. Den Energienullpunkt legen wir so, daß die Energie des Systems gleich Null ist, wenn sich der Kristall im Grundzustand befindet, d. h. wenn weder Leitungselektronen noch Löcher noch Excitonen vorhanden sind und die Ionen ihre Nullpunktsschwingungen ausführen. Die Gesamtheit der Excitonen, die sich im Kristall befinden, sei durch die mehrgliedrige Quantenzahl m bestimmt, ihre Gesamtenergie betrage W_m (der explizite Ausdruck für W_m wird im folgenden nicht benötigt). Wir stellen ferner die Energie, die zur Bildung eines Leitungselektrons und eines Loches erforderlich ist, in der Form

$$W + \frac{\hbar^2 \mathfrak{k}^2}{2M} + \frac{\hbar^2 \mathfrak{k}'^2}{2M'} \qquad (19.8)$$

dar. Dabei wird vorausgesetzt, daß sich sowohl das Leitungselektron als auch das Loch im Polaronenzustand befinden; W ist die Energie, die zur Bildung eines

Elektronen- und eines Lochpolarons erforderlich ist, wobei diese zwar ruhen, aber hinreichend weit voneinander entfernt sind; $\mathfrak{k}$, M und $\mathfrak{k}'$, M' sind die Wellenvektoren und die effektiven Massen des Elektronen- bzw. des Lochpolarons.

Die Energie des angeregten Kristalls beträgt:

$$H(\ldots, n_{\mathfrak{w}}, \ldots, m, N, \ldots, \mathfrak{k}_i, \ldots, \mathfrak{k}'_j, \ldots) = \sum_{\mathfrak{w}}^{2N \, \prime\prime\ldots\prime} \hbar\, \omega_{\mathfrak{w}}\, n_{\mathfrak{w}} + W_m + N W + \sum_{i=1}^{N} \left(\frac{\hbar^2 \mathfrak{k}_i^2}{2M} + \frac{\hbar^2 \mathfrak{k}_i'^2}{2M'} \right). \quad (19.9)$$

Das erste Glied stellt hierbei die Energie der Ionenschwingungen dar; die Summe hat $2N$ Striche, da das System beim Auftreten jedes Elektronen- oder Lochpolarons drei Translationsfreiheitsgrade ($\mathfrak{r}'_1$, $\mathfrak{r}'_2$, $\mathfrak{r}'_3$) gewinnt und drei Schwingungsfreiheitsgrade verliert (siehe § 16). Das zweite Glied in (19.9) stellt die Energie der Excitonen dar; N ist die Anzahl der Leitungselektronen und die der Löcher. Das dritte und das vierte Glied der Formel (19.9) stellen die Energie dar, die zur Bildung der Elektronen- und der Lochpolaronen im Kristall aufgewandt werden muß. N ist eine der Quantenzahlen des Systems.

Nach dem kanonischen Verteilungsgesetz ist die Wahrscheinlichkeit der Zustände mit den Quantenzahlen $\ldots, n_{\mathfrak{w}}, \ldots, m, N, \ldots, \mathfrak{k}_i, \ldots, \mathfrak{k}_j, \ldots$

$$P(\ldots, n_{\mathfrak{w}}, \ldots, m, N, \mathfrak{k}_i, \ldots, \mathfrak{k}'_j, \ldots) = A_1\, e^{-\frac{H(\ldots, n_{\alpha}, \ldots, m, N, \mathfrak{k}_i, \ldots, \mathfrak{k}'_j, \ldots)}{\mathrm{k} T}}. \quad (19.10)$$

Uns interessiert die Wahrscheinlichkeit für einen bestimmten Wert N bei beliebigen Werten der übrigen Quantenzahlen. Diese Wahrscheinlichkeit ergibt sich durch Summierung der Wahrscheinlichkeit (19.10) über alle möglichen Zustände des Systems mit dem gegebenen N:

$$P(N) = \frac{A_1 (g\, g')^N}{(N!)^2} \sum_{\ldots, n_{\mathfrak{w}}, \ldots, m, \mathfrak{k}_i, \ldots, \mathfrak{k}'_j, \ldots} e^{-\frac{H(\ldots, n_{\mathfrak{w}}, \ldots, m, N, \mathfrak{k}_i, \ldots, \mathfrak{k}'_j, \ldots)}{\mathrm{k} T}}. \quad (19.11)$$

Hier ist berücksichtigt, daß der Zustand außer durch die Quantenzahlen $n_{\mathfrak{w}}$, m, N, $\mathfrak{k}_i$, $\mathfrak{k}'_j$, die in den Energieausdruck eingehen, noch durch die Spinquantenzahlen der N Elektronen und der N Löcher bestimmt wird, von denen die Energie nicht abhängt. Sind g und g' die Anzahlen der möglichen Spinwerte des Elektrons bzw. des Loches ($g = g' = 2$), so ist die Vielfachheit der Spinentartung $(g \cdot g')^N$. Ferner hat man zu berücksichtigen, daß in Formel (19.11) die Komponenten, die sich durch eine Vertauschung der $\mathfrak{k}_i$ oder der $\mathfrak{k}'_j$ unterscheiden, nicht verschiedenen Zuständen, sondern demselben Quantenzustand des Systems entsprechen (sämtliche Elektronenpolaronen und sämtliche Lochpolaronen sind jeweils nicht unterscheidbar). Da die Anzahl der Permutationen der Wellenvektoren $\mathfrak{k}_i$ sowie der $\mathfrak{k}'_j$ gleich $N!$ ist, entsprechen jedem Quantenzustand des Systems $(N!)^2$ gleiche Summanden in der Summe (19.11). Um das richtige Ergebnis zu erhalten, hat man also diese Summe durch $(N!)^2$ zu dividieren.

Wir kommen nun zur Ausrechnung der Summe in Formel (19.11) und führen dazu folgende Bezeichnungen ein: die Zustandssumme der Ionenschwingungen ist

$$\sum_{\ldots,\, n_{\mathfrak{w}},\ldots} e^{-\frac{\overset{2N}{\sum\limits_{\mathfrak{w}}}'' \cdots\, \mathfrak{w}}{k\,T}} = \overset{2N}{\underset{\mathfrak{w}}{\Pi}}{}'' \cdots \frac{1}{1-e^{-\frac{\hbar\,\omega_{\mathfrak{w}}}{k\,T}}} \cong Z_{\mathrm{Ion}}(T)\left(1-e^{-\frac{\hbar\,\omega}{k\,T}}\right)^{6N}. \tag{19.12}$$

Hier ist Z_{Ion} die Zustandssumme der Ionenschwingungen des Kristalls in Abwesenheit von Ladungsträgern; sie hängt von der Temperatur, aber nicht von den Quantenzahlen des Systems ab. Die Zustandssumme der Excitonen bezeichnen wir mit

$$\sum_{\mathfrak{m}} e^{-\frac{W_m}{k\,T}} = Z_{\mathrm{Exc}}(T). \tag{19.13}$$

Ferner ist

$$\sum_{k_i} e^{-\frac{\hbar^2 k_i^2}{2\,M\,k\,T}} = \left(\frac{L}{2\pi}\right)^3 \int\limits_0^\infty e^{-\frac{\hbar^2 k_i^2}{2\,M\,k\,T}}\, 4\pi\, k_i^2\, d k_i = L^3 \left(\frac{M\,k\,T}{2\pi\,\hbar^2}\right)^{3/2}. \tag{19.14}$$

Unter Benutzung der Formeln (19.12) bis (19.14) können wir (19.11) folgendermaßen darstellen:

$$P(N) = \frac{A_1\, Z_{\mathrm{Ion}} \cdot Z_{\mathrm{Exc}}}{(N!)^2}\left[L^6\, g\, g' \left(\frac{\sqrt{M\,M'}\,k\,T}{2\pi\,\hbar^2}\right)^3 \left(1-e^{-\frac{\hbar\,\omega}{k\,T}}\right)^6 e^{-\frac{W}{k\,T}}\right]^N. \tag{19.15}$$

Zur Bestimmung der wahrscheinlichen Anzahl N der Ladungsträger haben wir das Maximum von $P(N)$ zu bestimmen (bequemer: das Maximum des Logarithmus dieser Funktion). $P(N)$ hat sein Maximum bei

$$N = L^3 \sqrt{g\,g'} \left(\frac{\sqrt{M\,M'}\,k\,T}{2\pi\,\hbar^2}\right)^{3/2} \left(1-e^{-\frac{\hbar\,\omega}{k\,T}}\right)^3 e^{-\frac{W}{2\,k\,T}}. \tag{19.16}$$

Diese Formel unterscheidet sich von der entsprechenden Formel der Bändertheorie erstens dadurch, daß hier die effektiven Massen der Elektronen- und der Lochpolaronen auftreten, während in der alten Theorie die effektiven Massen des Bandelektrons und des Bandloches vorkommen; jene können mehrmals größer sein als diese. Die Formel (19.16) kann sich also quantitativ wesentlich von der entsprechenden Formel der alten Theorie unterscheiden. Zweitens steht in der Formel (19.16) der Faktor $(1-e^{-\hbar\omega/kT})^3$, der in der alten Formel nicht vorkommt. Er kommt herein durch die Berücksichtigung der Verminderung der Anzahl Schwingungsfreiheitsgraden des Systems bei der Entstehung jedes Ladungsträgerpaares (siehe § 16).

Der Fall, daß sich im Kristall Verunreinigungen (Donatoren oder Akzeptoren) befinden und daß die Ladungsträger durch Ionisierung dieser Fremdatome entstehen, wird in Kapitel V behandelt werden.

§ 20. Die Beweglichkeit des Polarons

Wie im vorigen Paragraphen nachgewiesen wurde, liegt im Fall des thermischen Gleichgewichts eine MAXWELL-Verteilung der Gruppengeschwindigkeiten von Polaronen vor. Legt man ein kleines homogenes elektrisches Feld an den Kristall, so sind die mittlere Geschwindigkeit der Polaronen und die Dichte des elektrischen Stromes proportional zu diesem Feld:

$$\bar{\mathfrak{v}} = b\,\mathfrak{E}, \tag{20.1}$$

dabei ist $\bar{\mathfrak{v}}$ die mittlere Geschwindigkeit des Polarons, $\mathfrak{E}$ die Feldstärke des elektrischen Feldes. Der Proportionalitätsfaktor b wird als *Beweglichkeit* bezeichnet.

Bei Vorhandensein eines elektrischen Feldes in Richtung der x-Achse ergibt sich die Verteilungsfunktion $f(\mathfrak{v})$ für die Polaronengeschwindigkeiten[1]) aus der üblichen kinetischen Gleichung

$$\frac{\partial f}{\partial t} + \frac{e\,E}{M}\,\frac{\partial f}{\partial v_x} + (a - b)\,f = 0\,. \tag{20.2}$$

Das Glied $(a - b)f$ stellt die Änderung der Verteilungsfunktion pro Sekunde infolge der Streuung der Polaronen durch die Ionenschwingungen dar. Das Aussehen dieses Gliedes wird wesentlich vereinfacht, wenn man voraussetzt, daß bei einem „Stoß" eines Polarons seine kinetische Energie $\mathcal{E}$ sich verhältnismäßig wenig ändert, während die Bewegungsrichtung sich bedeutend ändern kann. In diesem Fall erhält man, falls man wie üblich annimmt:

$$\left.\begin{aligned} f &= f_0(\mathcal{E}) + f_1(\mathcal{E})\cos\beta\,; \\ f_1 &\ll f_0\,;\ \mathcal{E} = \frac{M\,v^2}{2} \end{aligned}\right\} \tag{20.3}$$

(β ist der Winkel zwischen $\mathfrak{v}$ und der x-Achse) das folgende bekannte Ergebnis: pro Zeiteinheit treten aus der Volumeneinheit des Geschwindigkeitsraumes infolge der Stöße

$$\begin{aligned} a\,f &= \int f(\mathfrak{v})\,W(\mathcal{E},\,\theta)\,d\Omega \\ &= f_0(\mathcal{E})\int W(\mathcal{E},\,\theta)\,d\Omega + f_1(\mathcal{E})\cos\beta\int W(\mathcal{E},\,\theta)\,d\Omega \end{aligned} \tag{20.4}$$

Polaronen aus. Hier ist $W(\mathcal{E},\,\theta)\,d\Omega$ die Wahrscheinlichkeit für die Streuung eines Polarons in das Raumwinkelelement $d\Omega$ unter einem Winkel θ gegen die ursprüngliche Bewegungsrichtung, bezogen auf die Zeiteinheit.

In dasselbe Volumenelement treten pro Zeiteinheit

$$b\,f = f_0(\mathcal{E})\int W(\mathcal{E},\,\theta)\,d\Omega' + f_1(\mathcal{E})\int W(\mathcal{E},\,\theta)\cos\beta'\,d\Omega'\,, \tag{20.5}$$

Polaronen ein, wobei die Winkel θ und β' in Abbildung 20.1 dargestellt sind:

$$\cos\beta' = \cos\theta\cos\beta + \sin\theta\sin\beta\cos\varphi\,. \tag{20.6}$$

[1]) $f(\mathfrak{v})dv_x\,dv_y\,dv_z$ ist proportional der Anzahl der Polaronen pro Volumeneinheit des Kristalls, deren Geschwindigkeitskomponenten in den entsprechenden differentiellen Intervallen liegen.

Das zweite Integral auf der rechten Seite der Formel (20.5) läßt sich vereinfachen, wenn man die Richtung von $\mathfrak{v}$ als Polarachse wählt und setzt

$$d\Omega = \sin\theta \, d\theta \, d\varphi \,. \tag{20.7}$$

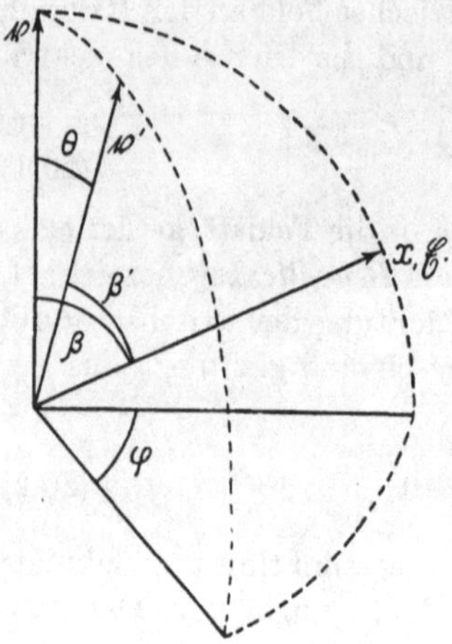

Abb. 20.1

Die Rechnung ergibt:

$$(a - b) f = f_1(\mathcal{E}) \cos\beta \times \times 2\pi \int_0^\pi W(\mathcal{E}, \theta)(1 - \cos\theta) \sin\theta \, d\theta \,. \tag{20.8}$$

Der traditionelle Ausdruck für das „Stoßglied", der schon in der klassischen Elektronentheorie der Leitfähigkeit auftritt, hat die Form

$$(a - b) f = \frac{v}{l} f_1(\mathcal{E}) \cos\beta \,, \tag{20.9}$$

dabei ist l die *„freie Weglänge"* des Ladungsträgers.

Der Vergleich der Formeln (20.8) und (20.9) führt zu folgender Definition der freien Weglänge $l(\mathcal{E})$:

$$\frac{v}{l(\mathcal{E})} = 2\pi \int_0^\pi W(\mathcal{E}, \theta)(1 - \cos\theta) \sin\theta \, d\theta \,. \tag{20.10}$$

Das Verhältnis

$$\tau = \frac{l(\mathcal{E})}{v} \tag{20.11}$$

bezeichnen wir als *„mittlere freie Flugdauer"*.

Die kinetische Gleichung (20.2) läßt sich durch sukzessive Näherungen lösen; die Lösung wird nach Potenzen des kleinen Parameters $\mathfrak{E}$ entwickelt. In nullter Näherung mit $\mathfrak{E} = 0$ besteht die Lösung der Gleichung (20.2) nur aus dem Glied $f_0(\mathcal{E})$, das nach § 19 die MAXWELLsche Geschwindigkeitsverteilung darstellt. Schaltet man das Feld $\mathfrak{E}$ ein, so tritt in der Verteilungsfunktion das Glied erster Ordnung $f_1(\mathcal{E}) \cos\beta$ auf.

Setzt man (20.3) in (20.2) ein und berücksichtigt, daß für die MAXWELLsche Verteilungsfunktion

$$\frac{\partial f_0}{\partial v_x} = \frac{\partial f_0}{\partial \mathcal{E}} M v \cos\beta \,, \tag{20.12}$$

gilt, so ergibt sich

$$f_1(\mathcal{E}) = - e E \, l(\mathcal{E}) \frac{\partial f_0}{\partial \mathcal{E}} \,. \tag{20.13}$$

Die mittlere Geschwindigkeit des Polarons beträgt

$$\begin{aligned} \overline{v}_x &= \frac{1}{N} \int v_x f(v) \, v^2 \, dv \, d\Omega = \frac{4\pi}{3N} \int_0^\infty f_1(\mathcal{E}) \, v^3 \, dv \\ &= - \frac{4\pi e E}{3N} \int_0^\infty l(\mathcal{E}) \frac{\partial f_0}{\partial \mathcal{E}} v^3 \, dv \,. \end{aligned} \tag{20.14}$$

Hier ist N die Konzentration der Polaronen im Kristall. Die Beweglichkeit wird also

$$b = \frac{\bar{v}_x}{E} = -\frac{4\pi e}{3N} \int_0^\infty l(\mathcal{E}) \frac{\partial f_0}{\partial \mathcal{E}} v^3 \, dv . \tag{20.15}$$

Hier ist die MAXWELLsche Verteilungsfunktion in der Form

$$f_0(\mathcal{E}) = N \left(\frac{M}{2\pi \mathrm{k} T}\right)^{3/2} e^{-\frac{\mathcal{E}}{\mathrm{k} T}} . \tag{20.16}$$

einzusetzen. Ist die Streuwahrscheinlichkeit ($W(\mathcal{E}, \theta)$ bekannt, so kann man nach Formel (20.10) $l(\mathcal{E})$ ausrechnen und dann nach (20.15) b bestimmen.

Als Beispiel betrachten wir den Fall, daß die Streuwahrscheinlichkeit weder vom Streuwinkel noch von der Energie des Polarons abhängt ($W(\mathcal{E}, \theta) = W = \mathrm{const}$). In diesem Fall ist nach den Formeln (20.10) und (20.11) τ ebenfalls konstant:

$$\tau = \frac{1}{4\pi W} \tag{20.17}$$

und

$$l = \tau v . \tag{20.18}$$

Setzen wir (20.16) und (20.18) in Formel (20.15) ein und integrieren, so erhalten wir

$$b = \frac{e}{M} \tau . \tag{20.19}$$

Dasselbe Ergebnis erhält man auch auf andere Weise, ohne Benutzung der kinetischen Gleichung und der Voraussetzung (20.3). Das Polaron bewegt sich während seiner freien Flugdauer fast geradlinig; bei einem Stoß mit einer Ionenschwingung ändert es sprunghaft seine Bewegungsrichtung. Seine Bahn wird also durch eine gebrochene Linie dargestellt. Wir verfolgen die Bewegung eines Polarons eine hinreichend lange Zeit hindurch, während der es n freie Weglängen durchmißt, ($n \gg 1$). Es seien t_i ($i = 1, 2, \ldots, n$) die Zeitpunkte, in denen das Polaron einen Stoß erfährt; die Dauer des i-ten freien Weges beträgt

$$\tau_i = t_i - t_{i-1} . \tag{20.20}$$

Ist $\mathfrak{v}_i$ die Geschwindigkeit des Polarons zu Beginn der i-ten freien Flugdauer, so ist die mittlere Geschwindigkeit

$$\begin{aligned} \bar{\mathfrak{v}} &= \frac{1}{t_n} \int_0^{t_n} \mathfrak{v}(t) \, dt = \frac{1}{t_n} \sum_{i=1}^n \int_{t_{i-1}}^{t_i} [\mathfrak{v}_i + \frac{e \mathfrak{E}}{M} (t - t_{i-1})] \, dt \\ &= \frac{1}{t_n} \sum_{i=1}^n \left[\mathfrak{v}_i \tau_i + \frac{e \mathfrak{E}}{M} \frac{\tau_i^2}{2} \right] . \end{aligned} \tag{20.21}$$

Falls die Streuwahrscheinlichkeit weder vom Streuwinkel noch von der Geschwindigkeit des Polarons abhängt, sind alle Richtungen von $\mathfrak{v}_i$ gleich wahrscheinlich; ferner besteht keinerlei Korrelation zwischen $\mathfrak{v}_i$ und τ_i. Dabei ist

$$\lim_{n\to\infty} \frac{1}{t_n} \sum_{i=1}^{n} \mathfrak{v}_i \tau_i = 0. \tag{20.22}$$

Führt man für die mittlere freie Flugdauer die Bezeichnung

$$\tau = \frac{1}{n} \sum_{i=1}^{n} \tau_i = \frac{t_n}{n} \tag{20.23}$$

und für das mittlere Quadrat der freien Flugdauer die Bezeichnung

$$\overline{\tau^2} = \frac{1}{n} \sum_{i=1}^{n} \tau_i^2 \tag{20.24}$$

ein, so kann man die Formel (20.21) folgendermaßen schreiben:

$$\bar{\mathfrak{v}} = \frac{e\,\mathfrak{E}}{M} \frac{\overline{\tau^2}}{2\,\bar{\tau}}. \tag{20.21 a}$$

Die Beweglichkeit des Polarons wird also

$$b = \frac{e}{M} \frac{\overline{\tau^2}}{2\,\tau}. \tag{20.25}$$

Die Wahrscheinlichkeit dafür, daß die freie Flugdauer zwischen t und $t + dt$ liegt, wird durch die bekannte Formel

$$W(t)\,dt = e^{-\frac{t}{\tau}} \frac{dt}{\tau} \tag{20.25 a}$$

gegeben. Auf Grund dieser Formel kann man leicht zeigen, daß

$$\overline{\tau^2} = 2\,\bar{\tau}^2, \quad \bar{\tau} = \tau \tag{20.26}$$

ist. Setzen wir dies in die Beziehung (20.25) ein, so erhalten wir

$$b = \frac{e}{M}\,\bar{\tau}, \tag{20.27}$$

was genau mit (20.19) übereinstimmt.

Die beiden angeführten Ableitungen der Formel für die Beweglichkeit stützen sich wesentlich auf die Vorstellung des freien Fluges des Polarons. Mit anderen Worten wird vorausgesetzt, daß die Stöße verhältnismäßig selten erfolgen und daß sich der Ladungsträger zwischen zwei Stößen konservativ im äußeren Feld bewegt. Nach der Unschärferelation der Quantenmechanik besitzt die Energie des Polarons bei einer freien Flugdauer τ eine Unbestimmtheit von der Größenordnung

$$\Delta \mathcal{E} \sim \frac{\hbar}{\tau}. \tag{20.28}$$

Den Begriff des freien Fluges und die Geschwindigkeitsverteilungsfunktion $f(\mathfrak{v})$ kann man nur dann anwenden, wenn $\Delta\mathcal{E}$ bedeutend kleiner ist als die mittlere kinetische Energie des Polarons ($3/2\,\mathrm{k}\,T$):

$$\frac{\hbar}{\tau} \ll \mathrm{k}\,T. \tag{20.29}$$

Diese Bedingung muß erfüllt sein, damit die Behandlung der Streuung mit Hilfe der Störungsrechnung in den Paragraphen 17 und 18 gerechtfertigt ist. Drückt man τ nach (20.19) durch b aus und setzt dies in die Bedingung (20.29) ein, so nimmt diese folgende Form an:

$$\frac{e\hbar}{M b} \ll \mathrm{k}\, T. \qquad (20.30)$$

Alle oben gewonnenen Formeln dieses Paragraphen lassen sich sowohl in der alten Bändertheorie der elektrischen Leitfähigkeit als auch in der Polaronentheorie verwenden. Ein Unterschied besteht nur darin, daß man in der alten Theorie in der Masse M des Ladungsträgers die effektive Masse μ des Elektrons zu verstehen hat, die größenordnungsmäßig gleich der Masse μ des freien Elektrons ist. In der Polaronentheorie dagegen bedeutet M die effektive Masse des Polarons, die durch Formel (10.35) gegeben wird und bedeutend (manchmal mehrere hundert Mal) größer sein kann als die Masse des freien Elektrons. Für einen gegebenen Wert der Beweglichkeit ist also in der Polaronentheorie die Ungleichung (20.30) wesentlich besser erfüllt als in der alten Theorie.

Es zeigt sich, daß diese Ungleichung durchaus nicht immer erfüllt ist. Hat man beispielsweise eine Beweglichkeit $b = 50\ \mathrm{cm^2/sec \cdot Volt}$ (Beweglichkeiten dieser Größenordnung lassen sich experimentell bei vielen Halbleitern mit Ionengitter feststellen), und setzt man die Masse des Ladungsträgers $M = m$, so ergibt die linke Seite der Ungleichung (20.30) 0,023 eV, während $\mathrm{k}\, T$ bei Zimmertemperatur gleich 0,025 eV ist. Bei hinreichend tiefen Temperaturen ist die Ungleichung (20.30) stets erfüllt, da die Beweglichkeit bei Abkühlung des Kristalls nach dem Gesetz

$$b = b_0 \left(e^{\frac{\hbar\omega}{\mathrm{k}\, T}} - 1\right) \qquad (20.31)$$

schnell zunimmt. Die Begründung dieses Gesetzes soll später folgen.

Wir wenden uns nun wieder der Berechnung der Beweglichkeit des Polarons zu. Bei gleichzeitiger Berücksichtigung der einquantigen und der zweiquantigen Streuung des Polarons durch die optischen Schwingungen sowie der Streuung durch die akustischen Schwingungen kommt man zu einem zu komplizierten Ausdruck für die Beweglichkeit. Wir behandeln deshalb die drei aufgezählten Streumechanismen einzeln, in der Hoffnung, daß in der Mehrzahl der Fälle einer von ihnen dominieren wird und die anderen beiden vernachlässigt werden können.

a) Berücksichtigung der einquantigen Streuung durch die optischen Schwingungen.

1. Tiefe Temperaturen [22] mit der Bedingung

$$\mathrm{k}\, T \ll \hbar\,\omega. \qquad (20.32)$$

In diesem Fall gelten für die überwiegende Mehrzahl der Polaronen die Ungleichung (17.21) und die Formel (17.22). Die Streuwahrscheinlichkeit hängt weder vom Streuwinkel noch von der Energie des Polarons ab.

Oben haben wir bei der Lösung der kinetischen Gleichung vorausgesetzt, daß sich bei einem „Stoß“ die Energie des Polarons nur unbedeutend ändert. Im Fall (20.32) jedoch hat sich nach Absorption eines Schwingungsquants $\hbar\omega$ die kinetische Energie des Polarons auf das Mehrfache erhöht. Diese Schwierigkeit kann man überwinden, wenn man unter einem kinetischen „Stoß“ einen doppelten Übergang versteht: die erwähnte Absorption des Schwingungsquants und die sich unmittelbar anschließende Emission eines Quants $\hbar\omega$, wodurch die kinetische Energie des Polarons fast wieder auf den Ausgangswert gelangt (abgesehen von der Dispersion der Polarisationswellen, unter deren Berücksichtigung die Energien des absorbierten und des emittierten Quants etwas verschieden werden). Man hat dabei zu beachten, daß nach Formel (17.18) die Wahrscheinlichkeit für die Absorption eines Quants proportional $\overline{n}$ und die Wahrscheinlichkeit für die Emission eines Quants proportional $(\overline{n}+1)$ ist. Da nach (20.32) $\overline{n} \ll 1$ gilt, ist die zweite Wahrscheinlichkeit sehr viel größer als die erste. Man kann deshalb die verhältnismäßig kurze Zeit vernachlässigen, während der das Polaron die höhere Energie hat, und annehmen, daß es sofort ein Quant emittiert und zur Ausgangsenergie zurückkehrt. Die Wahrscheinlichkeit für einen solchen „Doppelstoß“ reduziert sich auf die Wahrscheinlichkeit des weniger wahrscheinlichen der beiden Übergänge, d.h. auf die Wahrscheinlichkeit der Absorption des Quants. Da der erste der beiden Übergänge zu einer isotropen Streuung des Polarons führt, kann man auch den gesamten „Doppelstoß“ als isotrope Streuung des Polarons auffassen (die Streuwahrscheinlichkeit ist für alle Richtungen gleich).

In diesem Fall wird die Beweglichkeit durch Formel (20.19) gegeben. Die mittlere freie Flugdauer beträgt

$$\tau = \frac{1}{4\pi W'_{\mathfrak{k}\mathfrak{k}'}}, \tag{20.33}$$

wobei $W'_{\mathfrak{k}\mathfrak{k}'}$ durch die Formeln (17.22) und (17.24) gegeben wird. Man erhält damit für die Beweglichkeit des Polarons

$$b' = b'_0\left(e^{\frac{\hbar\omega}{\mathrm{k}T}} - 1\right) \tag{20.34}$$

mit

$$b'_0 = \frac{\hbar^{3/2}}{M^{3/2}\, c\, e\sqrt{2\omega}}\,\frac{(1+x)^8}{\left(1+\frac{1}{7}x\right)^2},\quad x = 0{,}0116\,\frac{\mu e^4 c^2}{\hbar^3\omega}. \tag{20.35}$$

Setzt man hier den Wert M aus Formel (10.35) ein, so erhält man

$$b'_0 = 5{,}8\cdot 10^{-38}\,\frac{\omega^{5/2}(1+x)^8}{\left(\frac{\mu}{m}\right)^{9/2} c^7\left(1+\frac{1}{7}x\right)^2}\quad [\mathrm{CGSE}]. \tag{20.36}$$

ω ist hier in $\sec^{-1}$ ausgedrückt.

2. Hohe Temperaturen, bei denen die Ungleichung

$$\mathrm{k}T \gg \hbar\omega \tag{20.37}$$

erfüllt ist.

In diesem Fall gelten für die überwiegende Mehrzahl der Polaronen die Ungleichung (17.25) und die Formeln (17.29) und (17.27). Bei hohen Temperaturen ist $\bar{n} \cong kT/\hbar\omega \gg 1$. Nach Formel (17.29) sind also die Wahrscheinlichkeiten für eine Streuung unter dem Winkel θ bei Absorption bzw. Emission eines Quants $\hbar\omega$ ungefähr gleich. Die Gesamtwahrscheinlichkeit für die Streuung eines Polarons mit der kinetischen Energie $\mathcal{E}$ in den Winkel θ beträgt

$$W'(\mathcal{E}, \theta)\, 2\pi \sin\theta\, d\theta = 43{,}1\, \frac{\alpha_3 \omega}{k}\, \frac{\left(1 + \frac{1}{7} x\right)^2 x\, dx}{(1+x)^8} \cdot 2\bar{n}. \tag{20.38}$$

Die Berechnung der freien Weglänge nach den Formeln (20.10), (20.38) und (17.27) liefert

$$\frac{1}{l} = 172{,}4\, \frac{\alpha_3^3 \omega \bar{n}}{v k^3} \int\limits_0^{k^2/\alpha_3^2} \frac{\left(1 + \frac{1}{7} x\right)^2 x^2\, dx}{(1+x)^8}. \tag{20.39}$$

Wir setzen voraus, daß bei hohen Temperaturen bei der Mehrzahl der Polaronen k^2/α_3^2 von der Größenordnung Eins oder größer sei. Dann kann man in Formel (20.39) die obere Integrationsgrenze nach Unendlich verlegen, und es wird

$$\int\limits_0^\infty \frac{\left(1 + \frac{1}{7} x\right)^2 x^2\, dx}{(1+x)^8} = 0{,}01174. \tag{20.40}$$

Drückt man v und k durch die kinetische Energie des Polarons $\mathcal{E}$ aus und beachtet die Beziehungen (10.35) und (20.40), so kann man die Formel (20.39) folgendermaßen umformen:

$$l(\mathcal{E}) = 0{,}0916\, \frac{e^2 c}{kT} \left(\frac{\mathcal{E}}{\hbar\omega}\right)^2. \tag{20.41}$$

Die Beweglichkeit bestimmt sich aus Formel (20.15), in die man die Ausdrücke (20.41) und (20.16) einzusetzen hat. Die Rechnung liefert

$$b' = 0{,}733\, \frac{e^3 c}{(\hbar\omega)^2} \sqrt{\frac{kT}{2\pi M}}.\text{[1]} \tag{20.42}$$

b) Berücksichtigung der zweiquantigen Streuung durch die optischen Schwingungen.

Wir behandeln eine Streuung unter Emission und Absorption je eines Schwingungsquants. In diesem Fall bleibt die kinetische Energie des Polarons bei der Streuung fast unverändert, wie bei der Lösung der kinetischen Gleichung auch verlangt wurde. Die Streuwahrscheinlichkeit wird durch die Formeln (17.33) bis (17.35) gegeben. Die Änderung des Ausbreitungsvektors hängt mit dem Streuwinkel folgendermaßen zusammen:

$$1 - \cos\theta = \frac{(\mathfrak{k}' - \mathfrak{k})^2}{2\mathfrak{k}^2} = \frac{2\alpha_3^2 a^2}{\mathfrak{k}^2}, \tag{20.43}$$

$$\sin\theta\, d\theta = \frac{4\alpha_3^2}{\mathfrak{k}^2}\, a\, da. \tag{20.44}$$

[1]) Diese Formel ist verschieden von der falschen, in der Arbeit [22] veröffentlichten Formel.

Nach Formel (20.10) beträgt in diesem Fall die freie Weglänge des Polarons

$$\frac{1}{l(\mathcal{E})} = 47 \left(\frac{\hbar\,\omega}{\mathcal{E}}\right)^2 \alpha_3 (\bar{n}+1)\,\bar{n} \int\limits_0^{\frac{k}{\alpha_3}} I(a)\, a^3\, da\,. \tag{20.45}$$

$I(a)$ hat ein Maximum bei $a = 0$ und geht schnell gegen Null, wenn a größer als $\frac{1}{2}$ wird. Bei

$$\frac{k}{\alpha_3} > \frac{1}{2} \tag{20.46}$$

kann man also die obere Integrationsgrenze in Formel (20.45) nach Unendlich verlegen. Es ergibt sich dann

$$\int\limits_0^{\infty} I(a)\, a^3\, da \cong 0{,}00118 \tag{20.47}$$

und

$$l(\mathcal{E}) = \left(\frac{\mathcal{E}}{\hbar\,\omega}\right)^2 \frac{18}{\alpha_3 (\bar{n}+1)\,\bar{n}}\,. \tag{20.48}$$

Die Berechnung der Beweglichkeit nach den Formeln (20.15) und (20.16) und nach Einsetzen des Ausdrucks (6.17) für α_3 liefert

$$b'' = \frac{288 (\mathrm{k}\,T)^{3/2}}{(2\pi\, M)^{1/2}\, \omega^2\, \mu\, e\, c\, (\bar{n}+1)\,\bar{n}}\,. \tag{20.49}$$

Die Beweglichkeiten, die sich bei Berücksichtigung der einquantigen und der zweiquantigen Streuung ergeben, bezeichnen wir mit b' bzw. b''.

1. Fall tiefer Temperaturen:

$$\mathrm{k}\,T \ll \hbar\,\omega. \tag{20.50}$$

Ist diese Bedingung erfüllt, so erhalten wir durch Einsetzen des Planckschen Ausdrucks für $\bar{n}$ in (20.49)

$$\frac{1}{(\bar{n}+1)\,\bar{n}} = e^{\frac{\hbar\,\omega}{\mathrm{k}\,T}} - 2 + \cdots \tag{20.51}$$

und

$$b'' = \frac{288 (\mathrm{k}\,T)^{3/2} (e^{\frac{\hbar\,\omega}{\mathrm{k}\,T}} - 2 + \cdots)}{(2\pi\, M)^{1/2}\, \omega^2\, \mu\, e\, c} \tag{20.52}$$

Dabei ist zu beachten, daß bei ganz tiefen Temperaturen für die Mehrzahl der Polaronen die Ungleichung (20.46) verletzt sein kann. In diesem Fall führt die Verlegung der oberen Integrationsgrenze in Formel (20.45) nach Unendlich zu einem zu geringen Wert für die freie Weglänge, so daß Formel (20.52) eine zu geringe Beweglichkeit liefert. Im Fall tiefer Temperaturen ist jedoch die Beweglichkeit b'', die sich durch Berücksichtigung der zweiquantigen Streuung ergibt, bedeutend größer als die Beweglichkeit b', die man durch Berücksichtigung der einquantigen Streuung erhält. Die zweiquantige Streuung spielt also bei der Bremsung der Polaronen nur eine untergeordnete Rolle. Deren Beweglichkeit wird durch die einquantige Streuung bestimmt und durch die Formeln (20.34) und (20.36) gegeben.

Oben wurde nur eine zweiquantige Streuung behandelt, bei der ein Ionenschwingungsquant absorbiert und ein anderes erzeugt wird. Daneben ist auch eine andere Form der zweiquantigen Streuung der Polaronen möglich, bei der beide Schwingungsquanten absorbiert werden. Durch einen Vergleich der Formeln (17.33) und (17.37) sieht man, daß die Streuung dieses zweiten Typs weitaus unwahrscheinlicher ist als die des ersten. In der Tat ist im ersten Fall die Wahrscheinlichkeit proportional $\bar{n}(\bar{n}+1)$, im zweiten Fall proportional $\bar{n}^2$; bei tiefen Temperaturen ist $\bar{n}(\bar{n}+1) \gg \bar{n}^2$. Außerdem sind die Änderung des Ausbreitungsvektors $|\mathfrak{k}' - \mathfrak{k}|$ und die Größe a im zweiten Fall größer als im ersten, so daß $I(a)$ umgekehrt im zweiten Fall bedeutend kleiner ist. Eine zusätzliche Berücksichtigung des zweiten Typs der Streuung ändert also den Wert von b'' praktisch nicht.

Die zweiquantige Streuung mit Erzeugung zweier Ionenschwingungsquanten ist nur bei Polaronen mit einer kinetischen Energie möglich, die größer ist als $2\hbar\omega$. Bei tiefen Temperaturen gibt es im Kristall fast keine so schnellen Polaronen. Diese Streuungsform spielt also bei der elektrischen Leitung keine wesentliche Rolle.

2. Fall hoher Temperaturen:

$$\mathrm{k}\, T \gg \hbar\, \omega . \tag{20.53}$$

Hierbei ist

$$\bar{n} \cong \frac{\mathrm{k}\, T}{\hbar\, \omega} \gg 1, \tag{20.54}$$

und man kann Formel (20.49) folgendermaßen schreiben:

$$b'' = \frac{288\, \hbar^2}{\mu\, e\, c\, (2\pi\, M\, k\, T)^{1/2}} . \tag{20.55}$$

Zur Klärung der Rolle des zweiquantigen Prozesses in der Bremsung des Polarons benutzt man zweckmäßigerweise die Formel

$$\frac{b'}{b''} = 0{,}00255 \left(\frac{\mathrm{k}\, T}{\hbar\, \omega}\right) \cdot \frac{\mu\, e^4\, c^2}{\hbar^3\, \omega} . \tag{20.56}$$

Diese Formel zeigt, daß bei hohen Temperaturen Fälle möglich sind, in denen b'/b'' größer als Eins ist, d. h. in denen die zweiquantigen Prozesse bei der Bremsung der Polaronen die Hauptrolle spielen. Das kann bei Kristallen vorkommen, für welche die Ungleichung, die der adiabatischen Näherung zugrunde liegt, gut erfüllt ist (falls man irreal hohe Temperaturen ausschließt). In solchen Kristallen spielt jedoch, wie eine nähere Untersuchung zeigt, die Streuung unter Erzeugung oder Absorption zweier Schwingungsquanten selbst bei hohen Temperaturen eine verhältnismäßig geringe Rolle.

Wir müssen darauf hinweisen, daß die Ergebnisse der Theorie nur bei nicht allzu hohen Temperaturen gültig sind, d. h. bei Temperaturen, für welche die Voraussetzung zutrifft, daß der Polarisationspotentialtopf des Polarons nur sehr wenig von seiner Gleichgewichtsform $V_0(\mathfrak{r}-\mathfrak{r}')$ abweicht (§ 16). Dies gilt, solange der Ausdruck unter der Wurzel auf der rechten Seite der Formel (16.43) bedeutend kleiner als Eins ist. Um ùns die Größe der oben gewonnenen Beweglichkeiten und ihr Verhältnis besser vorstellen zu können, betrachten wir ein Zahlenbeispiel, in dem wir den Parametern des Kristalls typische Mittelwerte beilegen (siehe Tab. 20.1).

Tabelle 20.1

$\varepsilon = 5,\ n = 1{,}85,\ \mu = m,\ \omega = 5 \cdot 10^{13}$ [sec^{-1}]
($\hbar\omega = 0{,}033$ [eV]), $c = 0{,}2$

	Tiefe Temperaturen $kT = \frac{1}{3}\hbar\omega$	Hohe Temperaturen $kT = 3\hbar\omega$
b' [abs. Einh.]	$1{,}9 \cdot 10^4$	$1{,}2 \cdot 10^4$
b'' [abs. Einh.]	$32 \cdot 10^4$	$4{,}8 \cdot 10^4$
b' [cm^2/V·sec]	63	40
b'' [cm^2/V·sec]	1070	160

Aus dieser Tabelle geht hervor, daß in dem betrachteten Beispiel sowohl bei hohen als auch bei tiefen Temperaturen $b' < b''$ ist. Das bedeutet, daß die Polaronenbeweglichkeit hauptsächlich durch die einquantige Streuung bestimmt wird. Bei hohen Temperaturen haben jedoch b' und b'' schon die gleiche Größenordnung.

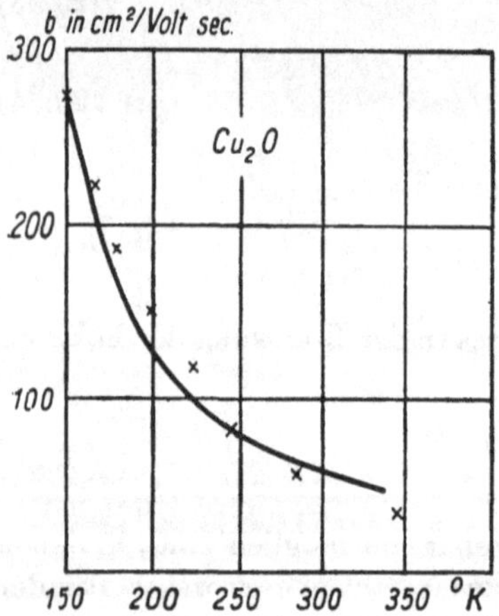

Abb. 20.2: Kurve $b = 27 \cdot (e^{363/T} - 1)$.
×: experimentelle Ergebnisse von ENGELHARD [54].

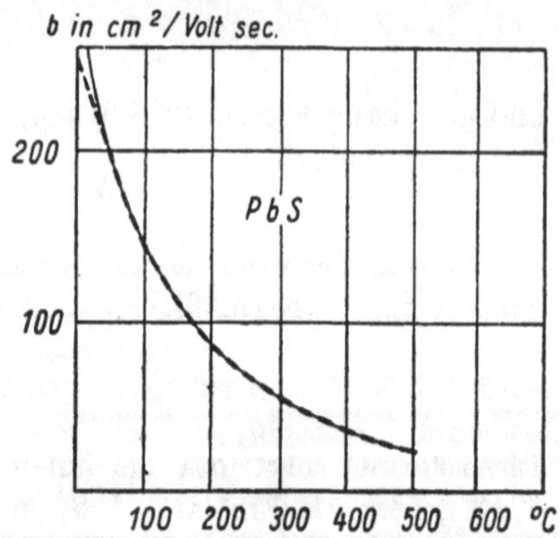

Abb. 20.3: Die Kurve $b = 14{,}7 \cdot (e^{865/T} - 1)$. Gestrichelt dargestellt die experimentelle Kurve von DUNAJEW und MASLAKOWEZ [65].

Die in der Tabelle angegebenen Zahlenwerte für die Polaronenbeweglichkeit stimmen größenordnungsmäßig mit den Beweglichkeiten der Ladungsträger in Halbleitern überein, die experimentell aus der elektrischen Leitfähigkeit und der HALL-Konstante bestimmt wurden. Die Temperaturabhängigkeit der Beweglichkeit wird bei tiefen Temperaturen durch Formel (20.34) gegeben, die offenbar im Einklang mit dem Experiment steht: in den Abbildungen 20.2 und 20.3 entsprechen die ausgezogenen Kurven der Formel (20.34), die Kreuze den experimentellen Daten von ENGELHARD für Cu_2O [54] und die punktierte Kurve den Angaben von DUNAJEW und MASLAKOWEZ für PbS [65]. An Hand der Temperaturabhängigkeit der Beweglichkeit wurden die Frequenzen ω bestimmt. Bei Cu_2O ergab sich $\hbar\omega = 0{,}031$ eV, bei PbS ist $\hbar\omega = 0{,}074$ eV.

Ein genauer zahlenmäßiger Vergleich der Koeffizienten b_0' mit den experimentellen Daten ist leider wegen unserer ungenauen Kenntnis der Parameter c und μ im Cu_2O- und PbS-Kristall unmöglich. Die Formel (20.36) zeigt, daß der Koeffizient b_0' selbst gegen geringe Änderungen von c und μ äußerst empfindlich ist. Ferner zeigen die oben angegebenen Werte für $\hbar\omega$, daß in dem Temperaturgebiet, das in den Abbildungen 20.2 und 20.3 dargestellt ist, die Ungleichung (20.32) nur schlecht erfüllt ist. Man hat auch zu beachten, daß die experimentellen Werte für die Beweglichkeiten für verschiedene Halbleiterproben eine sehr große Streuung aufweisen [54]. Man muß sich also mit der größenordnungsmäßigen Übereinstimmung von Berechnung und Messung der Beweglichkeiten zufriedengeben[1]).

Bei den Alkalihalogenidkristallen sind die Parameter der Theorie sehr viel genauer bekannt (siehe die Paragraphen 30 und 31). Die Berechnung der Beweglichkeit nach den Formeln (20.34) und (20.36) etwa für NaCl bei Zimmertemperatur führt zu einem Wert $b' = 2{,}67$ cm²/Volt · sec. Diese Beweglichkeit ist größer als diejenige, die auf der in § 11 behandelten Bremsung des Polarons beruht [siehe Formel (11.17)]. Im NaCl spielt also die einquantige Streuung eine geringere Rolle als die oben erwähnte Bremsung.

Leider gibt es für die Alkalihalogenidkristalle keine experimentellen Daten über die Beweglichkeit der Ladungsträger, da es nicht gelang, die HALL-Konstante zu messen. Versuche zur Messung des HALL-Effekts in gefärbten photoleitenden Alkalihalogenidkristallen wurden von TARTAKOWSKI [33] und von EVANS [20] unternommen; sie blieben jedoch wegen der außerordentlichen Kleinheit des Effekts ergebnislos. EVANS konnte nur eine obere Grenze für das Verhältnis des transversalen (HALL-) Feldes zum longitudinalen angeben. Man kann hieraus die obere Grenze für die Beweglichkeit der Ladungsträger ermitteln; für NaCl beträgt sie 8,3 cm²/Volt · sec. Die berechneten Werte für die Beweglichkeit widersprechen also den Experimenten von EVANS nicht. NaCl ist ein Kristall, in dem der Radius des Polarons außerordentlich klein ist, wie aus der Tabelle 7.1 hervorgeht. Die in § 11 behandelte Bremsung des Polarons ist nach Formel (11.15)

[1]) Die Formeln für die Beweglichkeit wurden unter der Voraussetzung abgeleitet, daß die Elementarzelle des Kristalls nur aus zwei Ionen besteht und daß die longitudinalen Polarisationsschwingungen durch nur eine einheitliche Grenzfrequenz ω gekennzeichnet werden. Im Cu_2O-Kristall ist das nicht der Fall. Die Formeln für die Beweglichkeit können für diesen Fall also keinen Anspruch auf besondere Genauigkeit erheben. Die Übereinstimmung der beobachteten Temperaturabhängigkeit der Beweglichkeit mit der Formel (20.34) kann darauf zurückzuführen sein, daß einer der Äste der longitudinalen Polarisationsschwingungen der Polaronen sehr viel intensiver streut als der andere, oder auch darauf, daß die Grenzfrequenzen beider Äste einander sehr nahe liegen.

umgekehrt proportional zur dritten Potenz des Polaronenradius; im NaCl ist somit diese Bremsung besonders groß und kann sogar bei Zimmertemperatur mit der thermischen Streuung des Polarons konkurrieren. Bei den meisten Kristallen ist jedoch diese Bremsung geringer als beim NaCl. In diesen Kristallen wird die Beweglichkeit bei Zimmertemperatur durch die Streuung der Polaronen an thermischen Polarisationsschwingungen der Ionen bestimmt. Mit sinkender Temperatur geht jedoch die Wahrscheinlichkeit für alle Arten thermischer Streuung der Polaronen exponentiell gegen Null. Bei hinreichend tiefen Temperaturen herrscht also die Bremsung der Polaronen vor, die in § 11 behandelt wurde; sie behält sogar beim absoluten Nullpunkt einen endlichen Wert. Wir werden sie zweckmäßigerweise als R e s t w i d e r s t a n d bezeichnen.

Wir wenden uns nun wieder der Frage nach den wichtigsten Ladungsträgern in einem Ionenkristall mit Elektronenleitung zu. In § 8 wurde gezeigt, daß die Bandzustände im Sinne der alten Theorie, in denen die ψ-Funktion des Elektrons eine ungedämpfte ebene modulierte Welle darstellt, während die Ionen um ihre durch keine Polarisation verschobenen Gleichgewichtslagen (die Gitterpunkte) schwingen, keine stabilen energetisch begünstigten Zustände des Systems sind. Näherungsweise sind diese Zustände verwirklicht, wenn schnelle Elektronen in den Kristall eindringen, die keine Zeit haben, die Ionen zu polarisieren. Die Bandzustände sind deshalb etwa bei der Behandlung der Streuung schneller Elektronen in einem Kristall sowie auch bei der Behandlung des äußeren Photoeffekts und der Sekundärelektronenemission aus Halbleitern von Bedeutung, also in Problemen, bei denen uns das Schicksal schneller Elektronen interessiert, die imstande sind, die Energie für den Austritt aus dem Halbleiter ins Vakuum aufzubringen.

Im Fall des thermischen Gleichgewichts befindet sich, wie in § 11 gezeigt wurde, die überwiegende Mehrzahl der Leitungselektronen im Polaronenzustand. Die oben erwähnten Bandzustände können nur äußerst selten durch thermische Schwankungen entstehen. Die Bandelektronen könnten also nur eine Rolle bei der elektrischen Leitung spielen, wenn ihre Beweglichkeit um viele Größenordnungen größer wäre als die der Polaronen. In diesem Paragraphen wurde jedoch gezeigt, daß die Beweglichkeit der Polaronen größenordnungsmäßig mit den experimentell gemessenen Beweglichkeiten der Ladungsträger in den Kristallen übereinstimmt. Die Annahme, daß die Bandelektronen eine um viele Größenordnungen höhere Beweglichkeit besitzen, würde bedeuten, daß auch sie erfolgreich am Stromtransport beteiligt sind. Die Voraussetzung dagegen, daß Bandelektronen und Polaronen größenordnungsmäßig gleiche Beweglichkeiten haben, führt zu dem Schluß, daß infolge ihrer weitaus höheren Konzentration die Polaronen die wichtigsten Ladungsträger sind.

KAPITEL IV

Theorie der F-Zentren und der F'-Zentren mit klassischer Behandlung der Ionenbewegung

§ 21. Die Kristallverfärbung

Die Kristallverfärbung wurde zuerst und am eingehendsten an Alkalihalogeniden untersucht. Die Photoleitfähigkeit von verfärbtem Steinsalz wurde zuerst von Joffé und Röntgen [30] beobachtet.

Ein ausführlicher Überblick über sämtliche experimentellen Tatsachen, die in vielen Jahren angehäuft wurden, könnte allein ein großes Buch füllen und überschreitet selbstverständlich den Rahmen dieser Monographie. Der Leser findet eine solche Zusammenfassung in der einschlägigen Literatur [55, 33, 34, 35, 31]. Viele dieser Tatsachen werden nach Maßgabe ihrer theoretischen Klärung weiter unten behandelt. In diesem Paragraphen wollen wir nur die zum Verständnis des Folgenden notwendigen Mindestkenntnisse vermitteln.

Die Erscheinung der Kristallverfärbung besteht in folgendem: Werden in das Leitfähigkeitsband eines erhitzten Alkalihalogenidkristalls auf irgendeine Weise Elektronen eingeführt, so tritt im Kristall eine neue Absorptionsbande in dem Spektralgebiet auf, in dem der Kristall vorher durchsichtig war. Der Kristall verfärbt sich also. Bei einer darauffolgenden Abkühlung bleibt die neue Absorptionsbande und damit die Verfärbung lange Zeit erhalten (u. U. jahrelang). Die Methoden zur Verfärbung von Kristallen lassen sich in zwei Gruppen einteilen:

A. Die Elektronen werden durch Bestrahlung des Kristalls mit UV- oder Röntgenlicht, α-, β- oder γ-Strahlung in das Leitfähigkeitsband gebracht.

B. Die Elektronen werden von außen in den Kristall eingeführt. Man erreicht dies etwa, indem man den Kristall zwischen metallische Elektroden bringt und einen Strom hindurchschickt; dabei treten die Elektronen von der spitz ausgezogenen Kathode in den Kristall ein. Eine andere Art der Einführung von Elektronen in den Kristall besteht in der Erhitzung des Kristalls in Alkalimetalldämpfen (das Metall braucht nicht das gleiche zu sein, welches das Kation des Kristalls bildet); dabei werden die Atome des Alkalidampfes vom Kristall absorbiert und ionisiert, geben also Elektronen ab, die in das Leitfähigkeitsband eintreten.

Die Konzentration der in den Kristall eingeführten Elektronen kann bis zu $10^{18} \cdots 10^{20}$ cm^{-3} gesteigert werden. Die Einführung von Elektronen ist unmöglich ohne Neutralisierung der dabei entstehenden Raumladung (andernfalls würde ein sehr großes elektrisches Feld auftreten, das imstande wäre, den Kristall zu zerreißen, und das selbstverständlich die weitere Einführung von

Elektronen verhindern würde). Die Neutralisierung der Raumladung ist möglich, da der Kristall erhitzt ist und eine elektrolytische Leitfähigkeit besitzt: Nach Maßgabe des Eintritts von Elektronen in irgendein Volumelement des Kristalls wandern die negativen Halogenionen aus diesem ab. Die chemische Analyse der verfärbten Kristalle ergibt tatsächlich einen Alkaliüberschuß in ihnen.

Die Erhitzung des Kristalls ist jedoch nicht nur zur Neutralisierung der Raumladung notwendig. Dies geht daraus hervor, daß die Erhitzung auch bei den Verfärbungsmethoden der Gruppe A notwendig ist, beispielsweise bei der Bestrahlung mit Röntgenlicht, durch welche die Neutralität des Kristalls gar nicht gestört wird. Das Experiment zeigt, daß bei sämtlichen Methoden die Verfärbungsgeschwindigkeit und die maximal erreichte „Intensität der Farbe" exponentiell mit der Temperatur zunehmen (proportional $e^{-a/T}$ sind). Die Erklärung für diese Tatsache wird im folgenden Paragraphen gegeben.

Verfärbte Kristalle sind bei tiefen Temperaturen Isolatoren. Das spricht dafür, daß die in den Kristall eingeführten Elektronen sich in lokalisierten Energietermen festgesetzt haben, die unterhalb des Bandes der Polaronenleitfähigkeit liegen. Bei Erhitzung geht der Kristall in einen gewöhnlichen Halbleiter vom Donatortyp über: ein Teil der in den lokalisierten Termen sitzenden Elektronen gelangen infolge thermischer Anregung in das Leitfähigkeitsband. Dabei tritt eine elektrische Leitfähigkeit auf, die mit der Temperatur exponentiell anwächst (proportional $e^{-W/2kT}$). Die Messung der entsprechenden thermischen Dissoziationsenergie W zeigt, daß die lokalisierten Terme in den verfärbten Alkalihalogenidkristallen ungefähr ein bis zwei eV unter dem unteren Rande des Leitfähigkeitsbandes liegen.

Die Verfärbung des Kristalls und die neue Absorptionsbande beruhen offenbar auf dem Vorhandensein von Elektronen in den oben erwähnten lokalisierten Zuständen. Diese Zustände werden als *F-Zentren* bezeichnet. Das Absorptionsspektrum der F-Zentren wird durch eine Glockenkurve dargestellt, wie sie in Abb. 21.1 für $T = 20°$ C wiedergegeben ist. Die Absorption in der F-Bande verursacht eine Photoleitfähigkeit des Kristalls. Bei den verschiedenen Methoden der Verfärbung des Kristalls entstehen F-Zentren mit im wesentlichen gleichen Eigenschaften.

Ist der Kristall mit Hilfe einer der Methoden der Gruppe A verfärbt worden, d. h., sind die Elektronen durch Bestrahlung des Kristalls in das Leitfähigkeitsband gehoben worden, so bilden sich dabei im Valenzband Löcher, sog. Defektelektronen. Ein derartiger Kristall verliert allmählich seine F-Zentren-Absorption, er „leuchtet aus", nach Maßgabe der Rekombination der angeregten Elektronen mit den Löchern (ihrer Rückkehr in den Grundzustand). Man kann dieses Ausleuchten wesentlich beschleunigen, indem man den Kristall erwärmt oder beleuchtet, denn hierbei werden Übergänge der Elektronen aus den F-Zentren ins Leitfähigkeitsband angeregt; im Band sind sie imstande, sich frei durch den Kristall zu bewegen, und erhalten so die Möglichkeit zur Rekombination.

Wurde der Kristall mit einer der Methoden von Gruppe B verfärbt, d. h., wurden die Elektronen von außen in den Kristall eingeführt, so sind keine Löcher vorhanden, und eine Rekombination ist unmöglich. In diesem Fall ist die Verfärbung (F-Zentren) bedeutend stabiler. Um ein Ausleuchten zu ermöglichen, hat man Elektronen aus dem Kristall zu entfernen. Zu diesem Zweck muß der Überschuß an Alkaliionen aus dem Kristall entfernt werden, der die Raumladung kompensiert. Das Experiment lehrt, daß bei Erhitzung eines mit Hilfe der Methode B verfärbten Kristalls im Vakuum der Kristall ausleuchtet und daß sich gleichzeitig auf den Wänden des Vakuumgefäßes das Alkalimetall niederschlägt, das aus dem Kristall herausgedampft ist. Eine andere Methode des Ausleuchtens besteht darin, daß man durch eine entsprechende thermische Behandlung den Alkaliüberschuß zwingt, zu einem Kolloid zu koagulieren; die Elektronen verlassen die F-Zentren und vereinigen sich mit den überschüssigen Alkaliionen, wobei neutrale Kolloidatome entstehen. Die F-Absorptionsbande verschwindet dabei, und die Färbung des Kristalls ändert sich: es entsteht eine Kolloidfärbung, die uns im folgenden nicht interessieren wird.

§ 22. Kritische Übersicht über die bestehenden Hypothesen der Natur von F-Zentren

Nach der Quantenmechanik hat ein Leitungselektron in einem streng idealen Kristall nur Zustände, in denen es sich frei durch das gesamte Volumen des Kristalls bewegen kann. Lokalisierte Elektronenzustände können also nur infolge einer Störung der Periodizität des Kristalls entstehen. Dieser Paragraph beschäftigt sich mit der Klärung der Frage, welcher Art die Periodizitätsstörungen sind, in denen sich die Elektronen unter Bildung von F-Zentren lokalisieren. Die verschiedenen Forscher sind darüber ganz verschiedener Ansicht. Alle diese Hypothesen lassen sich jedoch auf eine der folgenden vier Grundannahmen zurückführen.

I. Landau wies auf die grundlegende Bedeutung der lokalisierten Deformation des Kristallgitters durch das Feld des Leitungselektrons selbst hin; durch diese Deformation wird die Periodizität des Kristalls gestört, und das Elektron geht in einen lokalisierten Zustand über, wobei es durch sein Feld die Deformation des Kristalls stationär aufrechterhält. Diese selbstlokalisierten Elektronen sind nach Ansicht von Landau identisch mit den F-Zentren [6].

II. Bekanntlich können sich Elektronen in Störstellen der Gitterperiodizität lokalisieren [29, 32]. Eine Reihe von Forschern nimmt an, daß die F-Zentren Elektronen sind, die sich in inneren Spalten des Kristalls, an Fremdatomen, an Stellen mit mechanischen Spannungen, an unbesetzten Gitterpunkten usw. lokalisiert haben.

III. Hilsch und Pohl [36] nahmen an, die F-Zentren seien Elektronen, die sich in der Umgebung eines überschüssigen Alkaliions lokalisiert haben, wobei sich eine Art neutrales Alkaliatom bildet.

IV. de Boer [37] nahm an, daß das F-Zentrum ein Elektron ist, das im Gitter ein negatives Halogenion ersetzt.

Wir betrachten alle diese Annahmen der Reihe nach.

Zu I. Die Untersuchungen des Verfassers, die im zweiten und dritten Kapitel dargelegt wurden, bestätigen die Annahme über die Existenz selbstlokalisierter Zustände des Elektrons. Es sind die oben behandelten Polaronen. Aus folgenden Überlegungen geht jedoch hervor, daß die Polaronen nicht mit den F-Zentren identifiziert werden können:

1. Die Polaronen können nicht als lokalisierte Zustände des Elektrons im vollen Sinne dieses Ausdrucks bezeichnet werden: bei jeder festen Ionenkonfiguration ist die ψ-Funktion des Elektrons tatsächlich lokalisiert, d. h. nur in einem verhältnismäßig kleinen Gebiet des Kristalls verschieden von Null (siehe § 6); das Elektron kann sich jedoch gemeinsam mit dem Polarisationspotentialtopf frei durch den ganzen Kristall bewegen (siehe die Paragraphen 10 und 16). Die Polaronen besitzen eine hohe Beweglichkeit (siehe § 20) und bilden nach Ansicht des Verfassers die für den Stromtransport verantwortlichen Ladungsträger im Kristall. Die F-Zentren dagegen sind unbeweglich. Das Experiment zeigt, daß selbst ein intensiv verfärbter Kristall mit einer F-Zentren-Konzentration von der Größenordnung 10^{20} cm^{-3} bei tiefen Temperaturen ein Isolator ist.

2. Wären die F-Zentren identisch mit den Polaronen, so würde der Verfärbungsprozeß mit Hilfe der Methoden A aus zwei Schritten bestehen: Hebung der Elektronen ins Leitungsband durch die Bestrahlung und Bremsung mit Übergang in den Polaronenzustand.

Der zweite Prozeß läuft bedeutend schneller ab als der erste. Die Verfärbungsgeschwindigkeit würde also durch die erste Etappe bestimmt werden und dürfte nicht von der Temperatur abhängen[1]). Das Experiment zeigt jedoch, daß die Verfärbungsgeschwindigkeit exponentiell mit der Temperatur anwächst.

3. Es ist experimentell festgestellt worden, daß in Kristallen, die durch Bestrahlung verfärbt wurden, die Ausleucht(Rekombinations)geschwindigkeit bei Erhitzung des Kristalls wächst. Die maximal erreichbare F-Zentren-Konzentration wird bestimmt durch das Verhältnis der Geschwindigkeiten von Verfärbung und Ausleuchtung; sie müßte sich folglich bei einer Erhitzung verringern, wenn die Hypothese I zuträfe. Das Experiment zeigt aber, daß die maximal erreichbare Konzentration exponentiell (proportional $e^{-a/T}$) mit der Temperatur wächst.

4. Experimentell ist völlig sichergestellt, daß bei der Verfärbung mit Hilfe der Methoden B im Kristall ein Überschuß an positiven Alkaliionen entsteht, welche die Raumladung der im Kristall eingeführten Elektronen kompensiert. In einem derartigen Kristall müssen entweder überschüssige Alkaliionen vorhanden sein oder einige Halogenionen fehlen; in beiden Fällen wirken die entsprechenden Fehlstellen wie positive Ladungen, die durch ihr Coulombsches Feld die Polaronen anziehen. Berücksichtigt man, daß der Energiegewinn beim Festsetzen eines Polarons an einem solchen positiv geladenen Zentrum von der Größenordnung 1 eV ist (siehe § 29) und daß die Konzentration dieser Zentren

[1]) Es handelt sich um die Verfärbungsgeschwindigkeit in dem Fall, in dem die Konzentration der F-Zentren noch bedeutend unter ihrem Grenz- (asymptotischen) Wert liegt und linear mit der Zeit anwächst.

gleich der Konzentration der eingeführten Elektronen ist, d. h. bis zu $10^{18} \cdots 10^{20}$ cm^{-3} geht, so kann man sich unter Benutzung der gewöhnlichen Statistik leicht davon überzeugen, daß sich bei nicht allzu hohen Temperaturen fast alle Polaronen mit den positiven Zentren vereinigen werden. Es bleiben so wenige freie Polaronen übrig, daß die beobachtete Größe der Lichtabsorption mit ihnen nicht erklärt werden kann.

Zu II. Im Realkristall gibt es auf jeden Fall innere Risse, unbesetzte Gitterpunkte, mechanische Spannungen, Fremdatome und andere Fehlstellen. An diesen Periodizitätsstörungen des Potentials können sich ganz allgemein lokalisierte Elektronenzustände bilden.

Die Besonderheit der Hypothese II besteht darin, daß gewöhnlich keine Möglichkeit besteht, die Eigenschaften dieser lokalisierten Elektronenzustände quantitativ zu berechnen, weil die erwähnten Kristallfehlstellen viel zu verschiedenartig und nur ungenügend definiert sind.

Auf Grund folgender Überlegungen kann man diese Hypothese II ablehnen:

1. bei einer Verfärbung mit den Methoden B kann die Konzentration der F-Zentren bis 10^{20} cm^{-3} gehen, im CaF_2-Kristall sogar bis 10^{22} cm^{-3} [37]. Das Vorhandensein einer chemischen Beimischung in einer solchen Menge ist durch die vorliegenden chemischen Analysen und die Wachstumsbedingungen der Kristalle ausgeschlossen. Es ist ferner unmöglich, das ständige Vorhandensein von Spalten usw. in solcher Anzahl und unabhängig von den Wachstumsbedingungen des Kristalls anzunehmen.

Die angegebene Anzahl von Fehlstellen kann nicht von vornherein in jedem Kristall vorhanden sein. Diese bilden sich folglich erst während des Verfärbungsvorganges. Sie können nur mit dem Überschuß an Alkalimetallen oder dem Defizit an Halogen in Verbindung gebracht werden (Hypothesen III und IV); deren Konzentration ist anerkanntermaßen gleich der angegebenen Konzentration der F-Zentren (Kompensation der Raumladung).

2. Die Kristallfehlstellen, die in Annahme II aufgezählt wurden, können äußerst verschiedenartig sein; genauso verschiedenartig müssen dann aber auch die Eigenschaften der entsprechenden lokalisierten Elektronenzustände sein. Im Gegensatz dazu sind aber die F-Zentren selbst bei Kristallproben mit verschiedenen Wachstumsbedingungen in ihren Eigenschaften fast identisch.

Zu III und IV. Die Hypothesen III und IV stehen in vollem Einklang mit den oben dargelegten Eigenschaften der verfärbten Kristalle:

1. Bei der Verfärbung mit Hilfe der Methoden B entsteht im Kristall ein Überschuß an Alkaliionen in einer Menge, die gleich der Zahl der von außen eingeführten Elektronen (zur Kompensation der Raumladung) ist. Diese Tatsache ist durch chemische Analyse der verfärbten Kristalle und andere direkte Experimente sichergestellt. In diesen Kristallen gibt es also anerkanntermaßen überschüssige Alkaliionen oder unbesetzte Halogengitterpunkte in der erforderlichen Menge. Es liegt nahe, anzunehmen, daß sich die Elektronen in eben diesen Fehlstellen unter Bildung von F-Zentren lokalisieren. Das Experiment zeigt darüber hinaus,

daß die F-Zentren stets verschwinden, wenn der Alkaliüberschuß zu einem Kolloid koaguliert.

2. Bei der Verfärbung mit Hilfe einer Bestrahlung (A) muß angenommen werden, daß die überschüssigen Alkaliionen oder die unbesetzten Halogengitterpunkte infolge thermischer Dissoziation der Ionen von den Gitterpunkten entstehen. Unter diesem Gesichtspunkt wird verständlich, weshalb zur Verfärbung mit Hilfe der Methoden A eine Erhitzung der Kristalle notwendig ist, obwohl zur Kompensation der Raumladung in diesem Fall keine elektrolytische Leitfähigkeit erforderlich ist. Man versteht jetzt auch, weshalb die Verfärbungsgeschwindigkeit und die maximal erreichbare F-Zentren-Konzentration exponentiell mit der Temperatur anwachsen.

3. Bestrahlt man einen Kristall bei niedriger Temperatur, so kann man nur eine sehr geringe F-Zentren-Konzentration erreichen. Erhitzt man aber den unverfärbten Kristall auf eine Temperatur, bei der elektrolytische Leitfähigkeit vorhanden ist, kühlt ihn schnell ab und bestrahlt ihn dann, so kann man eine bedeutende F-Zentren-Konzentration erreichen. Diese interessante Tatsache wird durch die Hypothesen III und IV vollauf geklärt: der kalte Kristall wird wenig verfärbt, weil er wenige Fehlstellen enthält, d. h. wenige überschüssige Alkaliionen an Zwischengitterplätzen oder wenige freie Halogengitterplätze; eine Erhitzung bis auf die Temperatur der elektrolytischen Leitfähigkeit bewirkt eine Verschiebung der Ionen von den Gitterpunkten, d. h. das Auftreten von Fehlstellen, die bei schneller Abkühlung fixiert werden (bei langsamer Abkühlung hätten die Ionen Zeit zum Rekombinieren, und das Gitter würde sich in seiner alten Form wiederherstellen). Man erhält also einen kalten Kristall mit hoher Fehlstellenkonzentration, der durch eine Bestrahlung verhältnismäßig intensiv verfärbt werden kann.

4. In den Hypothesen III und IV handelt es sich um Fehlstellen eines ganz bestimmten Typs, wodurch die Identität der Eigenschaften der F-Zentren unabhängig vom „Idealitätsgrad" des Kristalls, von seinen Wachstumsbedingungen und der Methode der Verfärbung erklärt wird.

5. Die Hypothesen III und IV werden dadurch bekräftigt, daß für ein Polaron die Vereinigung mit einem überschüssigen Alkaliion oder mit einem unbesetzten Halogengitterpunkt einen Energiegewinn darstellt (vgl. die oben erwähnte Schlußfolgerung).

6. Bekanntlich wird ein Kristall an den Stellen, an denen sich mechanische Spannungen befinden, intensiver verfärbt. Diese Tatsache läßt sich vom Standpunkt der Hypothesen III und IV dadurch erklären, daß an diesen Stellen die thermische Diffusion der Ionen leicht vonstatten geht. — Oben wurden Tatsachen besprochen, die gleichermaßen für die Hypothese III wie für die Hypothese IV sprechen. Wir wenden uns nun Gesichtspunkten zu, die uns veranlassen werden, einer von diesen beiden, nämlich der Hypothese IV, den Vorzug zu geben.

7. Durch die Verfärbungsmethoden B kann man im CaF_2-Kristall die F-Zentren-Konzentration bis auf 10^{22} cm^{-3} steigern; man beobachtet dabei eine merkliche

Dichteabnahme der Kristalle [37]. Dies stützt die Hypothese IV und widerspricht III.

8. Löst man in der Schmelze eines Alkalihalogenids ein Alkalimetall, so erhält man nicht die charakteristische F-Absorptionsbande, sondern eine zusätzliche Absorption, deren Spektrum durch das gelöste Metall und nicht durch das Salz bestimmt wird; dieses Spektrum ähnelt dem Absorptionsspektrum des Dampfes des gelösten Metalls, ist aber verschoben und verschmiert. Zweifellos absorbieren die Atome des gelösten Metalls, und das Spektrum unterscheidet sich wegen der großen Störung der Energieterme der Atome durch das dielektrische flüssige Medium von dem Spektrum des Dampfes. Derartige Absorptionszentren hat auch die Hypothese III im Auge.

Es zeigt sich jedoch, daß beim Gefrieren einer derartigen Lösung das oben erwähnte Absorptionsspektrum der Alkaliatome verschwindet und die typische F-Absorptionsbande auftritt, deren Form für das jeweils untersuchte Salz charakteristisch ist und nicht von den Eigenschaften des gelösten Metalls abhängt. Das bedeutet, daß beim Gefrieren des Salzes die Atome des gelösten Metalls ionisiert werden (wobei die entsprechende Absorption verschwindet), und daß die hierbei freigesetzten Elektronen F-Zentren bilden, indem sie sich in Fehlstellen eines ganz bestimmten Typs lokalisieren, der in der flüssigen Phase nicht vorhanden ist. Diese Tatsachen widersprechen der Hypothese III, lassen sich aber leicht mit IV in Einklang bringen.

9. Die Analyse einer Reihe experimenteller und theoretischer Untersuchungen [35] zeigt, daß für einen Ionenkristall, in dem das stöchiometrische Verhältnis der Komponenten gestört ist, d. h. ein Überschuß einer der Komponenten vorhanden ist, die Struktur mit leeren Gitterplätzen energetisch vorteilhafter ist als die mit den überschüssigen Ionen auf Zwischengitterplätzen. Auch dies ist ein Argument gegen Hypothese III und für IV.

Die obige qualitative Untersuchung der vorhandenen Hypothesen und der bekannten experimentellen Tatsachen hat uns zu der Hypothese IV geführt, nach der das F-Zentrum ein Elektron ist, das ein Halogenion in einem Gitterpunkt ersetzt. Unten wird gezeigt werden, daß die Hypothese IV auch zu richtigen quantitativen Schlüssen führt.

Historisch entstand die Bezeichnung „F-Zentrum“ bei der Untersuchung verfärbter Alkalihalogenid- und Erdalkalihalogenidkristalle und ist bis heute eben auf diese Kristalle angewandt worden. Wie weiter unten gezeigt werden wird, findet aber auch in anderen Ionenkristallen eine Lokalisierung von Ladungsträgern (Elektronen oder Löchern) an freien Gitterpunkten statt; und zwar nicht nur in Isolatoren, wie z. B. im Quarz, sondern auch in Halbleitern. Der Bildungsprozeß dieser lokalisierten Zustände entspricht der Verfärbung der Alkalihalogenidkristalle, und ihre Eigenschaften ähneln denen der F-Zentren in den Alkalihalogenidkristallen. Wir werden diese lokalisierten Zustände ebenfalls als F-Zentren bezeichnen. Als Beispiel führen wir das Bleioxyd an. Durch Erhitzen dieser Substanz in einer Sauerstoffatmosphäre entsteht in ihr ein Sauerstoffüberschuß, ganz analog der Bildung eines Alkaliüberschusses beim Erhitzen eines Alkalihalogenidkristalls im Alkalidampf. Durch das Auftreten des Sauerstoffüberschusses wird das Gitter des Bleioxyds gedehnt, und es bilden sich unbesetzte Bleigitterpunkte, in denen sich die Defektelektronen (Löcher) lokalisieren. Die Bildung dieser lokalisierten Zustände ist verbunden mit dem Auftreten einer neuen typischen glockenförmigen Absorptionsbande, einer F-Bande mit einem Maximum um 0,6 eV. Eine Lichtabsorption in der F-Bande ruft eine Photoleitfähigkeit hervor. Der Unterschied zwischen Bleioxyd und Alkalihalogenidkristallen besteht darin, daß hier die F-Bande im ultraroten und nicht im sichtbaren Teil des Spektrums liegt, und daß deshalb ihr Auftreten die Farbe des Kristalls nicht verändert.

§ 23. Die Grundgleichungen für einen Kristall mit einem F-Zentrum

Eine quantitative Theorie der F-Zentren läßt sich ähnlich der Polaronentheorie entwickeln, wenn:

1. die Bewegung des lokalisierten Elektrons sich mit Hilfe der Methode der effektiven Masse behandeln läßt, wenn also die mittlere kinetische Energie des lokalisierten Elektrons bedeutend kleiner ist als die Breite des Leitfähigkeitsbandes in einem Kristall mit in den Gitterpunkten ruhenden Ionen (siehe § 4);

2. der Polarisationsradius des F-Zentrums so groß ist, daß man die dielektrische Polarisation des Kristalls um das F-Zentrum auf makroskopischem Wege berechnen kann.

Ein derartiges F-Zentrum kann man als Polaron auffassen, das sich in einen von einem negativen Ion verlassenen Gitterpunkt setzt. Die Hamilton-Funktion des Systems sieht in diesem Fall genau so aus wie im § 12 für ein Polaron; man hat nur zusätzlich die potentielle Wechselwirkungsenergie des Elektrons mit der Kristallfehlstelle einzuführen. Die statische Polarisationsenergie des Kristalls durch das Feld der Fehlstelle geht in die Hamilton-Funktion als additive Konstante ein, die wir nicht zu berücksichtigen brauchen. Unter $\mathfrak{P}(\mathfrak{r})$ verstehen wir im folgenden die träge Polarisation unter Ausschluß der oben erwähnten statischen Polarisation. Verläßt ein negatives Ion mit der Ladung ze (z ist die Wertigkeit des Ions) einen Gitterpunkt, der im Koordinatenursprung liegt, so ist die potentielle Wechselwirkungsenergie des Elektrons mit dieser Fehlstelle

$$-\frac{z e^2}{\varepsilon r}. \tag{23.1}$$

Der Ausdruck (23.1) gilt für Abstände r, die größer sind als der Ionenradius. In geringeren Abständen wird die potentielle Energie des Elektrons durch einen komplizierteren Ausdruck gegeben. Da die Abmessungen des Gebietes, in dem die ψ-Funktion des Elektrons verschieden von Null ist, wesentlich größer sind als der Ionenradius, ist der Verlauf des Potentials in geringen Entfernungen ohne große Bedeutung.

Den Energieoperator des Elektrons und der optischen Longitudinalschwingungen erhält man, indem man einfach das Fehlstellenpotential (23.1) zu dem Operator (12.11) hinzufügt. Er lautet also:

$$\boldsymbol{H} = -\frac{\hbar^2}{2\mu}\Delta + V(\mathfrak{r}) - \frac{z e^2}{\varepsilon r} + H_{\mathrm{opt}\parallel}, \tag{23.2}$$

mit

$$V(\mathfrak{r}) = e \int \frac{(\mathfrak{r} - \mathfrak{r}_1)\, \mathfrak{P}(\mathfrak{r}_1)}{|\mathfrak{r} - \mathfrak{r}_1|^3}\, d\tau_1 . \tag{23.3}$$

Beschränken wir uns wie im § 12 auf die Fälle, in denen die Volumenpolarisation eine glatte Funktion der Koordinaten darstellt, so können wir für $H_{\text{opt}\|}$ die Formel (12.13) verwenden:

$$H_{\text{opt}\|} = \frac{2\pi}{c} \int \left[\mathfrak{P}^2(\mathfrak{r}) + \frac{1}{\omega^2} \dot{\mathfrak{P}}^2(\mathfrak{r}) \right] d\tau . \tag{23.4}$$

In $\mathfrak{P}(\mathfrak{r})$ ist die stationäre Polarisation des Kristalls, die durch das Coulombsche Feld der Fehlstellen hervorgerufen wird, nicht enthalten. Die Energie des Systems wird für den Zustand gleich Null gesetzt, in dem sich das Elektron am unteren Rand des Leitfähigkeitsbandes in Ruhe befindet und im Kristall nur die erwähnte stationäre Polarisation herrscht, die durch das Feld der Fehlstelle hervorgerufen wird ($\mathfrak{P} = 0$).

Ferner wird ebenso wie im § 5 angenommen, daß sich die Ionen nach der klassischen Mechanik bewegen, und daß der Zustand $\psi(\mathfrak{r})$ des Elektrons der Ionenbewegung adiabatisch folgt. Für jede augenblickliche Ionenkonfiguration wird das dem Elektronenzustand adiabatisch entsprechende $\mathfrak{P}(\mathfrak{r})$ durch die Gleichung

$$\left[-\frac{\hbar^2}{2\mu} \Delta + V(\mathfrak{r}) - \frac{z e^2}{\varepsilon r} \right] \psi(\mathfrak{r}) = E\, \psi(\mathfrak{r}) \tag{23.5}$$

bestimmt. Ähnlich wie in § 5 ist es zweckmäßig, das Funktional

$$F[\psi, \mathfrak{P}] = \frac{\hbar^2}{2\mu} \int |\text{grad}\, \psi|^2\, d\tau + \overline{V}[\psi, \mathfrak{P}] + \\ + \frac{2\pi}{c} \int \mathfrak{P}^2\, d\tau - \frac{z e^2}{\varepsilon} \int \frac{|\psi|^2}{r}\, d\tau \tag{23.6}$$

einzuführen, wobei

$$\overline{V}[\psi, \mathfrak{P}] = \int V(\mathfrak{r})\, |\psi(\mathfrak{r})|^2\, d\tau = - \int \mathfrak{P}\, \mathfrak{D}\, d\tau \tag{23.7}$$

ist. Ist ein festes $\mathfrak{P}(\mathfrak{r})$ vorgegeben und sucht man das Extremum von $F[\psi, \mathfrak{P}]$, indem man ψ unter der Normierungsbedingung

$$\int |\psi|^2\, d\tau = 1 \tag{23.8}$$

variiert, so sind die auf diesem Wege gefundenen ψ nach dem bekannten Variationsprinzip der Quantenmechanik die Eigenfunktionen der Gleichung (23.5). Setzt man eines dieser extremalen ψ in F ein, so hängt F nur noch von $\mathfrak{P}(\mathfrak{r})$ ab und stellt die potentielle Energie der Ionen beim Vorhandensein eines F-Zentrums im Kristall dar.

Wir gehen nunmehr zur Behandlung der Zustände des Systems über, in denen die Ionen im Gleichgewicht ruhen. In diesen Zuständen ist die kinetische Energie der Ionen gleich Null und ihre potentielle Energie ein Minimum. Das bedeutet, daß das Funktional $F[\psi, \mathfrak{P}]$ nicht nur hinsichtlich ψ, sondern auch hinsichtlich $\mathfrak{P}(\mathfrak{r})$ zu einem Minimum gemacht werden muß. Wir haben also zum Aufsuchen der Gleichgewichtszustände die Extrema von F zu finden, indem wir unabhängig $\psi(\mathfrak{r})$ und $\mathfrak{P}(\mathfrak{r})$ variieren.

Durch Variation von $\mathfrak{P}(\mathfrak{r})$ bei festem $\psi(\mathfrak{r})$ erhält man

$$\delta_{\mathfrak{P}} F = -\int \delta \mathfrak{P}\, \mathfrak{D}\, d\tau + \frac{4\pi}{c} \int \mathfrak{P}\, \delta \mathfrak{P}\, d\tau. \tag{23.9}$$

Setzt man diese Variation gleich Null, so erhält man

$$\mathfrak{P}(\mathfrak{r}) = \frac{c}{4\pi} \mathfrak{D}[\psi, \mathfrak{r}]. \tag{23.10}$$

Durch Einsetzen dieses Ausdrucks für $\mathfrak{P}$ in (23.7) und (23.6) kommt man zu einem Funktional, das nur noch von ψ abhängt:

$$\begin{aligned} J_F[\psi] &\equiv F\left[\psi, \frac{c}{4\pi} \mathfrak{D}\right] \\ &= \frac{\hbar^2}{2\mu} \int |\operatorname{grad} \psi|^2 d\tau - \frac{c}{8\pi} \int \mathfrak{D}^2[\psi, \mathfrak{r}]\, d\tau - \frac{z e^2}{\varepsilon} \int \frac{|\psi|^2}{r} d\tau \\ &= J[\psi] - \frac{z e^2}{\varepsilon} \int \frac{|\psi|^2}{r} d\tau. \end{aligned} \tag{23.11}$$

Der Index F zeigt an, daß sich dieses Funktional auf ein F-Zentrum bezieht, im Unterschied zu dem analogen Funktional $J[\psi]$ im Polaronenproblem [siehe Formel (6.4)].

Wir haben jetzt die Extrema von $J_F[\psi]$ zu suchen, indem wir ψ unter Beachtung der Normierung (23.8) variieren. Die auf diese Weise erhaltenen Gleichgewichtszustände des Systems werden wir als *mit sich selbst verträgliche Zustände* bezeichnen, da in diesen Zuständen der Polarisationspotentialtopf $V(\mathfrak{r})$ und der Elektronenzustand $\psi(\mathfrak{r})$ einander bestimmen und sich gegenseitig aufrechterhalten.

Hat man das $\psi(\mathfrak{r})$ gefunden, das den Extremwert von $J_F[\psi]$ erzeugt, so kann man nach Formel (23.10) die entsprechende Polarisation des Kristalls $\mathfrak{P}(\mathfrak{r})$ finden und nach Formel (23.3) den mit sich selbst verträglichen Polarisationspotentialtopf $V(\mathfrak{r})$ berechnen. Das oben erwähnte $\psi(\mathfrak{r})$ ist stets eine Eigenfunktion der Gleichung (23.5). Es kann sich jedoch zeigen, daß diese Funktion nicht zu dem tiefsten Energieterm in dem gegebenen Potentialtopf gehört. In diesem Fall ist ein Übergang des Elektrons auf einen der tieferen Terme möglich, wobei Licht emittiert wird. Während der kurzen Dauer des optischen Überganges können die schweren Ionen sich nicht merklich verschieben; man kann deshalb annehmen, daß während des optischen Überganges der Polarisationspotentialtopf fast unverändert bleibt. Infolge des Photoüberganges ändert sich jedoch die ψ-Funktion des Elektrons und damit auch das Feld $\mathfrak{D}[\psi, \mathfrak{r}]$ der Elektronenwolke, die ursprüngliche Ionenkonfiguration ist jetzt kein Gleichgewichtszustand mehr und die Ionen beginnen zu schwingen. In dem behandelten Fall ist also die Lebensdauer des ursprünglichen mit sich selbst verträglichen Gleichgewichtszustandes des Systems gleich der Lebensdauer des Elektrons im angeregten Zustand.

Es ist noch der andere Fall möglich, daß der Extremwert von $J_F[\psi]$ die Eigenfunktion des tiefsten Energieterms der Gleichung (23.5) darstellt. In diesem Fall ist die oben erwähnte Lichtemission unmöglich, und das System befindet sich unbegrenzte Zeit im Gleichgewicht.

In jedem Gleichgewichts-, d. h. mit sich selbst verträglichen Zustand, ist die kinetische Energie der Ionen gleich Null; die Gesamtenergie des Systems stimmt also mit der potentiellen Energie F der Ionen überein, die ihrerseits gleich dem Wert des Funktionals $J_F[\psi]$ ist [siehe Formel (23.11)].

§ 24. *Energiespektrum und ψ-Funktion des Elektrons im F-Zentrum*

Wir betrachten den Grundzustand eines Kristalls mit einem F-Zentrum, d. h. den Zustand, in dem die Energie des Systems den geringstmöglichen Wert hat. Die absolute Temperatur des Kristalls sei gleich Null. In diesem Zustand ist die kinetische Energie der Ionen gleich Null, die potentielle Energie hat ein absolutes Minimum. Da der betrachtete Zustand einen Gleichgewichtszustand darstellt, ist die Gesamtenergie, d. h. die potentielle Energie der Ionen, gleich $J_F[\psi]$. Das Problem besteht somit in der Bestimmung des absoluten Minimums des Funktionals $J_F[\psi]$.

Bekanntlich ist das Minimum von $J_F[\psi]$ negativ. Um das nachzuweisen, brauchen wir nur in Formel (23.11) die ψ-Funktion des Grundzustandes des Polarons ψ_0 einzusetzen (siehe § 6). Hierbei erhalten wir ein negatives $J[\psi_0]$ und folglich auch ein negatives $J_F[\psi_0]$; folglich muß auch das absolute Minimum von $J_F[\psi_0]$ negativ sein.

Das absolute Minimum des Funktionals $J_F[\psi]$ wurde ähnlich wie im Fall des Polarons mit Hilfe einer direkten Variationsmethode bestimmt. Die Berechnungen wurden vom Verfasser gemeinsam mit M. F. Deigen durchgeführt [16]. Die ψ-Funktion des Elektrons wurde dabei durch Ausdrücke folgender drei Typen approximiert:

$$1)\ \psi_{1s} = A(1+\alpha r)\,e^{-\alpha r}, \tag{24.1}$$

$$2)\ \psi_{1s} = A\,e^{-\alpha r}, \tag{24.2}$$

$$3)\ \psi_{1s} = A\,e^{-\alpha r^2}, \tag{24.3}$$

wobei A und α Parameter der Näherung sind.

Unten sind die entsprechenden Werte für die Energie $J_F[\psi_{1s}]$ des Grundzustandes des Systems sowie die Energieeigenwerte E_{1s} des Elektrons angegeben, die in Gleichung (23.5) vorkommen:

$$\left.\begin{aligned} 1)\ J_F[\psi_{1s}] &= -\frac{27}{56}\frac{\mu e^4}{\hbar^2}\left(\frac{z}{\varepsilon}+\frac{c}{3}\right)^2, \\ E_{1s} &= -\frac{27}{56}\frac{\mu e^4}{\hbar^2}\left(\frac{z^2}{\varepsilon^2}+\frac{4}{3}\frac{zc}{\varepsilon}+\frac{1}{3}c^2\right), \end{aligned}\right\} \tag{24.4}$$

$$\alpha = \frac{\mu e^2}{2\hbar^2}\left(\frac{3z}{\varepsilon}+c\right), \qquad A = \frac{\alpha^{3/2}}{\sqrt{7\pi}}; \tag{24.5}$$

$$\left.\begin{aligned} 2)\ J_F[\psi_{1s}] &= -\frac{1}{2}\frac{\mu e^4}{\hbar^2}\left(\frac{z}{\varepsilon}+\frac{5c}{16}\right)^2, \\ E_{1s} &= -\frac{\mu e^4}{2\hbar^2}\left(\frac{z^2}{\varepsilon^2}+\frac{5}{4}\frac{zc}{\varepsilon}+\frac{75}{256}c^2\right), \end{aligned}\right\} \tag{24.6}$$

$$\alpha = \frac{\mu e^2}{2\hbar^2}\left(\frac{2z}{\varepsilon}+\frac{5c}{8}\right), \qquad A = \frac{\alpha^{3/2}}{\sqrt{\pi}}; \tag{24.7}$$

$$\left.\begin{aligned} 3)\ J_F[\psi_{1s}] &= -\frac{1}{2}\frac{\mu e^4}{\hbar^2}\left(\frac{2^{3/2}}{\sqrt{3\pi}}\frac{z}{\varepsilon}+\frac{c}{\sqrt{3\pi}}\right)^2, \\ E_{1s} &= -\frac{\mu e^4}{2\hbar^2}\left(\frac{8}{3\pi}\frac{z^2}{\varepsilon^2}+\frac{8\sqrt{2}}{3\pi}\frac{zc}{\varepsilon}+\frac{c^2}{\pi}\right), \end{aligned}\right\} \tag{24.8}$$

$$\alpha = \frac{\mu^2 e^4}{9\pi\hbar^4}\left(2^{3/2}\cdot\frac{z}{\varepsilon}+c\right)^2, \quad A = \left(\frac{2\alpha}{\pi}\right)^{3/4}. \tag{24.9}$$

In allen drei Fällen wurde die Genauigkeit des Ergebnisses durch Vergleich des gewonnenen Wertes für den Energieterm mit seinen bekannten Werten in zwei Grenzfällen abgeschätzt, und zwar im Fall $c \to 0$, in dem das Problem des F-Zentrums in das Problem eines wasserstoffähnlichen Atoms übergeht, und im Fall $z \to 0$, in dem wir zum Polaronenproblem gelangen, das im § 6 sehr genau gelöst wurde. Am günstigsten war die Näherung 1. Es erwies sich als zweckmäßig, mit den Ausdrücken (24.4) zu arbeiten, die etwas nach unten abgerundet wurden:

$$\left.\begin{aligned} J_F[\psi_{1s}] &= -\frac{1}{2}\frac{\mu e^4}{\hbar^2}\left(\frac{z}{\varepsilon}+\frac{c}{3}\right)^2, \\ E_{1s} &= -\frac{\mu e^4}{2\hbar^2}\left(\frac{z^2}{\varepsilon^2}+\frac{4}{3}\frac{zc}{\varepsilon}+\frac{c^2}{3}\right). \end{aligned}\right\} \tag{24.10}$$

Die Ungenauigkeit dieser Formeln wird im ganzen Bereich der möglichen Werte von c und z nicht größer als 3%. Im folgenden werden wir ausschließlich die Formeln (24.10) verwenden.

Zur Behandlung der Absorption des F-Zentrums muß man außer dem Grundzustand auch die angeregten Zustände des Elektrons kennen. Oben wurde vorausgesetzt, daß sich während der kurzen Dauer eines optischen Überganges die schweren Ionen nicht merklich verschieben können. Man kann deshalb annehmen, daß der optische Übergang bei dem unveränderten Polarisationspotentialtopf erfolgt, der dem Ausgangszustand des Elektrons entspricht. Es absorbieren vorwiegend die F-Zentren, die sich im Grundzustand befinden, weil sie in der Mehrzahl sind. Man hat deshalb das Energiespektrum des Elektrons im F-Zentrum bei einem Potentialtopf, der dem Grundzustand entspricht, zu berechnen.

Die Polarisation des Kristalls ist nach Formel (23.10) zu berechnen, in die das ψ des Grundzustandes in der Form (24.1) und (24.5) einzusetzen ist. Die gefundene Polarisation des Grundzustandes $\mathfrak{P}_{1s}(\mathfrak{r})$ ist in die Formel (23.3) zur Berechnung des entsprechenden Potentialtopfes einzusetzen. Dieser ist, wie man leicht sieht, kugelsymmetrisch. Wir haben es also mit einem Elektron zu tun, das sich in einem Zentralfeld befindet. Der Winkelanteil der ψ-Funktion des Elektrons wird wie üblich durch die Kugelfunktionen $Y_l(\theta, \varphi)$ gegeben. Die Zustände des Elektrons kann man mit den Indizes s, p, d, … bezeichnen, je nach dem Wert der azimutalen Quantenzahl l. Der Grundzustand ist ein s-Zustand. Nach den bekannten Auswahlregeln ist deshalb ein optischer Übergang des Elektrons nur in die p-Zustände möglich, die wir nun behandeln werden.

Nach der Variationsmethode, die in § 23 dargelegt wurde, hat man $\mathfrak{P} = \mathfrak{P}_{1s}(\mathfrak{r})$ in das Funktional $F[\psi, \mathfrak{P}]$ einzusetzen und dann die Extrema von $F[\psi, \mathfrak{P}_{1s}]$

zu bestimmen, indem man nur noch ψ variiert. Zur Bestimmung des tiefsten p-Terms wurde eine direkte Variationsmethode angewandt, und zwar wurde die ψ-Funktion des Elektrons durch den Ausdruck

$$\psi_{2pF}^{1s} = C\, Y_1(\theta, \varphi)\, 2\alpha\, r\, e^{-2\alpha\beta r} \tag{24.11}$$

approximiert. α wird gegeben durch Formel (24.5), C und β sind Parameter der Näherung.

Die Wahl dieser Form für die Näherungsfunktion wird durch die gleichen Überlegungen gerechtfertigt, die in § 9 bei der Approximation des p-Zustandes des Polarons angestellt wurden. Der Index $1s$ oben an der ψ-Funktion erinnert daran, daß der Zustand bei gegebener Polarisation $\mathfrak{P}_{1s}$ (die nicht mehr mit sich selbst verträglich ist) berechnet wird.

Die Normierung der Funktion ψ_{2pF}^{1s} führt zu der Beziehung

$$C^2 \doteq \frac{(2\alpha)^3\,(2\beta)^5}{4!}\,. \tag{24.12}$$

Die ψ-Funktion von der Form (24.11) mit (24.12) wurde in das Funktional $F[\psi, \mathfrak{P}_{1s}]$ eingesetzt. Die Minimumbedingung für das Funktional $F[\psi_{2pF}^{1s}, \mathfrak{P}_{1s}]$ führt zu folgender Gleichung für β:

$$\frac{1}{6\beta - 1}\left\{1 - 2\beta - \frac{1}{7}\left(\frac{2\beta}{2\beta + 1}\right)^4 \cdot \left[7 + \frac{2{,}8}{2\beta + 1} + \right.\right.$$
$$\left.\left. + \frac{70}{(2\beta+1)^2} + \frac{120}{(2\beta+1)^3} + \frac{105}{(2\beta+1)^4}\right]\right\} = \frac{z}{\frac{\varepsilon}{n^2} - 1}\,. \tag{24.13}$$

In der Tabelle 24.1 sind die Größen von β für verschiedene Werte des Verhältnisses ε/n^2 bei $z = 1$ angegeben.

Tabelle 24.1

ε/n^2	β	ε/n^2	β	ε/n^2	β
1,00	0,1666	2,4096	0,2430	2,8290	0,2540
1,2766	0,1900	2,4267	0,2435	2,8696	0,2550
1,4144	0,2000	2,4433	0,2440	2,9871	0,2575
1,5926	0,2100	2,4606	0,2445	3,1097	0,2600
1,7909	0,22	2,4780	0,2450	3,2374	0,2625
2,0264	0,23	2,5136	0,2460	3,3779	0,2650
2,1622	0,235	2,5496	0,2470	3,5286	0,2675
2,3118	0,240	2,5866	0,2480	3,6897	0,2700
2,3436	0,241	2,6249	0,2490	3,8822	0,2725
2,3760	0,242	2,6639	0,2500	4,0522	0,2750
2,3929	0,2425	2,7438	0,2520	∞	0,3361

Die Energieeigenwerte E des Elektrons für den tiefsten p-Term, die in Gleichung (23.5) vorkommen, werden durch die Formel

$$E_{2pF}^{1s} = \frac{\mu e^4}{2\hbar^2}\, c\left(\frac{3z}{\varepsilon} + c\right)\left\{\left(\frac{3z}{\varepsilon c} + 1\right)\beta^2 - \beta + \frac{(2\beta)^5}{14\,(2\beta+1)^7}\left[7\,(2\beta+1)^3 + \right.\right.$$
$$\left.\left. + 19\,(2\beta+1)^2 + 25\,(2\beta+1) + 15\right] - \frac{\beta}{\varepsilon c}\right\} \tag{24.14}$$

gegeben.

Der Potentialtopf des Elektrons hat für große r die COULOMBsche Form

$$-\frac{e^2}{r}\left(c+\frac{z}{\varepsilon}\right). \tag{24.15}$$

Die Energie der angeregten Zustände mit großem effektiven Radius läßt sich also nach der Formel für ein wasserstoffähnliches Atom mit einer Kernladung $e(c+z/\varepsilon)$ berechnen:

$$E^{1s}_{npF} = -\frac{\mu e^4}{2\hbar^2 n^2}\left(c+\frac{z}{\varepsilon}\right)^2. \tag{24.16}$$

Praktisch kann man nach dieser Formel sämtliche p-Terme berechnen, außer dem tiefsten, d. h. dem mit $n = 2$.

§ 25. *Lichtabsorption durch F-Zentren* [15]

Kennt man die Energieterme des Elektrons, so kann man die Frequenzen, die das F-Zentrum absorbieren kann, nach der Formel

$$\hbar\,\omega_n = E^{1s}_{npF} - E^{1s}_{1sF}\,. \tag{25.1}$$

berechnen. Die langwellige Grenze, die Übergängen ins Kontinuum entspricht, wird durch

$$\hbar\,\omega_\infty = -E^{1s}_{1sF} \quad (E^{1s}_{\infty pF} = 0)\,. \tag{25.2}$$

gegeben. Nach den Formeln (25.1) und (25.2) müßte das Absorptionsspektrum eine Serie von Linien bilden. Die Frequenz ω_∞ ist die Seriengrenze, hinter der eine kontinuierliche Absorption beginnt.

Im Experiment beobachtet man jedoch nur das kontinuierliche Absorptionsspektrum, das in Abbildung 21.1 dargestellt ist, und diskrete Absorptionslinien sind überhaupt nicht zu beobachten. Man darf nicht annehmen, daß sich das diskrete Spektrum durch eine Linienverbreiterung infolge der thermischen Ionenschwingungen in ein kontinuierliches umwandelt: die F-Absorptionsbande zeigt selbst beim absoluten Nullpunkt der Temperatur keine Linienstruktur. Hier scheint auf den ersten Blick ein Widerspruch zwischen Theorie und Experiment vorzuliegen.

Um dieses Problem zu klären und zu zeigen, daß in Wirklichkeit kein solcher Widerspruch vorhanden ist, haben wir vor allem genau festzustellen, was für ein Absorptionsspektrum man zu erwarten hat, wenn man von der dargelegten Theorie ausgeht. Der Verfasser berechnete gemeinsam mit M. F. DEIGEN die „Oszillatorenstärke" f_{21} für den Übergang des Elektrons aus dem Zustand ψ_{1s} in den Zustand ψ^{1s}_{2pF}. Die Ergebnisse dieser Rechnung sind in Abb. 25.1 dargestellt.

Aus der wiedergegebenen Kurve ist ersichtlich, daß bei der Mehrzahl der Ionenkristalle, insbesondere bei den Alkalihalogenidkristallen, f_{21} bei 0,7 bis 0,8 liegt. Die Summe der Oszillatorenstärken für Übergänge in alle möglichen angeregten Zustände ist bekanntlich gleich Eins. Es bleibt also für alle anderen Übergänge in die Zustände $3p$, $4p$, $5p$,... sowie auch für den kontinuierlichen

Teil des Spektrums insgesamt nur eine Oszillatorenstärke von 0,2 bis 0,3 übrig. Das bedeutet, daß die dominierende Rolle bei der Absorption der Übergang $1s \to 2p$ spielt, und daß man die F-Absorptionsbande mit diesem Übergang zu identifizieren hat. Alle übrigen Übergänge sind wenig wahrscheinlich und absorbieren sehr viel schwächer.

Wir schätzen nun die natürliche Linienbreite ab, die dem Übergang $1s \to 2p$ entspricht. Wie bereits oben bemerkt, hat während der kurzen Dauer eines optischen Überganges des Elektrons die Polarisation des Kristalls keine Zeit, sich zu verändern; erst unmittelbar nach dem optischen Übergang beginnen die Ionen in ihre neuen Gleichgewichtslagen zu wandern. Dabei ändert sich die Form des Polarisationspotentialtopfes mit der Zeit, und das führt zu einer gewissen Verbreiterung des Energieterms für den Endzustand des Elektrons. Die Termverbreiterung beruht auf der kurzen „Lebensdauer" des nicht mit sich selbst verträglichen Endzustandes ψ^{1s}_{2pF}. Diese Zeit kann man roh als Dauer der wesentlichen Formänderung des Potentialtopfes abschätzen und seine Größenordnung zu

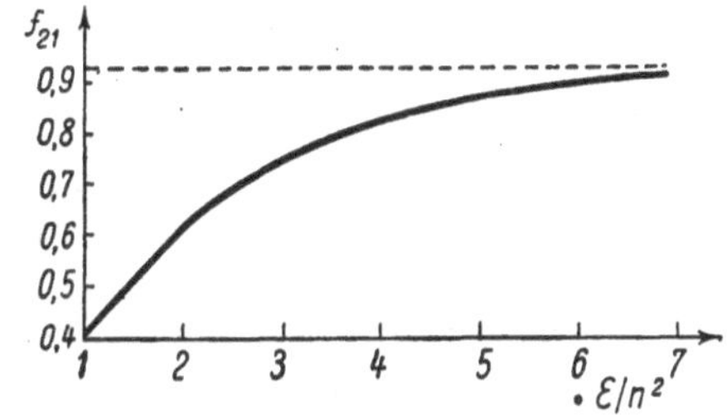

Abb. 25.1

$$\Delta t = \frac{1}{\omega}, \tag{25.3}$$

bestimmen, wobei ω die Frequenz der Ionenschwingungen ist. Die Termverbreiterung läßt sich nach der üblichen Beziehung

$$\Delta E \geqq \frac{h}{\Delta t} = h\omega = 2\pi\hbar\omega \tag{25.4}$$

abschätzen.

Nach Formel (25.4) beträgt ΔE einige Zehntel eV, was größenordnungsmäßig mit der beobachteten Breite der F-Absorptionsbande übereinstimmt.

Nicht nur die Linie, die dem Übergang $1s \to 2p$ entspricht, sondern auch die übrigen, weitaus schwächeren Absorptionslinien besitzen eine ähnliche natürliche Breite. Sie überdecken sich also und bilden ein kontinuierliches Absorptionsspektrum, den „Schwanz" der F-Bande, der sich ins kurzwellige Gebiet hineinzieht.

Der oben behandelte Mechanismus der Linienverbreiterung ist auch beim absoluten Temperaturnullpunkt wirksam. Bei endlichen Temperaturen ist eine zusätzliche Verbreiterung der F-Bande infolge der thermischen Ionenschwingungen zu erwarten, die experimentell in der Tat zu beobachten ist.

Neben der oben dargelegten Deutung der F-Absorptionsbanden möchte der Verfasser auf eine andere Anschauung hinweisen, nach der die F-Bande den Übergängen des Elektrons unmittelbar ins Leitfähigkeitsband entspricht. Dieser Standpunkt wird gewöhnlich mit den beiden Tatsachen begründet, daß die Absorption in der F-Bande eine Photoleitfähigkeit des Kristalls hervorruft und daß die F-Bande selbst beim absoluten Nullpunkt der Temperatur keine Linienstruktur aufweist, sondern eine endliche Breite behält.

Diese beiden Argumente scheinen auf den ersten Blick überzeugend, und einige Physiker stehen deshalb bis heute auf diesem Standpunkt. Um dieses Problem zu klären, stellen wir einige Überlegungen an, die der Annahme eines Überganges des Elektrons direkt in das Leitfähigkeitsband widersprechen und die Annahme des Überganges in einen diskreten Term stützen.

A. Überlegungen, die nicht auf dem oben angenommenen Modell des F-Zentrums beruhen.

1. Kühlt man verfärbte Kristalle sehr tief, so geht die Quantenausbeute des inneren Photoeffekts (die mittlere Anzahl der Elektronen, die durch ein absorbiertes Lichtquant freigesetzt werden) schnell (exponentiell) mit abnehmender Temperatur gegen Null; gleichzeitig geht auch die Photoleitfähigkeit gegen Null. Die Intensität der Absorption bleibt dabei fast unverändert. Diese Tatsache widerspricht der Annahme, daß die Elektronen direkt in das Leitfähigkeitsband übergehen, da in diesem Fall die Quantenausbeute gleich Eins wäre und nicht von der Temperatur abhinge. Diese Tatsache spricht dafür, daß die Anregung der Elektronen in zwei Etappen vonstatten geht: zuerst durch das Licht in einen diskreten Term, dann thermisch in den Zustand des freien Polarons. Der erste Schritt bestimmt die Lichtabsorption und hängt nicht von der Temperatur ab; der zweite Schritt, die thermische Dissoziation des optisch angeregten F-Zentrums, erfordert eine thermische Schwankung, deren Wahrscheinlichkeit exponentiell von der Temperatur abhängt.

2. Man kann unmöglich die Existenz eines Leitfähigkeitsbandes von so geringer Breite annehmen, wie der Breite der F-Absorptionsbande entspricht. Die Breite des Leitfähigkeitsbandes beträgt etwa in Alkalihalogenidkristallen einige eV. Die experimentelle Untersuchung der Feinstruktur der Absorptionsspektren für Röntgenstrahlen [39] gestattet die Breite des Leitfähigkeitsbandes angenähert abzuschätzen; beim KCl z. B. erhält man eine Bandbreite von etwa 5 eV. Die Breite der F-Absorptionsbande dagegen ist beim KCl etwa 0,4 eV.

B. Überlegungen, die sich auf das oben angenommene Modell des F-Zentrums stützen.

3. Die experimentell bestimmte Oszillatorenstärke für die F-Absorptionsbande [40] (0,7 für NaCl, 0,8 für KCl) stimmt äußerst befriedigend mit der berechneten Oszillatorenstärke für den Übergang $1s \rightarrow 2p$ überein (Abb. 25.1) und ist bedeutend größer als die berechnete Oszillatorenstärke für einen Übergang in das kontinuierliche Spektrum. Man hat also die F-Bande mit dem Übergang $1s \rightarrow 2p$ und nicht mit einem Übergang in das Kontinuum zu verknüpfen.

4. M. F. Deigen [41] berechnete die Form des Absorptionsspektrums des F-Zentrums für optische Übergänge des Elektrons ins Leitfähigkeitsband. Dieses Spektrum wird durch eine unsymmetrische Kurve dargestellt, die auf der violetten Seite monoton und langsam abfällt und der beobachteten, ziemlich symmetrischen und schmalen F-Absorptionsbande in keiner Weise ähnelt.

5. Die natürliche Breite der Absorptionslinie, die dem Übergang $1s \rightarrow 2p$ entspricht, und die oben größenordnungsmäßig abgeschätzt wurde, stimmt mit der beobachteten Breite der F-Absorptionsbande überein.

Alle quantitativen Ergebnisse in diesem Paragraphen wurden unter der Voraussetzung abgeleitet, daß der optische Übergang des Elektrons bei unveränderter Ionenkonfiguration erfolgt; nur mit Hilfe qualitativer Überlegungen wurde gezeigt, daß eine Berücksichtigung der Ionenbewegung eine Erklärung für die Breite und die Kontinuität der F-Absorptionsbande liefern kann. Eine ins einzelne gehende Deutung der charakteristischen Form der F-Absorptionsbande, eine Berechnung ihrer Halbwertsbreite und eine Erklärung der Deformation der F-Bande bei einer Temperaturänderung werden in § 28 auf Grund einer quantenmechanischen Behandlung der Ionenbewegung nachgeholt.

§ 26. Theorie der F'-Zentren

Gemeinsam mit O. F. Tomassewitsch zeigte der Verfasser [42], daß bei günstigen Werten von ε und n ein Zustand energetisch begünstigt ist, in dem das F-Zentrum ein zweites Leitungselektron in sich aufnimmt und so ein sogenanntes F'-Zentrum bildet. Der Energieoperator sieht in diesem Fall genauso aus wie im Fall des F-Zentrums (§ 23), nur mit dem Unterschied, daß sich diesmal nicht ein, sondern zwei Elektronen in dem träge polarisierten Medium im Feld der positiven Punktladung bewegen. An Stelle der Formel (23.2) erhalten wir den Ausdruck:

$$\boldsymbol{H} = -\frac{\hbar^2}{2\mu}(\Delta_1 + \Delta_2) + V(\mathfrak{r}_1) + V(\mathfrak{r}_2) - \frac{ze^2}{\varepsilon}\left(\frac{1}{r_1} + \frac{1}{r_2}\right) + \\ + \frac{e^2}{n^2\,|\mathfrak{r}_1 - \mathfrak{r}_2|} + \boldsymbol{H}_{\mathrm{opt}\,\|} \tag{26.1}$$

mit

$$V(\mathfrak{r}) = e\int \frac{(\mathfrak{r} - \mathfrak{r}_1)\,\mathfrak{P}(\mathfrak{r}_1)}{|\mathfrak{r} - \mathfrak{r}_1|^3}\, d\tau_1 . \tag{26.2}$$

Das vorletzte Glied in Formel (26.1) stellt die Wechselwirkungsenergie der Elektronen dar. Der Faktor n^2 im Nenner spielt die Rolle einer Dielektrizitätskonstanten, die nur den trägheitslosen Anteil der Polarisation des Kristalls berücksichtigt. Der träge Anteil der Polarisation folgt der Elektronenbewegung nicht; er ist getrennt aufgeführt und steckt in den Gliedern V und $\boldsymbol{H}_{\mathrm{opt}\,\|}$.

Wir setzen voraus, wie bereits mehrmals angenommen, daß der Elektronenzustand der Ionenbewegung adiabatisch folgt. Unter Benutzung des Variationsprinzips der Quantenmechanik (analog den Paragraphen 5 und 23) kann man zeigen, daß die Elektronenwellenfunktion, $\psi(\mathfrak{r}_1, \mathfrak{r}_2)$ die der Ionenkonfiguration $\mathfrak{P}(\mathfrak{r})$ adiabatisch entspricht, das Extremum des Funktionals

$$F[\Psi, \mathfrak{P}] = \frac{\hbar^2}{2\mu}\int (|\operatorname{grad}_1 \Psi|^2 + |\operatorname{grad}_2 \Psi|^2)\, d\tau_1\, d\tau_2 + \\ + \int |\Psi|^2 \left[V(\mathfrak{r}_1) + V(\mathfrak{r}_2) - \frac{ze^2}{\varepsilon}\left(\frac{1}{r_1} + \frac{1}{r_2}\right) + \right. \\ \left. + \frac{e^2}{n^2\,|\mathfrak{r}_1 - \mathfrak{r}_2|}\right] d\tau_1\, d\tau_2 + \frac{2\pi}{c}\int \mathfrak{P}^2\, d\tau \tag{26.3}$$

ist. Man hat das Extremum dieses Funktionals durch Variation von $\Psi(\mathfrak{r}_1, \mathfrak{r}_2)$ bei festem $\mathfrak{P}(\mathfrak{r})$ zu bestimmen, wobei die Normierung von Ψ zu beachten ist. Der

Extremwert von F hängt von $\mathfrak{P}(\mathfrak{r})$ ab und stellt die potentielle Energie der Ionen des Kristalls in Anwesenheit eines F'-Zentrums dar.

Da $\Psi(\mathfrak{r}_1, \mathfrak{r}_2)$ nur symmetrisch oder antisymmetrisch sein kann, läßt sich der Ausdruck (26.3) vereinfachen:

$$F[\Psi, \mathfrak{P}] = \frac{\hbar^2}{\mu}\int |\operatorname{grad}_1 \Psi|^2 \, d\tau_1 \, d\tau_2 + \\ + \int |\Psi|^2 \left[2 V(\mathfrak{r}_1) - \frac{2 z e^2}{\varepsilon r_1} + \frac{e^2}{n^2 |\mathfrak{r}_1 - \mathfrak{r}_2|}\right] d\tau_1 \, d\tau_2 + \frac{2\pi}{c}\int \mathfrak{P}^2 \, d\tau. \tag{26.4}$$

Man kann zeigen, daß im Grundzustand die Spins der Elektronen antiparallel sind und daß $\Psi(\mathfrak{r}_1, \mathfrak{r}_2)$ symmetrisch in den Elektronenkoordinaten ist. Ähnlich wie bei der Lösung des Heliumproblems werden wir das $\Psi(\mathfrak{r}_1, \mathfrak{r}_2)$ des Grundzustandes durch einen Produktansatz der symmetrischen Form

$$\Psi(\mathfrak{r}_1, \mathfrak{r}_2) = \psi(\mathfrak{r}_1)\,\psi(\mathfrak{r}_2) \tag{26.5}$$

approximieren. Setzen wir (26.5) in (26.4) ein, so können wir das Glied

$$\frac{e^2}{n^2}\int \frac{|\psi(\mathfrak{r}_1)|^2\,|\psi(\mathfrak{r}_2)|^2}{|\mathfrak{r}_1 - \mathfrak{r}_2|} \, d\tau_1 \, d\tau_2 \tag{26.6}$$

als doppelte elektrostatische Energie einer Ladungswolke mit der Dichte $e|\psi(\mathfrak{r})|^2$ auffassen. Diese Energie kann man in der Form

$$\frac{1}{4\pi n^2}\int \mathfrak{D}^2[\psi, \mathfrak{r}] \, d\tau \tag{26.7}$$

schreiben, wobei $\mathfrak{D}$ die dielektrische Verschiebung dieser Wolke ist, die schon oben durch Formel (5.17) definiert wurde. Durch Einsetzen von (26.5) in (26.4) erhält man

$$F = \frac{\hbar^2}{\mu}\int |\operatorname{grad}\psi|^2 \, d\tau - 2\int \mathfrak{P}\,\mathfrak{D} \, d\tau - \frac{2 z e^2}{\varepsilon}\int \frac{|\psi|^2}{r} \, d\tau + \\ + \frac{1}{4\pi n^2}\int \mathfrak{D}^2 \, d\tau + \frac{2\pi}{c}\int \mathfrak{P}^2 \, d\tau. \tag{26.8}$$

Wir betrachten den Zustand eines Kristalls mit einem F-Zentrum, in dem die Energie des Systems den kleinstmöglichen Wert hat. Diesen Zustand werden wir im folgenden als Grenzzustand bezeichnen. Offenbar ist in diesem Zustand die kinetische Energie der Ionen gleich Null und ihre potentielle Energie ein Minimum. Da die potentielle Energie der Ionen durch das Funktional F gegeben wird, das hinsichtlich ψ zu einem Minimum gemacht wurde, hat man, um das erwähnte Minimum der potentiellen Energie zu erhalten, das Funktional F noch hinsichtlich $\mathfrak{P}$ zu variieren. Im Grundzustand hat also das Funktional (26.8) ein absolutes Minimum, das sich durch beliebige und unabhängige Variationen von $\mathfrak{P}(\mathfrak{r})$ und $\psi(\mathfrak{r})$ [aber unter Erhaltung der Normierung von $\psi(\mathfrak{r})$] ergibt.

Durch Variation von $\mathfrak{P}(\mathfrak{r})$ bei festem $\psi(\mathfrak{r})$ und durch Nullsetzen der entsprechenden Variation von F erhalten wir

$$\mathfrak{P}(\mathfrak{r}) = \frac{c}{2\pi}\,\mathfrak{D}[\psi, \mathfrak{r}]. \tag{26.9}$$

Diese Formel bestimmt die mit sich selbst verträgliche Polarisation des Kristalls, die durch das elektrostatische Feld der Ladungswolke der beiden Elektronen stationär aufrechterhalten wird. Sie unterscheidet sich von der entsprechenden Formel für den Fall des F-Zentrums [siehe Formel (23.10)] durch den Faktor 2.

Setzen wir (26.9) in (26.8) ein, so erhalten wir das Funktional

$$J_{F'}[\psi] \equiv F\left[\psi, \frac{c}{2\pi}\mathfrak{D}\right] = \frac{\hbar^2}{\mu}\int |\mathrm{grad}\,\psi|^2\, d\tau - \\ - \frac{c'}{4\pi}\int \mathfrak{D}^2[\psi, \mathfrak{r}]\, d\tau - \frac{2ze^2}{\varepsilon}\int \frac{|\psi|^2}{r}\, d\tau, \tag{26.10}$$

mit

$$c' = 2c - \frac{1}{n^2} = \frac{1}{n^2} - \frac{2}{\varepsilon}. \tag{26.11}$$

Dieses Funktional muß jetzt durch Variation von ψ zu einem Extremum gemacht werden. Hierbei ist $J_{F'}[\psi]$ das verdoppelte Funktional $J_F[\psi]$, das in den Paragraphen 23 und 24 bei der Behandlung des F-Zentrums auftrat, nur mit dem Unterschied, daß jetzt an Stelle des Koeffizienten c die Größe c' tritt. Infolgedessen kann man einfach die Ergebnisse von § 24 benutzen. Der Extremwert des Funktionals $J_{F'}[\psi]$ wird gegeben durch die Formeln (24.1) und (24.5), wobei man nur in Formel (24.5) c durch c' zu ersetzen hat:

$$\psi_{F'} = A(1 + \alpha_{F'} r)\, e^{-\alpha_{F'} r}, \qquad A = \frac{\alpha_F^{3/2}}{(7\pi)^{1/2}}, \tag{26.12}$$

mit

$$\alpha_{F'} = \frac{\mu e^2}{2\hbar^2}\left(c' + \frac{3z}{\varepsilon}\right). \tag{26.13}$$

Die Energie des Grundzustandes des Systems beträgt

$$J_{F'}[\psi_{F'}] = -\frac{\mu e^4}{\hbar^2}\left(\frac{z}{\varepsilon} + \frac{c'}{3}\right)^2. \tag{26.14}$$

Da wir uns bei der Approximation von $\Psi(\mathfrak{r}_1, \mathfrak{r}_2)$ willkürlich auf den Produktansatz (26.5) beschränkten, ist der auf diese Weise gewonnene Minimalwert von $J_{F'}$, der durch Formel (26.14) gegeben wird, etwas zu groß. Die Näherung (26.5) berücksichtigt bekanntlich nicht die Wechselwirkung zwischen beiden Elektronen. Um den Fehler abzuschätzen, der aus der Beschränkung auf die multiplikative Form (26.5) resultiert, benutzte O. F. Tomassewitsch eine Funktion von der Form

$$\Psi = A(1 + \alpha r_1)(1 + \alpha r_2)(1 + \beta|\mathfrak{r}_1 - \mathfrak{r}_2|)\, e^{-\alpha(r_1 + r_2)}, \tag{26.15}$$

wobei A, α und β Parameter sind. Das Minimum von $J_{F'}$ kam hierbei um 1 bis 2% niedriger heraus, als es sich aus (26.14) ergibt. Man kann also auch durch Verallgemeinerung der Näherung das Minimum von $J_{F'}$ nicht wesentlich erniedrigen; das deutet darauf hin, daß der Wert (26.14) dem genauen Minimum von $J_{F'}$ recht nahekommt.

Infolge einer thermischen Schwankung der Polarisation kann das F'-Zentrum dissoziieren, wobei ein freies Polaron und ein F-Zentrum entstehen. Die Energie

$W_{F'}$ dieser thermischen Dissoziation erhält man, indem man zur Polaronenenergie die Energie des F-Zentrums hinzufügt und die des F'-Zentrums abzieht:

$$W_{F'} = H_{0,\,\ldots,\,0,\,\ldots} + J_F - J_{F'}. \tag{26.16}$$

Unter Benutzung der Formeln (16.20), (24.10) und (26.14) erhalten wir

$$W_{F'} = \frac{\mu e^4}{2\hbar^2 \varepsilon}\left[\frac{1}{n^2}\left(\frac{2z}{3} - \frac{4}{9}\right) + \frac{1}{\varepsilon}\left(\frac{2}{3} + z^2 - 2z\right)\right] - \frac{3}{2}\hbar\,\omega. \tag{26.17}$$

Ist $W_{F'} > 0$, so ist das F'-Zentrum stabil, und seine Dissoziation erfordert einen Energieaufwand. Ist dagegen $W_{F'} < 0$, so gibt es im Kristall keine F'-Zentren.[1])

Im Fall positiver Einheitsladungen ($z = 1$) ist

$$W_{F'} = \frac{\mu e^4}{2\hbar^2 \varepsilon}\left[\frac{2}{9}\,\frac{1}{n^2} - \frac{1}{3\varepsilon}\right] - \frac{3}{2}\hbar\,\omega. \tag{26.18}$$

Kann man hier das letzte Glied vernachlässigen, so vereinfacht sich die Existenzbedingung für das F'-Zentrum zu

$$\frac{\varepsilon}{n^2} > \frac{3}{2}. \tag{26.19}$$

Diese Ungleichung ist bei der Mehrzahl der Ionenkristalle erfüllt.

Von Bedeutung ist die Frage, ob im idealen Kristall in Abwesenheit von positiven Ladungen zwei Elektronen in einem gemeinsamen mit sich selbst verträglichen Polarisationspotentialtopf lokalisiert sein können. Einen solchen Zustand würde man naheliegenderweise als *Bipolaron* bezeichnen. Man gelangt leicht zu diesem Fall, indem man in allen Formeln dieses Paragraphen z gegen Null gehen läßt. Man erhält dabei aus Formel (26.17)

$$W_b = \frac{\mu e^4}{2\hbar^2 \varepsilon}\left[\frac{2}{3}\,\frac{1}{\varepsilon} - \frac{4}{9}\,\frac{1}{n^2}\right] - \frac{3}{2}\hbar\,\omega. \tag{26.20}$$

Kann man hier das letzte Glied vernachlässigen, so führt die Bedingung $W_b > 0$ zu der Ungleichung

$$\frac{\varepsilon}{n^2} < \frac{3}{2}. \tag{26.21}$$

Neben dieser Ungleichung ist für die Existenz eines Bipolarons notwendig, daß der Koeffizient $\alpha_{F'}$, der durch Formel (26.13) definiert wird, bei $z \to 0$ positiv bleibt. Es muß also sein

$$\frac{\varepsilon}{n^2} > 2. \tag{26.22}$$

Diese Ungleichung ist mit (26.21) unvereinbar. Innerhalb des Anwendungsbereiches unserer Theorie sind also keine Bipolaronenzustände möglich.

---

[1]) Die Ungleichung $W_{F'} < 0$ besagt, daß sich das kontinuierliche Energiespektrum der dissoziierten Zustände des Systems (Zustand mit einem F-Zentrum und einem freien Polaron) bis unterhalb des berechneten Energiewerts des F'-Zentrums erstreckt. In diesem Fall ist die obige Berechnung der Energie des F'-Zentrums mit Hilfe der direkten Variationsmethode durchführbar.

KAPITEL V

Theorie der *F*-Zentren mit quantenmechanischer Behandlung der Ionenbewegung [38]

§ 27. Energiespektren und ψ-Funktionen eines Kristalls mit einem F-Zentrum

Im Fall des *F*-Zentrums ist ähnlich wie im Fall des Polarons die Wechselwirkung des Elektrons mit den longitudinalen Polarisationsschwingungen der Ionen bedeutend stärker als die mit den transversalen Polarisations- und den akustischen Schwingungen. Man kann in erster Näherung die letztere also als isoliertes konservatives Untersystem abspalten, ähnlich wie in § 12.

Den Energieoperator des Elektrons und die longitudinalen optischen Ionenschwingungen in Anwesenheit eines *F*-Zentrums erhält man am einfachsten, wenn man zu dem bereits bekannten Energieoperator des Polarons (12.18) die Wechselwirkungsenergie des Elektrons mit der Fehlstelle (23.1) hinzufügt. Der Energieoperator lautet dann

$$\boldsymbol{H} = -\frac{\hbar^2}{2\mu}\Delta + e\int\frac{(\mathfrak{r}-\mathfrak{r}_1)\,\mathfrak{P}(\mathfrak{r}_1)}{|\mathfrak{r}-\mathfrak{r}_1|^3}\,d\tau_1 - \frac{z\,e^2}{\varepsilon\,r} + \frac{1}{2}\sum_{\mathfrak{w}} h\,\omega_{\mathfrak{w}}\left(q_{\mathfrak{w}}^2 - \frac{\partial^2}{\partial q_{\mathfrak{w}}^2}\right). \tag{27.1}$$

Die Energie des Systems wird so normiert, daß sie verschwindet, wenn sämtliche Ionen in ihren Gleichgewichtslagen ruhen, im Kristall nur die Polarisation vorliegt, welche die „positiv geladene Fehlstelle" erzeugt, und das Leitungselektron in großer Entfernung von der Fehlstelle am unteren Rande des Leitfähigkeitsbandes sitzt.

Zur Berechnung der Energieterme des Systems wurde an Stelle der SCHRÖDINGER-Gleichung das Variationsprinzip der Quantenmechanik benutzt. Die Eigenfunktion des Systems wurde durch den Produktansatz

$$\Psi(\mathfrak{r},\ldots,q_{\mathfrak{w}},\ldots) = \psi(\mathfrak{r})\,\Phi(\ldots,q_{\mathfrak{w}},\ldots) \tag{27.2}$$

approximiert. Die weitere Lösung des Problems verläuft genauso wie in § 14, wo das Polaron behandelt wurde.

Wir führen folgende Bezeichnungen ein:

$$\overline{P}_{\mathfrak{w}} = \int P_{\mathfrak{w}}|\Phi|^2\,dq, \quad dq = \prod_{\mathfrak{w}} dq_{\mathfrak{w}}, \tag{27.3}$$

$$\overline{H}_{\mathrm{opt}||} = \int \Phi^* H_{\mathrm{opt}||}\,\Phi\,dq, \tag{27.4}$$

$$\mathfrak{D}[\psi,\mathfrak{r}_1] = e\int|\psi(\mathfrak{r})|^2\frac{(\mathfrak{r}_1-\mathfrak{r})}{|\mathfrak{r}_1-\mathfrak{r}|^3}\,d\tau, \tag{27.5}$$

$$\mathfrak{D}_{\mathfrak{w}}[\psi] = \int\mathfrak{D}[\psi,\mathfrak{r}_1]\,\chi_{\mathfrak{w}}(\mathfrak{r}_1)\,d\tau_1. \tag{27.6}$$

Die Wellenfunktionen des Systems sind Extrema des Funktionals

$$\overline{H} = \int \Psi^* \boldsymbol{H} \Psi \, d\tau \, dq = \frac{\hbar^2}{2\mu} \int |\operatorname{grad} \psi|^2 \, d\tau - \sum_{\mathfrak{w}} \overline{\mathfrak{P}}_{\mathfrak{w}} \, \mathfrak{D}_{\mathfrak{w}}[\psi] - \\ - \frac{\iota^2}{\varepsilon} \int \frac{|\psi|^2}{r} \, d\tau + \overline{H}_{\mathrm{opt}\,||} . \tag{27.7}$$

Wir haben das Extremum dieses Funktionals durch unabhängige Variationen von ψ und Φ, aber unter Wahrung ihrer Normierung zu bestimmen.

Variieren wir Φ bei beliebigem festem ψ und setzen die entsprechende Variation von $\overline{H}$ gleich Null, so kommen wir zu einer EULERschen Gleichung von der Form

$$\left(\sum_{\mathfrak{w}} \boldsymbol{H}_{\mathfrak{w}}\right) \Phi = \lambda \Phi \tag{27.8}$$

mit

$$\boldsymbol{H}_{\mathfrak{w}} = \frac{\hbar \omega_{\mathfrak{w}}}{2} \left[(q_{\mathfrak{w}} - q_{\mathfrak{w}0})^2 - \frac{\partial^2}{\partial q_{\mathfrak{w}}^2} \right] - \frac{c_{\mathfrak{w}}}{8\pi} \mathfrak{D}_{\mathfrak{w}}^2[\psi] \tag{27.9}$$

und

$$q_{\mathfrak{w}0} = \sqrt{\frac{c_{\mathfrak{w}}}{4\pi \hbar \omega_{\mathfrak{w}}}} \cdot D_{\mathfrak{w}}[\psi]. \tag{27.10}$$

Mit der Substitution

$$\Phi = \prod_{\mathfrak{w}} \Phi_{n_{\mathfrak{w}}}(q_{\mathfrak{w}} - q_{\mathfrak{w}0}), \quad \lambda = \sum_{\mathfrak{w}} \lambda_{\mathfrak{w}} \tag{27.11}$$

lassen sich in der Gleichung (27.8) die Variablen trennen. Man erhält

$$\Phi_{n_{\mathfrak{w}}}(q_{\mathfrak{w}} - q_{\mathfrak{w}0}) = e^{-\frac{1}{2}(q_{\mathfrak{w}} - q_{\mathfrak{w}0})^2} \cdot H_{n_{\mathfrak{w}}}(q_{\mathfrak{w}} - q_{\mathfrak{w}0}) \tag{27.12}$$

und

$$\lambda_{\mathfrak{w}} = \hbar \omega_{\mathfrak{w}} \left(n_{\mathfrak{w}} + \frac{1}{2} \right) - \frac{c_{\mathfrak{w}}}{8\pi} \mathfrak{D}_{\mathfrak{w}}^2[\psi]. \tag{27.13}$$

Hier sind $H_{n_{\mathfrak{w}}}$ die HERMITEschen Polynome vom Grade $n_{\mathfrak{w}}$. Setzen wir (27.11) bis (27.13) das Funktional (27.7) ein, so erhalten wir

$$\overline{H}[\psi] = \frac{\hbar^2}{2\mu} \int |\operatorname{grad} \psi|^2 \, d\tau - \frac{1}{8\pi} \sum_{\mathfrak{w}} c_{\mathfrak{w}} \mathfrak{D}_{\mathfrak{w}}^2 - \frac{e^2}{\varepsilon} \int \frac{|\psi|^2}{r} \, d\tau + \\ + \sum_{\mathfrak{w}} \hbar \omega_{\mathfrak{w}} \left(n_{\mathfrak{w}} + \frac{1}{2} \right). \tag{27.14}$$

Dieses Funktional hängt nur noch von ψ ab und ist durch Variation dieser Funktion zu einem Minimum zu machen. Unter Vernachlässigung der Dispersion der Polarisationswellen im Kristall werden wir im folgenden $\omega_{\mathfrak{w}}$ und $c_{\mathfrak{w}}$ als von $\mathfrak{w}$ unabhängig und gleich ihren Grenzwerten ω und c annehmen, die für den Grenzfall $\mathfrak{w} \to 0$ charakteristisch sind. Ziehen wir dann in Formel (27.14) den Koeffizienten $c_{\mathfrak{w}}$ vor das Summenzeichen, ähnlich wie in § 14, so erhalten wir:

$$\overline{H}[\psi] = J_F[\psi] + \sum_{\mathfrak{w}} \hbar \omega \left(n_{\mathfrak{w}} + \frac{1}{2} \right) \tag{27.15}$$

und

$$J_F[\psi] = \frac{\hbar^2}{2\mu} \int |\operatorname{grad} \psi|^2 \, d\tau - \frac{c}{8\pi} \int \mathfrak{D}^2[\psi, \mathfrak{r}] \, d\tau - \frac{\iota^2}{\varepsilon} \int \frac{|\psi|^2}{r} \, d\tau . \tag{27.16}$$

Der Grundzustand des Elektrons entspricht dem absoluten Minimum des Funktionals $J_F[\psi]$. Dieses wurde in § 24 bestimmt; die Ergebnisse der Rechnung bilden die Formeln (24.1), (24.5) und (24.10). Unter Benutzung dieser Ergebnisse können wir die Energie des Systems für den Fall, daß sich das Elektron im Grundzustand befindet, folgendermaßen darstellen:

$$\left.\begin{aligned} H_{1s,\ldots,n_{\mathfrak{w}},\ldots} &= -A\left(1+\frac{\varepsilon c}{3}\right)^2 + \hbar\omega\sum_{\mathfrak{w}}\left(n_{\mathfrak{w}}+\frac{1}{2}\right), \\ A &= \frac{\mu e^4}{2\hbar^2\varepsilon^2}. \end{aligned}\right\} \tag{27.17}$$

Die entsprechende Ψ-Funktion des Systems hat die Form

$$\Psi_{1s,\ldots,n_{\mathfrak{w}},\ldots} = \psi_{1s}(\mathfrak{r})\prod_{\mathfrak{w}}\Phi_{n_{\mathfrak{w}}}. \tag{27.18}$$

Den Grundzustand des Systems erhalten wir, wenn wir in diesen Formeln $n_{\mathfrak{w}}$ gleich Null setzen.

Wir gehen jetzt zur Behandlung der angeregten Zustände des Systems über und stellen zuvor fest, daß, wenn in dem Variationsprinzip der Quantenmechanik bei der Approximation der Ψ-Funktion eine willkürlich eingeschränkte Form verwendet wird [im gegebenen Fall handelt es sich um die Beschränkung auf den Produktansatz (27.2)], daß dann im allgemeinen die Eigenwerte der Energie nicht einmal angenähert mit den relativen Extremwerten des Funktionals $\overline{H}$ übereinstimmen. Nach der Theorie der direkten Variationsmethoden hat man das erste angeregte Energieniveau als absolutes Minimum des Funktionals $\overline{H}$ unter der Zusatzbedingung der Orthogonalität der Ψ-Funktion zu der Ψ-Funktion des vorher gefundenen Grundzustandes zu bestimmen; das zweite angeregte Niveau ist das absolute Minimum des Funktionals $\overline{H}$ unter den beiden Zusatzbedingungen der Orthogonalität der Ψ-Funktion zu den vorher gefundenen Ψ-Funktionen des Grundzustandes und des ersten angeregten Niveaus usw.

Man sieht leicht ein, daß man ein System von Orthogonalfunktionen erhält, wenn man in (27.18) verschiedene ganzzahlige Werte für $n_{\mathfrak{w}}$ vorgibt, welche die absoluten Minima des Funktionals $\overline{H}$ unter der obenerwähnten Zusatzbedingung der Orthogonalität darstellen. Man kann somit diesen Funktionen einen physikalischen Sinn beilegen und sie als die Zustände ansehen, in denen die Polarisationsschwingungen der Ionen angeregt sind, aber das Elektron im Grundzustand ist.

Neben den oben behandelten Zuständen (27.18), in denen sich das Elektron im Grundzustand befindet, gibt es noch andere Zustände des Systems mit einem angeregten Elektron. Diese Zustände wurden ebenfalls mit Hilfe der Variationsmethode behandelt, wobei die Ψ-Funktion des Systems durch den Produktansatz (27.2) approximiert wurde. Der erste dieser angeregten Zustände bildet das absolute Minimum des Funktionals $\overline{H}$ unter der Zusatzbedingung der Orthogonalität von $\psi(\mathfrak{r})$ zu $\psi_{1s}(\mathfrak{r})$. Das Problem führt wiederum auf die Aufgabe, das Funktional $J_F[\psi]$ zu einem Minimum zu machen, aber diesmal unter der Zusatzbedingung der Orthogonalität von ψ und ψ_{1s}. Qualitative Untersuchungen führten zu einer Näherungsfunktion für den Zustand des Elektrons von der Form

$$\psi_{2p} = \frac{8}{\sqrt{2\pi}} (\alpha\,\beta)^{5/2}\, r\, e^{-2\alpha\beta r} \cos\theta\,. \tag{27.19}$$

Hier ist α der gleiche Parameter, der in dem Ausdruck für die Funktion ψ_{1s} vorkam [siehe (24.1) und (24.5)], β ist der Variationsparameter. Die Funktion (27.19) ist normiert und orthogonal zur Funktion ψ_{1s}.

Die Funktion (27.19) wird in $J_F[\psi]$ eingesetzt und der Parameter β aus der Minimumbedingung für dieses Funktional bestimmt. Nach den Berechnungen von G. J. Silberman [43] ist

$$2\beta = \frac{1 + 0{,}3914 \cdot \varepsilon c}{3 + \varepsilon c} \tag{27.20}$$

und

$$J_F[\psi_{2p}] = -\frac{1}{4} A (1 + 0{,}3914 \cdot \varepsilon c)^2. \tag{27.21}$$

Die Energie des Systems, die durch Formel (27.15) gegeben wird, beträgt hierbei

$$H_{2p,\,\ldots,\,n'_{\mathfrak{w}},\,\ldots} = -\frac{1}{4} A (1 + 0{,}3914 \cdot \varepsilon c)^2 + \hbar\,\omega \sum_{\mathfrak{w}} \left(n'_{\mathfrak{w}} + \frac{1}{2}\right). \tag{27.22}$$

Es wurden noch einige weitere angeregte Zustände des Elektrons berechnet [43]; diese werden jedoch für das Folgende nicht benötigt und deshalb auch nicht behandelt.

Man hat zu beachten, daß bei verschiedenen Zuständen des Elektrons ψ_{1s}, $\psi_{2p}, \ldots$ auch die dielektrische Verschiebung $\mathfrak{D}[\psi, \mathfrak{r}]$ der $|\psi|^2$-Wolke des Elektrons und die Gleichgewichtslagen $q_{\mathfrak{w}0}$ der Ionen verschieden sein werden [siehe Formeln (27.5) und (27.10)]. Zur Unterscheidung dieser Größen für die verschiedenen Elektronenzustände versehen wir sie mit denselben Indizes wie die ψ-Funktionen des Elektrons; wir schreiben also für den Grundzustand $\mathfrak{D}_{1s}$, $\mathfrak{D}_{\mathfrak{w}1s}$, $q_{\mathfrak{w}1s}$, für den ersten angeregten Zustand $\mathfrak{D}_{2p}$, $\mathfrak{D}_{\mathfrak{w}2p}$, $q_{\mathfrak{w}2p}$.

§ 28. Lichtabsorption durch F-Zentren

In diesem Paragraphen wird der optische Übergang eines Elektrons aus dem Zustand ψ_{1s} in den Zustand ψ_{2p} behandelt. Dabei wird die Tatsache, daß das Elektron mit den longitudinalen Polarisationsschwingungen der Ionen in starker Wechselwirkung steht, bei der Berechnung Beachtung und in den Ergebnissen deutlichen Ausdruck finden.

Vor dem optischen Übergang befindet sich das System im Grundzustand

$$\Psi_{1s,\,\ldots,\,n_{\mathfrak{w}},\,\ldots} = \psi_{1s}(\mathfrak{r}) \prod_{\mathfrak{w}} \Phi_{n_{\mathfrak{w}}}(q_{\mathfrak{w}} - q_{\mathfrak{w}1s})\,. \tag{28.1}$$

Durch den optischen Übergang gelangt es in den Endzustand

$$\Psi_{2p,\,\ldots,\,n'_{\mathfrak{w}},\,\ldots} = \psi_{2p}(\mathfrak{r}) \prod_{\mathfrak{w}} \Phi_{n'_{\mathfrak{w}}}(q_{\mathfrak{w}} - q_{\mathfrak{w}2p})\,. \tag{28.2}$$

Beim optischen Übergang wird Licht absorbiert, dessen Frequenz durch die Beziehung

$$\begin{aligned} \hbar\,\omega_l &= H_{2p,\,\ldots,\,n'_{\mathfrak{w}},\,\ldots} - H_{1s,\,\ldots,\,n'_{\mathfrak{w}},\,\ldots} \\ &= A (0{,}75 + 0{,}471 \cdot \varepsilon c + 0{,}0728 \cdot \varepsilon^2 c^2) + l\,\hbar\,\omega \end{aligned} \tag{28.3}$$

gegeben wird, wobei

$$l = \sum_{\mathfrak{w}} (n'_{\mathfrak{w}} - n_{\mathfrak{w}}) \tag{28.4}$$

eine ganze Zahl, nämlich die Gesamtzahl der Schwingungsquanten der Ionen, die beim optischen Übergang entstehen, darstellt.

Die Übergangswahrscheinlichkeit pro Zeiteinheit beträgt

$$P_{12} = \frac{4\pi^2 e^2}{\hbar^2} |Z_{12}|^2 \frac{S(\omega_l)}{c_1 n(\omega_l)}. \tag{28.5}$$

Hierbei ist S die spektrale Energiedichte des Lichtes, c_1 die Lichtgeschwindigkeit im Vakuum und Z_{12} das Matrixelement der Projektion des Radiusvektors des Elektrons auf die Richtung der elektrischen Feldstärke der Lichtwelle, in welche die z-Achse gelegt wurde. Die Formel (28.5) unterscheidet sich von der üblichen Formel für Atome im Vakuum [44] durch den Faktor $n(\omega_l)$ im Nenner, den Brechungsindex des Kristalls.

Die gesamte Lichtenergie der Frequenz ω_l, welche pro Zeiteinheit im cm^3 des Kristalls absorbiert wird, ist

$$S(\omega_l)\, \tau_l \equiv \hbar\, \omega_l\, N \sum_{(l)} P_{12}. \tag{28.6}$$

Hierbei ist N die Konzentration der F-Zentren, $\sum_{(l)}$ bedeutet die Summierung über sämtliche Übergänge, bei denen die Energie $\hbar\omega_l$ absorbiert wird, d. h. über alle Endzustände, für die die Quantenzahlen $n'_{\mathfrak{w}}$ der Beziehung (28.4) bei vorgegebenem l genügen.

Wir gehen nun zur Berechnung des Matrixelements

$$Z_{12} = \int \psi_{1s}^{*}(\mathfrak{r})\, z\, \psi_{2p}(\mathfrak{r})\, d\tau \prod_{\mathfrak{w}} \int \Phi_{n_{\mathfrak{w}}}^{*}(q_{\mathfrak{w}} - q_{\mathfrak{w}\,1s})\, \Phi_{n'_{\mathfrak{w}}}(q_{\mathfrak{w}} - q_{\mathfrak{w}\,2p})\, d q_{\mathfrak{w}} \tag{28.7}$$

über und führen folgende Bezeichnungen ein:

$$z_{12} = \int \psi_{1s}^{*}\, z\, \psi_{2p}\, d\tau = \frac{32}{\sqrt{7}} \frac{(2\beta)^{5/2}}{\alpha} \frac{2\beta + 6}{(2\beta + 1)^6} \tag{28.8}$$

und

$$s_{\mathfrak{w}} = \int \Phi_{n_{\mathfrak{w}}}^{*}(q_{\mathfrak{w}} - q_{\mathfrak{w}\,1s})\, \Phi'_{n_{\mathfrak{w}}}(q_{\mathfrak{w}} - q_{\mathfrak{w}\,2p})\, d q_{\mathfrak{w}}$$

$$= \begin{cases} 1 - \frac{1}{2} (q_{\mathfrak{w}\,1s} - q_{\mathfrak{w}\,2p})^2 \left(n_{\mathfrak{w}} + \frac{1}{2}\right) + \dots & \text{für } n'_{\mathfrak{w}} = n_{\mathfrak{w}}, \quad (28.9\text{a}) \\ (q_{\mathfrak{w}\,1s} - q_{\mathfrak{w}\,2p}) \sqrt{\frac{n_{\mathfrak{w}} + 1}{2}} + \cdots & \text{für } n'_{\mathfrak{w}} = n_{\mathfrak{w}} + 1, \quad (28.9\text{b}) \\ -(q_{\mathfrak{w}\,1s} - q_{\mathfrak{w}\,2p}) \sqrt{\frac{n_{\mathfrak{w}}}{2}} + \cdots & \text{für } n'_{\mathfrak{w}} = n_{\mathfrak{w}} - 1. \quad (28.9\text{c}) \end{cases}$$

Hier sind $q_{\mathfrak{w}\,1s}$ und $q_{\mathfrak{w}\,2p}$ kleine Größen: sie sind proportional $L^{-3/2}$, wenn L die Kantenlänge des Grundgebietes ist, in dem die Basisfunktionen $\chi_{\mathfrak{w}}(\mathfrak{r})$ orthonormal sind (siehe § 12). Die Punkte in den Formeln (28.9) bezeichnen Glieder höherer Ordnung.

Zunächst behandeln wir den „reinen Elektronenübergang“, bei dem sich die Oszillatorenquantenzahlen nicht ändern. In diesem Fall haben alle $s_{\mathfrak{w}}$ den Wert (28.9a). Das in Formel (28.7) vorkommende Produkt hat die Form

$$s = \prod_{\mathfrak{w}} s_{\mathfrak{w}} = \prod_{\mathfrak{w}} \left[1 - \frac{1}{2} (q_{\mathfrak{w}\,1s} - q_{\mathfrak{w}\,2p})^2 \left(n_{\mathfrak{w}} + \frac{1}{2} \right) + \cdots \right]. \qquad (28.10)$$

Es enthält unendlich viele Faktoren: während L unbeschränkt wächst, geht die Dichte der Wellenzahlen $\mathfrak{w}$ ebenfalls wie L^3 gegen Unendlich. Andererseits geht jeder Faktor gegen Eins und unterscheidet sich von Eins um eine Größe der Ordnung L^{-3}. Man erhält

$$s = \lim_{L \to \infty} \prod_{\mathfrak{w}} s_{\mathfrak{w}} = e^{-\frac{1}{2} \sum\limits_{\mathfrak{w}} (q_{\mathfrak{w}\,1s} - q_{\mathfrak{w}\,2p})^2 (n_{\mathfrak{w}} + \frac{1}{2})}. \qquad (28.11)$$

Man sieht leicht ein, daß die fortgelassenen Glieder höherer Ordnung in (28.9a) in dem Grenzausdruck (28.11) verschwinden.

Wir gehen nun zur Behandlung der Übergänge über, bei denen die Oszillatorenquantenzahlen $n_{\mathfrak{w}}$ sich ändern. Zunächst betrachten wir Übergänge, bei denen l_1 der Quantenzahlen $n_{\mathfrak{w}_i}$ um Eins zunehmen, während die l_2 übrigen Quantenzahlen $n_{\mathfrak{w}_j}$ um Eins abnehmen. Dieser Fall unterscheidet sich von dem oben behandelten dadurch, daß in dem Produkt:

$$\prod_{\mathfrak{w}} \int \Phi^*_{n_{\mathfrak{w}}} (q_{\mathfrak{w}} - q_{\mathfrak{w}\,1s})\, \Phi'_{n_{\mathfrak{w}}} (q_{\mathfrak{w}} - q_{\mathfrak{w}\,2p})\, d q_{\mathfrak{w}} \qquad (28.12)$$

l_1 Faktoren nicht den Wert (28.9a), sondern (28.9b) haben, während l_2 andere Faktoren statt (28.9a) den Wert (28.9c) haben. Der Ausfall einer beliebigen endlichen Anzahl von Faktoren der Form (28.9a) ändert im Grenzwert das Produkt (28.12) nicht; man hat also nur zusätzlich die entsprechende Anzahl von Faktoren der Form (28.9b) und (28.9c) hinzuzufügen. Für die behandelten Übergänge, bei denen l_1 Schwingungsquanten erzeugt und l_2 absorbiert werden, ist also

$$\prod_{\mathfrak{w}} s_{\mathfrak{w}} = \pm\, s \prod_{i=1}^{l_1} (q_{\mathfrak{w}_i 1s} - q_{\mathfrak{w}_i 2p}) \sqrt{\frac{n_{\mathfrak{w}_i} + 1}{2}} \prod_{j=1}^{l_2} (q_{\mathfrak{w}_j 1s} - q_{\mathfrak{w}_j 2p}) \sqrt{\frac{n_{\mathfrak{w}_j}}{2}}. \qquad (28.13)$$

Wir wenden uns nun der Berechnung der Summe zu, die in Formel (28.6) auftritt:

$$\sum_{(l)} P_{12} = \frac{4\pi e^2 |z_{12}|^2 S(\omega_l)}{\hbar^2 c_1 n(\omega_l)} R_l, \qquad (28.14)$$

mit

$$R_l = \sum_{(l)} \Big| \prod_{\mathfrak{w}} s_{\mathfrak{w}} \Big|^2. \qquad (28.15)$$

Wir vollziehen die Summation in zwei Schritten: zunächst summieren wir über sämtliche Übergänge, bei denen l_2 Oszillatorenquanten absorbiert und $l_1 = l_2 + l$ erzeugt werden; dann summieren wir über alle möglichen positiven Werte der

Zahl l_2 bei festem l. Die erste Summe hat die Form

$$R_{l_1 l_2} = \sum_{(l_1 l_2)} \left| \prod_{\mathfrak{w}} s_{\mathfrak{w}} \right|^2 = \frac{\iota^2}{l_1! \, l_2!} \sum_{\underbrace{\ldots, \mathfrak{w}_i, \ldots}_{l_1} \underbrace{\ldots, \mathfrak{w}_j, \ldots}_{l_2}} \prod_{i=1}^{l_1} (q_{\mathfrak{w}_i 1 s} - q_{\mathfrak{w}_i 2 p})^2 \times \\ \times \frac{n_{\mathfrak{w}_i} + 1}{2} \prod_{j=1}^{l_2} (q_{\mathfrak{w}_j 1 s} - q_{\mathfrak{w}_j 2 p})^2 \frac{n_{\mathfrak{w}_j}}{2}. \qquad (28.16)$$

Diese Summierung trägt der Möglichkeit Rechnung, die l_1-Oszillatoren, deren Quantenzahl um Eins zunimmt, und die l_2-Oszillatoren, bei denen sie um Eins abnimmt, auf mehrere Arten zu wählen. Die Division durch $l_1!$ und $l_2!$ beruht darauf, daß Summanden, die sich nur durch Vertauschung der Indizes $\mathfrak{w}_i$ oder der Indizes $\mathfrak{w}_j$ unterscheiden, nicht zu verschiedenen, sondern zum gleichen Quantenübergang gehören und nur einmal berücksichtigt werden.

In Formel (28.16) handelt es sich um eine Summation von Gliedern, deren sämtliche Indizes $\mathfrak{w}_i$ bzw. $\mathfrak{w}_j$ verschieden sind. Man kann jedoch leicht zeigen, daß Glieder, bei denen zwei oder mehr Indizes $\mathfrak{w}_i$, $\mathfrak{w}_j$ übereinstimmen, zur Summe nur eine kleine Größe beitragen, die bei $L \to \infty$ verschwindet. Man kann also die Summation über ausnahmslos alle Kombinationen der Indizes $\mathfrak{w}_i$ und $\mathfrak{w}_j$ erstrecken.

Neben den oben betrachteten Übergängen hätte man auch noch solche zu behandeln, bei denen die Quantenzahlen der Oszillatoren sich um mehr als Eins ändern. Die Berechnung zeigt jedoch, daß diese Übergänge zur Summe (28.15) nur Glieder höherer Ordnung beitragen, die beim Grenzübergang $L \to \infty$ verschwinden.

In Formel (28.16) kann man die Summe der Produkte durch ein Produkt von Summen der Form

$$\left.\begin{aligned} \sum_{\mathfrak{w}} (q_{\mathfrak{w} 1 s} - q_{\mathfrak{w} 2 p})^2 \left\{ \begin{matrix} n_{\mathfrak{w}} + 1 \\ n_{\mathfrak{w}} \end{matrix} \right\} &= d \left\{ \begin{matrix} \bar{n} + 1, \\ \bar{n}, \end{matrix} \right. \\ d = \sum_{\mathfrak{w}} (q_{\mathfrak{w} 1 s} - q_{\mathfrak{w} 2 p})^2 & \end{aligned} \right\} \qquad (28.17)$$

ersetzen. Hier ist vorausgesetzt, daß die Ionenschwingungen im thermischen Gleichgewicht stehen und daß man den Mittelwert von $n_{\mathfrak{w}}$ vor das Summenzeichen ziehen kann:

$$\bar{n} = \frac{1}{e^{\frac{\hbar \omega}{k T}} - 1}. \qquad (28.18)$$

Aus den Formeln (28.17), (27.10), (27.6) und (27.5) ergibt sich

$$d = \frac{c}{4 \pi \hbar \omega} \sum_{\mathfrak{w}} (\mathfrak{D}_{\mathfrak{w} 1 s} - \mathfrak{D}_{\mathfrak{w} 2 p})^2 = \frac{c}{4 \pi \hbar \omega} \int (\mathfrak{D}_{1 s} - \mathfrak{D}_{2 p})^2 \, d\tau. \qquad (28.19)$$

Wertet man dieses Integral mit Hilfe der Formeln (27.5), (24.1), (24.5), (27.19) und (27.20) aus, so erhält man

$$d = \frac{A}{\hbar \omega} \varepsilon c (3 + \varepsilon c) \left\{ \frac{3}{7} - 2\beta \cdot 0{,}6086 + \right. \\ \left. + \frac{1}{7} \left(\frac{2\beta}{2\beta + 1} \right)^5 \left[7 (2\beta + 1) + 19 + \frac{25}{2\beta + 1} + \frac{15}{(2\beta + 1)^2} \right] \right\}. \qquad (28.20)$$

Für die meisten Ionenkristalle ist $1 \leqq \varepsilon c \leqq 2$. In diesem Fall kann man den Ausdruck (28.20) mit einer Genauigkeit bis auf 3 Stellen hinter dem Komma angenähert mit Hilfe der einfachen Formel

$$d = \frac{A}{\hbar\omega}[-0{,}003 + 0{,}706\,\varepsilon c + 0{,}201(\varepsilon c)^2] \tag{28.21}$$

wiedergeben.

Mit Hilfe der Bezeichnung (28.17) kann man die Formel (28.16) folgendermaßen schreiben:

$$R_{l_1 l_2} = \frac{s^2}{l_1!\,l_2!}\left(d\,\frac{\overline{n}+1}{2}\right)^{l_1}\left(d\,\frac{\overline{n}}{2}\right)^{l_2}, \tag{28.22}$$

die Formel (28.11) folgendermaßen:

$$s = e^{-\frac{1}{2}(\overline{n}+\frac{1}{2})\,d}. \tag{28.23}$$

Zur Berechnung der Summe (28.15) haben wir $R_{l_1 l_2}$ über alle l_1 und l_2 zu summieren, deren Differenz den vorgegebenen Wert l hat:

$$R_l = \sum_{l_2=0}^{\infty} R_{l_2+l,\,l_2} = s^2\left(d\,\frac{\overline{n}+1}{2}\right)^{l}\sum_{l_2=0}^{\infty}\frac{\left(d^2\,\frac{(\overline{n}+1)\,\overline{n}}{4}\right)^{l_2}}{(l_2+l)!\,l_2!}$$
$$= s^2\left(1+\frac{1}{n}\right)^{l/2} I_l(z), \tag{28.24}$$

mit

$$z = d\sqrt{(\overline{n}+1)\,\overline{n}},$$

dabei ist $I_l(z)$ die Bessel-Funktion l. Ordnung mit imaginärem Argument:

$$I_l(z) = \frac{1}{i^l}\,J_l(iz). \tag{28.25}$$

Die gesamte Lichtenergie der Frequenz ω_l, welche pro Zeiteinheit im cm³ des Kristalls absorbiert wird, beträgt nach den Formeln (28.6) und (28.14)

$$\tau_l\,S(\omega_l) = \frac{4\pi e^2\,|z_{12}|^2\,N\omega_l}{\hbar\,c_1\,n(\omega_l)}\,S(\omega_l)\,R_l\,. \tag{28.26}$$

Das Absorptionsspektrum besteht aus einer Reihe äquidistanter Linien, deren Abstand gleich der Ionenschwingungsfrequenz ω ist.

Die Formeln (28.24) und (28.26) zeigen, daß sich die Intensitäten „stetig" von Linie zu Linie ändern. Unten wird gezeigt, daß die intensivsten Linien den optischen Übergängen entsprechen, bei denen zwanzig bis dreißig Ionenschwingungsquanten erzeugt werden. Die spektrale Breite des Absorptionsgebietes ist von der Größenordnung 0,4 bis 1,0 eV, der Abstand zwischen zwei benachbarten Linien 0,02 bis 0,03 eV.

In dem oben angenommenen Modell des dielektrischen Kontinuums besitzen sämtliche (optischen) Polarisations-Ionenschwingungen die gleiche Eigenfrequenz. In Wirklichkeit besteht jedoch im Kristall eine Dispersion, d. h., die Eigenfrequenzen $\omega_{\mathfrak{w}}$ der optischen Schwingungen sind stetige Funktionen von $\mathfrak{w}$ und nehmen mit wachsendem $\mathfrak{w}$ ab, wobei sie sich im allgemeinen um etwa 10% ändern. Die Berücksichtigung dieser Dispersion führt zu einer Verbreiterung der oben erwähnten diskreten Absorptionslinien. Da diese sehr nahe beieinander liegen, überdecken sie sich und bilden ein kontinuierliches Absorptionsspektrum. Im Frequenzintervall $d\omega_l$ liegen

$$\frac{d\omega_l}{\omega} \tag{28.27}$$

Absorptionslinien, und pro Zeiteinheit wird folglich eine Energiemenge

$$\tau_l\, S(\omega_l)\,\frac{d\omega_l}{\omega} \tag{28.28}$$

absorbiert.

Der Absorptionskoeffizient ist also

$$\tau(\omega_l) = \frac{\tau_l}{\omega} = \frac{4\pi e^2 |z_{12}|^2 N \omega_l}{\hbar\, n(\omega_l)\, c_1\, \omega}\, s^2 \left(1 + \frac{1}{\bar{n}}\right)^{l/2} I_l(z), \tag{28.29}$$

mit

$$\omega_l = \omega_0 + l\,\omega, \quad z = d\sqrt{(\bar{n}+1)\bar{n}}\,.$$

Hierbei ist ω_0 die Frequenz, die bei einem „reinen Elektronenübergang" absorbiert wird, und l kann als stetig veränderliche Größe angesehen werden.

Diese Formel kann man in zwei Grenzfällen vereinfachen; wir werden diese kurz als Fall hoher Temperaturen und als Fall tiefer Temperaturen unterscheiden.

1. Fall hoher Temperaturen

Es handelt sich um den Fall

$$z = d\sqrt{(\bar{n}+1)\bar{n}} \gg 1, \tag{28.30}$$

in dem für $l \leqq z$ die Näherungsgleichung

$$I_l(z) \approx \frac{1}{\sqrt{2\pi z}}\, e^{z - \frac{l^2}{2z}}\,. \tag{28.31}$$

gültig ist. Der Fehler dieser asymptotischen Formel macht schon bei $z = 4$ nur 4—6%, bei $z = 6$ dagegen nur noch 3…4% aus. An Stelle der Lichtfrequenz kann man leicht die Energie des Lichtquants $\Omega = \hbar\omega_l$ einführen. Benutzt man weiter die Bezeichnungen

$$\tau_{\max} = \frac{4\pi e^2 |z_{12}|^2 N \Omega}{n(\Omega)\, c_1\, \hbar^2 \omega}\, \frac{s^2}{\sqrt{2\pi z}}\, e^{z\left[1 + \frac{1}{8}\ln^2\left(1 + \frac{1}{\bar{n}}\right)\right]} \tag{28.32}$$

und

$$\Omega_{\max} = A(0{,}75 + 0{,}471\,\varepsilon c + 0{,}0728\,\varepsilon^2 c^2) + \\ + \frac{\hbar\omega d}{2}\sqrt{(\bar{n}+1)\bar{n}}\cdot\ln\left(1 + \frac{1}{\bar{n}}\right), \tag{28.33}$$

sowie

$$\delta = 2\hbar\,\omega\sqrt{2z\ln 2}, \tag{28.34}$$

so erhält man durch Einsetzen von (28.31) in (28.29) für den Absorptionskoeffizienten folgenden Ausdruck:

$$\tau = \tau_{\max}\, e^{-\frac{4\ln 2}{\delta^2}(\Omega - \Omega_{\max})^2}\,. \tag{28.35}$$

Setzt man in Formel (28.32) die Größe s in der exponentiellen Form (28.23) ein, so erhält man eine Exponentialfunktion mit dem Exponenten

$$d\left\{\sqrt{(\overline{n}+1)\overline{n}}\cdot\left[1+\frac{1}{8}\ln^2\left(1+\frac{1}{\overline{n}}\right)\right]-\overline{n}-\frac{1}{2}\right\}. \tag{28.36}$$

Der Ausdruck in der geschweiften Klammer ist praktisch gleich Null, wenn $\overline{n}$ zwischen 0,5 und ∞ liegt. Schließt man den nie verwirklichten Fall großer Werte von d aus, so kann man die Exponentialfunktion weglassen und die Formel (28.32) folgendermaßen schreiben:

$$\tau_{\max}=\frac{4\pi\,\varepsilon^2|z_{12}|^2 N\Omega}{n(\Omega)\,c_1\,\hbar^2\omega\sqrt{2\pi z}}. \tag{28.37}$$

Vernachlässigt man in Formel (28.35) die langsame Änderung von $\tau_{\max}$ bei einer Änderung der Frequenz des Lichtes (langsam gegenüber der schnellen Änderung des Exponentialfaktors), so kann man $\tau_{\max}$ als konstanten Koeffizienten ansehen, wobei man in (28.37) Ω durch $\Omega_{\max}$ zu ersetzen hat.

$\Omega_{\max}$ stellt hierbei die Frequenz dar (in energetischen Einheiten), bei welcher der Absorptionskoeffizient sein Maximum $\tau_{\max}$ annimmt. Bei hinreichend hohen Temperaturen, wenn also $\overline{n}\geqq\frac{1}{2}$ wird, ist der Ausdruck $\sqrt{(\overline{n}+1)\overline{n}}\cdot\ln(1+1/\overline{n})$ praktisch gleich Eins. In diesem Fall ist

$$\Omega_{\max}=A(0{,}75+0{,}471\,\varepsilon c+0{,}0728\,\varepsilon^2c^2)+\frac{\hbar\omega d}{2}. \tag{28.38}$$

Für Kristalle, bei denen $1\leqq\varepsilon c\leqq 2$ ist, kann man die Näherung (28.21) benutzen und erhält

$$\Omega_{\max}\cong A(0{,}749+0{,}824\,\varepsilon c+0{,}173\,\varepsilon^2c^2). \tag{28.39}$$

Der Parameter δ stellt die Halbwertsbreite der Absorptionsbande dar, d. h. den Abstand zwischen den beiden Punkten, in denen die Funktion (28.35) gleich der Hälfte ihres Maximums ist. Das Produkt

$$\delta\,\tau_{\max}=8\sqrt{\pi\ln 2}\,\frac{e^2|z_{12}|^2N\Omega_{\max}}{n\,\Omega_{\max}\,c_1\,\hbar} \tag{28.40}$$

hängt nicht von der Temperatur ab.

Bei hinreichend hohen Temperaturen, bei denen

$$\left.\begin{aligned}&\frac{\hbar\omega}{\mathrm{k}T}\leqq 1\\ \text{und}\qquad &\sqrt{(\overline{n}+1)\overline{n}}\cong\frac{\mathrm{k}T}{\hbar\omega}\end{aligned}\right\} \tag{28.41}$$

ist, haben wir

$$\delta\cong 2\sqrt{2\ln 2}\,\sqrt{d\,\hbar\,\omega\,\mathrm{k}T}. \tag{28.42}$$

2. Fall tiefer Temperaturen

Als tiefe Temperaturen bezeichnen wir solche, bei denen

$$\frac{z^2}{4(l+1)}\ll 1\quad\text{und}\quad\overline{n}\ll 1 \tag{28.43}$$

ist.

In diesem Fall kann man $I_l(z)$ in Formel (28.29) in eine Reihe nach Potenzen von z entwickeln und sich auf das erste Glied der Entwicklung beschränken. Man erhält

$$\left.\begin{aligned} \tau &= \tau_{\max}\sqrt{2\pi z}\cdot e^{-\frac{d}{2}}\frac{\left(\frac{d}{2}\right)^l}{\Gamma(l+1)} \\ l &= \frac{\omega_l-\omega_0}{\omega} > 0, \end{aligned}\right\} \tag{28.44}$$

mit

wobei $\tau_{\max}$ wie bisher durch Formel (28.37) definiert ist und Γ die Gammafunktion darstellt. Nach Formel (28.44) ist $\tau(\omega_l)$ eine glockenförmige Kurve, deren Form nicht von der Temperatur abhängt. Diese Kurve nimmt ein Maximum an bei

$$l_{\max} = \frac{d}{2}. \tag{28.45}$$

In dem behandelten Fall tiefer Temperaturen wird also $\Omega_{\max}$ durch die gleichen Formeln (28.38) und (28.39) gegeben, die wir im Fall hoher Temperaturen erhielten (der Zahlenwert von $\Omega_{\max}$ ist allerdings jetzt etwas größer, da ε bei Abkühlung des Kristalls sinkt). Das Maximum des Absorptionskoeffizienten beträgt bei tiefen Temperaturen

$$\tau^0_{\max} = \tau_{\max}\left(2\sqrt{(\bar{n}+1)\,\bar{n}}\right)^{1/2}. \tag{28.46}$$

Der Index ^{0} deutet an, daß die gegebene Größe sich auf den absoluten Nullpunkt der Temperatur bezieht. Die Formel (28.46) gilt unter der Voraussetzung, daß $l_{\max} \gg 1$ ist, und daß man demnach die asymptotische Darstellung von $\Gamma(l_{\max}+1)$ benutzen kann.

Eine elementare Rechnung zeigt, daß die Halbwertsbreite der Absorptionsbande im Fall tiefer Temperaturen

$$\delta^0 = 2\hbar\,\omega\sqrt{d\ln 2} \tag{28.47}$$

beträgt.

Das Produkt der Halbwertsbreite mit dem Maximum des Absorptionskoeffizienten hat den gleichen Wert wie bei hohen Temperaturen:

$$\tau^0_{\max}\cdot\delta^0 = \tau_{\max}\cdot\delta. \tag{28.48}$$

§ 29. Anwendung der Statistik bei thermischem Gleichgewicht

In § 19 wurde ein Idealkristall behandelt, in dem Elektronen- und Lochpolaronen durch thermische Ionisation der Moleküle des Kristalls entstanden sind. Die Gleichgewichtskonzentration der Polaronen wurde berechnet. In diesem Paragraphen wird der sogenannte *Verunreinigungshalbleiter* behandelt, in dem die Mehrzahl der Leitungselektronen (der Polaronen) durch thermische Ionisation der lokalisierten Zentren (der Elektronenspender) entsteht. Es wird vorausgesetzt, daß die thermische Dissoziationsenergie für die lokalisierten Zentren wesentlich kleiner ist als die für die Moleküle der Grundsubstanz; infolgedessen liefern die ersteren den Hauptbeitrag zu den Leitungselektronen, obwohl ihre Konzentration geringer ist als die der Moleküle der Grundsubstanz.

In diesem Paragraphen werden die Gleichgewichtskonzentration der Ladungsträger in einem Fremdhalbleiter sowie die Konzentration der Elektronen in den lokalisierten Zentren berechnet. Der Bestimmung dieser Größen war eine große Anzahl von Arbeiten gewidmet, die sich auf die alte Bändertheorie der Kristalle stützten. Die Ergebnisse aller dieser Berechnungen stimmen überein und bedürfen vom Standpunkt der Bändertheorie keiner weiteren Diskussion. Beachtet man jedoch die oben dargelegten Ergebnisse des Verfassers über die Theorie der Polaronen, der F- und der F'-Zentren, so sieht man sich vor die Notwendigkeit gestellt, die statistischen Berechnungen zu modernisieren, so daß sie zu Formeln für die Konzentration führen, die von den Formeln der Bändertheorie etwas verschieden sind.

Im folgenden Kapitel wird gezeigt werden, daß in vielen Fremdhalbleitern die Elektronenspender F-Zentren sind. Wir behandeln deshalb die Anwendung der Statistik auf einen Kristall mit F-Zentren. N_h sei die Konzentration der positiven Ladungen, in deren Nähe sich ein Elektron unter Bildung eines F-Zentrums lokalisieren kann; es werden dies überschüssige positive Ionen in Zwischengitterplätzen oder noch häufiger Stellen sein, an denen negative Ionen fehlen. Ferner sei N_0 die Konzentration der additiv in den Kristall eingefügten Elektronen; diese Elektronen sind beim absoluten Nullpunkt der Temperatur alle in F-Zentren lokalisiert (es wird vorausgesetzt, daß $N_h \geqq N_0$ ist). Die Konzentrationen der F- und F'-Zentren und der Leitungspolaronen bezeichnen wir mit N_F, $N_{F'}$ und N.

Die zur Dissoziation eines F-Zentrums, bei der das Elektron die positive Ladung verläßt und in den Zustand des freien Polarons übergeht, notwendige Energie erhalten wir, indem wir die Energie des Polaronenzustandes (16.30) um die Energie des Grundzustandes des Kristalls mit einem F-Zentrum vermindern.

Die letztere wird durch Formel (27.17) gegeben, wenn man in dieser $n_{\mathfrak{w}}$ gleich Null setzt. Die Dissoziationsenergie des F-Zentrums W_F beträgt also (bei $z = 1$)

$$W_F = \frac{\mu e^4}{2\hbar^2 \varepsilon^2}\left(1 + \frac{2}{3}\varepsilon c\right) - \frac{3}{2}\hbar\omega. \tag{29.1}$$

Analog läßt sich die zur Dissoziation eines F'-Zentrums notwendige Energie bestimmen, durch die sich ein F-Zentrum und ein freies Polaron bilden. Hierzu hat man von der Energie eines Kristalls mit einem F-Zentrum und einem Polaron die Energie des Kristalls mit einem F'-Zentrum abzuziehen. Bei $z = 1$ ergibt sich [siehe Formel (26.18)]

$$W_{F'} = \frac{\mu e^4}{2\hbar^2 \varepsilon}\left[\frac{2}{9}\,\frac{1}{n^2} - \frac{1}{3\varepsilon}\right] - \frac{3}{2}\hbar\omega. \tag{29.2}$$

Im übrigen ist die statistische Berechnung vollkommen analog der in § 19 angestellten. Den Energienullpunkt legen wir so, daß die Energie des Systems verschwindet, wenn der Kristall sich im Grundzustand befindet, d. h., wenn sich die Elektronen in den Grundzuständen ihrer F-Zentren aufhalten, wenn keine Excitonen vorhanden sind und wenn die Ionen nur ihre Nullpunktsschwingungen ausführen. Die Gesamtheit aller im Kristall vorhandenen Excitonen sei charakterisiert durch die mehrgliedrige Quantenzahl m; die Gesamtenergie dieser Excitonen betrage W_m. Zur Energie eines angeregten Zustandes des Systems kann man folgendermaßen gelangen: man führt N Elektronen aus ihren F-Zentren in den Polaronenzustand über, wobei man die Energie

$$N W_F + \sum_{i=1}^{N} \frac{\hbar^2 k_i^2}{2M} \tag{29.3}$$

aufzuwenden hat. Das zweite Glied stellt hierbei die kinetische Energie der Polaronen dar. Dann bringt man $N_{F'}$ andere Elektronen aus ihren F-Zentren als zweite Elektronen in andere F-Zentren, wodurch diese zu F'-Zentren werden. Hierzu ist die Energie

$$N_{F'}(W_F - W_{F'}) \tag{29.4}$$

erforderlich. Ferner regt man Ionenschwingungen an und benötigt dazu eine Energie

$$\sum_{\mathfrak{w}}\overbrace{{}'''\cdots{}'}^{N} \hbar\,\omega_{\mathfrak{w}}\, n_{\mathfrak{w}}\,. \tag{29.5}$$

Die Summe hat hier N Striche, da das System beim Auftreten jedes Polarons drei Schwingungsfreiheitsgrade verliert (siehe § 16). Schließlich erzeugen wir im Kristall noch Excitonen, wozu wir die Energie W_m aufzuwenden haben. Die Energie des angeregten Kristalls beträgt dann

$$\begin{aligned} H(\ldots, n_{\mathfrak{w}}, \ldots; m, N, N_{F'}, \ldots, \mathfrak{k}_i, \ldots) = \sum_{\mathfrak{w}}\overbrace{{}'''\cdots{}'}^{N} \hbar\,\omega_{\mathfrak{w}}\, n_{\mathfrak{w}} + W_m + \\ + N W_F + N_{F'}(W_F - W_{F'}) + \sum_{i=1}^{N} \frac{\hbar^2 \mathfrak{k}_i^2}{2M}\,. \end{aligned} \tag{29.6}$$

Nach dem kanonischen Verteilungsgesetz beträgt die Wahrscheinlichkeit für einen Zustand mit den Quantenzahlen $\ldots, n_{\mathfrak{w}}, \ldots, m, N, N_{F'}, \ldots, \mathfrak{k}_i, \ldots$

$$P(n_{\mathfrak{w}}, m, N, N_{F'}, \mathfrak{k}_i) = A\, e^{-\frac{H(n_{\mathfrak{w}}, m, N, N_{F'}, \mathfrak{k}_i)}{\mathrm{k}T}}\,. \tag{29.7}$$

Uns interessiert die Wahrscheinlichkeit für bestimmte Werte von N und $N_{F'}$ bei beliebigen Werten der übrigen Quantenzahlen. Diese Wahrscheinlichkeit erhalten wir durch Summation der Wahrscheinlichkeit (29.7) über alle möglichen Zustände des Systems mit den gegebenen Werten von N und N_F:

$$\begin{aligned} P(N, N_{F'}) = \frac{A\, g^{N_0 - 2N_{F'}}}{N!} \frac{N_h!}{N_{F'}!\, N_F!\, (N_h - N_F - N_{F'})!} \times \\ \times \sum_{\ldots, n_{\mathfrak{w}}, \ldots, m, \ldots, \mathfrak{k}_i, \ldots} e^{-\frac{H}{\mathrm{k}T}}\,, \end{aligned} \tag{29.8}$$

mit

$$N_F = N_0 - N - 2N_{F'}\,.$$

Der Faktor $g^{N_0 - 2N_{F'}}$ stellt den Gewichtsfaktor der Spinentartung des Zustandes dar ($g = 2$); man erhält ihn leicht, wenn man bedenkt, daß alle N_0 Elektronen mit Ausnahme der $2N_{F'}$ Elektronen, die in den F'-Zentren lokalisiert sind, 2 Spinorientierungen haben können. In einem F'-Zentrum befinden sich (im Grundzustand) nach § 26 zwei Elektronen, deren Zustandsfunktion $\Psi(\mathfrak{r}_1, \mathfrak{r}_2)$ eine symmetrische Funktion der Koordinaten ist; die Spins der Elektronen können somit nur antiparallel orientiert sein. Im F'-Zentrum liegt also keine Spinentartung vor.

Der Bruch mit den Fakultäten in Formel (29.8) stellt die Anzahl der Verteilungsmöglichkeiten der N_F F-Zentren und der $N_{F'}$ F'-Zentren auf die N_h Leerstellen dar. Die Komponenten der Summe, die sich voneinander nur durch eine Vertauschung der Vektoren $\mathfrak{k}_i$ unterscheiden, entsprechen nicht verschiedenen Zuständen, sondern dem gleichen Zustand des Systems (sämtliche Polaronen sind identisch). Man hat also die Summe durch $N!$ zu teilen.

Wir gehen nun zur Berechnung der Summe in Formel (29.8) über und führen Bezeichnungen ein, die denen von § 19 entsprechen:

$$\sum_{\ldots, n_{\mathfrak{w}}, \ldots} e^{-\frac{1}{kT} \overbrace{\sum_{\mathfrak{w}}{}'' \cdots '}^{N} \hbar \omega_{\mathfrak{w}} n_{\mathfrak{w}}} = \overbrace{\prod_{\mathfrak{w}}{}'' \cdots '}^{N} \frac{1}{1 - e^{\frac{\hbar \omega_{\mathfrak{w}}}{kT}}}$$

$$= Z_{\text{Ion}}(T) \left(1 - e^{-\frac{\hbar \omega}{kT}}\right)^{3N}, \tag{29.9}$$

dabei ist Z_{Ion} die Zustandssumme der Ionenschwingungen des Dielektrikums ohne zusätzlich eingeführte Elektronen. Die Zustandssumme der Excitonen ist

$$\sum_m e^{-\frac{W_m}{kT}} = Z_{\text{Exc}}(T). \tag{29.10}$$

Ferner ist

$$\sum_{\mathfrak{k}} e^{-\frac{\hbar^2 \mathfrak{k}^2}{2MkT}} \to \left(\frac{L}{2\pi}\right)^3 \int_0^\infty e^{-\frac{\hbar^2 k^2}{2MkT}} \cdot 4\pi k^2 \, dk = L^3 \left(\frac{MkT}{2\pi \hbar^2}\right)^{3/2}. \tag{29.11}$$

Unter Benutzung der Formeln (29.9) bis (29.11) kann man die Formel (29.8) folgendermaßen darstellen:

$$P(N, N_{F'}) = \frac{A\, g^{N_0 - 2N_{F'}}}{N!} \frac{N_h!\, Z_{\text{Ion}} \cdot Z_{\text{Exc}}}{N_{F'}!\, N_F!\, (N_h - N_F - N_{F'})!} \left(1 - e^{-\frac{\hbar \omega}{kT}}\right)^{3N} \times$$

$$\times \left[L^3 \left(\frac{MkT}{2\pi \hbar^2}\right)^{3/2}\right]^N e^{-\frac{1}{kT}[N W_F + N_{F'}(W_F - W_{F'})]}, \tag{29.12}$$

mit

$$N_F = N_0 - N - 2N_{F'}.$$

Um die wahrscheinlichsten Werte für N und $N_{F'}$ zu bestimmen, hat man das Maximum von $P(N, N_{F'})$ aufzusuchen (einfacher das Maximum des Logarithmus dieser Größe). Setzen wir die partiellen Ableitungen von $\ln P(N, N_{F'})$ nach N

und $N_{F'}$ gleich Null, so erhalten wir die beiden Gleichungen

$$N(N_h - N_0 + N + N_{F'}) = (N_0 - N - 2N_{F'}) \left(1 - e^{-\frac{\hbar\omega}{\mathrm{k}T}}\right)^3 L^3 \left(\frac{M\mathrm{k}T}{2\pi\hbar^2}\right)^{3/2} e^{-\frac{W_F}{\mathrm{k}T}} \tag{29.13}$$

und

$$N_{F'}(N_h - N_0 + N + N_{F'}) = \frac{1}{g^2}(N_0 - N - 2N_{F'})^2 e^{-\frac{W_F - W_{F'}}{\mathrm{k}T}}. \tag{29.14}$$

Aus diesen Gleichungen lassen sich die Maximalwerte von N und $N_{F'}$ bestimmen.

Bei nicht allzu hohen Temperaturen, bei denen sich der größere Teil der zusätzlich in den Kristall eingeführten Elektronen im unangeregten Grundzustand befindet, ist

$$N \quad \text{und} \quad N_{F'} \ll N_0. \tag{29.15}$$

In diesem Fall lassen sich die Gleichungen (29.13) und (29.14) vereinfachen und auf die Form

$$N(N_h - N_0 + N + N_{F'}) = N_0 \left(1 - e^{-\frac{\hbar\omega}{\mathrm{k}T}}\right)^3 L^3 \left(\frac{M\mathrm{k}T}{2\pi\hbar^2}\right)^{3/2} e^{-\frac{W_F}{\mathrm{k}T}} \tag{29.16}$$

bzw.

$$N_{F'}(N_h - N_0 + N + N_{F'}) = \frac{N_0^2}{g^2} e^{-\frac{W_F - W_{F'}}{\mathrm{k}T}} \tag{29.17}$$

reduzieren.

Führt man die Bezeichnung

$$Q = \left(1 - e^{-\frac{\hbar\omega}{\mathrm{k}T}}\right)^3 L^3 \left(\frac{M\mathrm{k}T}{2\pi\hbar^2}\right)^{3/2} \tag{29.18}$$

ein, so kann man die Lösung der Gleichungen (29.16) und (29.17) folgendermaßen schreiben:

$$\frac{N_{F'}}{N} = \frac{N_0}{g^2 Q} e^{\frac{W_{F'}}{\mathrm{k}T}}, \tag{29.19}$$

dabei ist

$$N = \frac{-(N_h - N_0) + \left[(N_h - N_0)^2 + 4\left(1 + \frac{N_0}{g^2 Q} e^{\frac{W_{F'}}{\mathrm{k}T}}\right) N_0 Q e^{-\frac{W_F}{\mathrm{k}T}}\right]^{1/2}}{2\left(1 + \frac{N_0}{g^2 Q} e^{\frac{W_{F'}}{\mathrm{k}T}}\right)}.[1] \tag{29.20}$$

Oftmals stimmt die Anzahl der zusätzlich eingeführten Elektronen mit derjenigen der positiven Zentren N_h überein. Das tritt z. B. ein, wenn der Halbleiter neutral ist und falls außer den Elektronen keine anderen negativen Ladungen (Ionen) in den Kristall eingeführt wurden. In diesem Fall geht Formel (29.20) über in

$$N = \left(\frac{N_0 Q e^{-\frac{W_F}{\mathrm{k}T}}}{1 + \frac{N_0}{g^2 Q} e^{\frac{W_{F'}}{\mathrm{k}T}}}\right)^{1/2}. \tag{29.21}$$

[1]) Formel (29.20) wurde zuerst von T. I. Lieberberg abgeleitet, aber nicht veröffentlicht.

Bei hinreichend tiefen Temperaturen ist das zweite Glied im Nenner stets wesentlich größer als Eins, was nach Formel (29.19) der Ungleichung $N_{F'} \gg N$ entspricht. Bei diesen Temperaturen geht Formel (29.21) über in

$$N = g\,Q\,e^{-\frac{W_F + W_{F'}}{2\,\mathrm{k}\,T}}. \tag{29.22}$$

Es ist interessant, festzustellen, daß in diesem Fall die Anzahl N der Ladungsträger nicht von der Anzahl N_h $(= N_0)$ der Spenderterme abhängt, ferner daß im Exponenten der Exponentialfunktion die Energie $W_F + W_{F'}$ auftritt.

Bei höheren Temperaturen kann in Formel (29.21) im Nenner das zweite Glied wesentlich kleiner als Eins werden, also $N_{F'} \ll N$. Dann führt diese Formel zu

$$N = \sqrt{N_0 Q}\, e^{-\frac{W_F}{2\,\mathrm{k}\,T}}. \tag{29.23}$$

Die Formeln (29.21) bis (29.23) entstehen aus (29.20), falls gilt

$$N_h - N_0 \ll N \quad \text{und} \quad N_{F'}. \tag{29.24}$$

Auch der Fall der Umkehrung dieser Ungleichung ist möglich:

$$N_h - N_0 \gg N \quad \text{und} \quad N_{F'}. \tag{29.25}$$

In diesem Fall geht Formel (29.20) näherungsweise über in

$$N = \frac{N_0 Q}{N_h - N_0}\, e^{-\frac{W_F}{\mathrm{k}\,T}}. \tag{29.26}$$

Alle eben abgeleiteten Formeln zeigen, daß N mit wachsender Temperatur monoton ansteigt. Folglich ist die Ungleichung (29.15) bei hinreichend hohen Temperaturen stets verletzt. (Die abgeleiteten Formeln sind dann nicht mehr gültig.) Das Nichterfülltsein dieser Ungleichung bedeutet, daß der größere Teil der Spenderterme seine Elektronen schon abgegeben hat; bei weiterem Ansteigen der Temperatur hört das Anwachsen von N auf, falls keine thermische Ionisation der Moleküle des Kristalls eintritt, wie sie in § 19 behandelt wurde.

Die Ergebnisse dieses Paragraphen können sich von den entsprechenden Ergebnissen der Bändertheorie wesentlich unterscheiden, da hier ein anderer Wert für den Koeffizienten Q auftritt.

KAPITEL VI

Vergleich zwischen Theorie und Experiment. Anwendung der Theorie auf reale Kristalle.

§ 30. Bestimmung der Parameter der Theorie

Die oben entwickelte Theorie enthält die vier Parameter ε, n, ω und μ. Diese Parameter sind nicht nur kennzeichnend für Polaronen, F-Zentren und F'-Zentren, sie charakterisieren auch den idealen Kristall ohne lokalisierte Elektronenzustände. Die Werte der Parameter lassen sich also unabhängig von den oben behandelten Erscheinungen durch Untersuchung verschiedener Eigenschaften der Idealkristalle bestimmen.

Insbesondere sind die Parameter ε, n und ω wesentlich in der Formel enthalten, die das Dispersionsgesetz für Licht im Idealkristall angibt; sie lassen sich aus den experimentellen Dispersionskurven bestimmen, wenn diese bekannt sind. Wir leiten nun die Dispersionsformel für Ionenkristalle mit einem Gitter vom Steinsalztyp im ultraroten Gebiet ab, und zwar fern von den Frequenzen, welche die gebundenen Elektronen des Dielektrikums absorbieren. In diesem Frequenzgebiet kann man annehmen, daß die Elektronenhüllen trägheitslos polarisiert werden, da ihre Polarisation durch die Konstante n^2 gekennzeichnet wird, die nicht von der Frequenz abhängt. $\varepsilon(\omega_l)$ sei die Dielektrizitätskonstante für harmonisch mit der Frequenz ω_l schwingende Felder, während wir unter ε wie bisher die statische Dielektrizitätskonstante verstehen wollen $\big(\varepsilon = \varepsilon(0)\big)$. Ganz ähnlich, wie wir die HAMILTON-Funktion für die longitudinalen Polarisationsschwingungen (12.13) erhielten, können wir auch für die transversalen Polarisationsschwingungen mit großer Wellenlänge die HAMILTON-Funktion

$$H_{\mathrm{opt}\,\perp} = \frac{2\pi}{c} \sum_{\mathfrak{w}} \left(\mathfrak{P}_{\mathfrak{w}}^2 + \frac{1}{\omega^2}\dot{\mathfrak{P}}_{\mathfrak{w}}^2\right) = \frac{2\pi}{c} \int_{L^3} \left[\mathfrak{P}^2(\mathfrak{r}) + \frac{1}{\omega^2}\dot{\mathfrak{P}}^2(\mathfrak{r})\right] d\tau \qquad (30.1)$$

schreiben. Diese HAMILTON-Funktion beschreibt die transversalen Eigenschwingungen der Ionen eines Idealkristalls. ω ist hier die Grenzfrequenz der Eigenschwingungen, die für die longitudinalen und transversalen Schwingungen übereinstimmt. Führt man eine monochromatische Lichtwelle mit der dielektrischen Verschiebung

$$\mathfrak{D}' = \mathfrak{D}_0' \cos[\omega_l t - \mathfrak{k}\,\mathfrak{r}] \qquad (30.2)$$

ein, so beträgt die Wechselwirkungsenergie der Polarisationsschwingungen mit der Lichtwelle

$$-\int_{L^3} \mathfrak{P}\,\mathfrak{D}'\,d\tau\,. \qquad (30.3)$$

Entwickelt man hier unter dem Integral $\mathfrak{P}$ in eine Reihe der Form (12.5) und integriert gliedweise, so erhält man die Wechselwirkungsenergie explizit ausgedrückt durch die Normalkoordinaten der Ionen $P_{\mathfrak{w}}$. Es erweist sich dabei, daß in die Wechselwirkungsenergie (30.3) nur die beiden Normalkoordinaten mit den Indizes

$$\mathfrak{w} = \pm \mathfrak{k} \tag{30.4}$$

eingehen. Die Lichtwelle tritt also nur mit diesen beiden Normalkoordinaten in Wechselwirkung.

Ergänzt man die HAMILTON-Funktion (30.1) durch das Glied (30.3) und betrachtet die erzwungenen Schwingungen der Ionen im Feld der Lichtwelle, so zeigt eine elementare Rechnung, daß die erzwungenen Schwingungen ein zusätzliches Dipolmoment der trägen Polarisation von der Größe

$$\mathfrak{P}' = \frac{c}{4\pi} \frac{\mathfrak{D}'}{1 - \frac{\omega_l^2}{\omega^2}} \tag{30.5}$$

erzeugen. Außerdem induziert die Lichtwelle ein Moment der trägheitslosen Polarisation von der Größe

$$\mathfrak{P}_e' = \frac{n^2 - 1}{4\pi n^2} \mathfrak{D}'. \tag{30.6}$$

Die gesamte Volumenpolarisation beträgt also

$$\mathfrak{P}_{\text{ges}}' = \mathfrak{P}' + \mathfrak{P}_e' = \frac{1}{4\pi} \left(\frac{c}{1 - \frac{\omega_l^2}{\omega^2}} + 1 - \frac{1}{n^2} \right) \mathfrak{D}'. \tag{30.7}$$

$\varepsilon(\omega_l)$ wird wie stets durch die Beziehung

$$\mathfrak{P}' = \frac{\varepsilon(\omega_l) - 1}{4\pi \varepsilon(\omega_l)} \mathfrak{D}' \tag{30.8}$$

gegeben. Durch Koeffizientenvergleich in den Formeln (30.8) und (30.7) erhalten wir

$$\varepsilon(\omega_l) = n^2 + \frac{\varepsilon - n^2}{1 - \frac{\varepsilon}{n^2} \frac{\omega_l^2}{\omega^2}}. \tag{30.9}$$

Führen wir die Bezeichnung

$$\omega_g^2 = \frac{n^2}{\varepsilon} \omega^2 \tag{30.10}$$

ein, so können wir die Formel (30.9) auf die ursprüngliche Form

$$\varepsilon(\omega_l) = n^2 + \frac{\varepsilon - n^2}{1 - \frac{\omega_l^2}{\omega_g^2}} \tag{30.11}$$

bringen. Das ist die Dispersionsformel in dem oben erwähnten ultraroten Gebiet. Die Frequenz ω_g, bei der die Dispersionskurve eine Singularität vom hyperbolischen Typ hat, stimmt nicht mit der Eigenschwingungsfrequenz der Ionen ω überein. Die tatsächliche Beziehung zwischen diesen beiden Frequenzen wird durch Formel (30.10) gegeben.[1]

[1] Wir machen darauf aufmerksam, daß die andere, falsche Beziehung zwischen diesen beiden Frequenzen in der Literatur sehr weit verbreitet ist.

Ist die Dispersionskurve des Kristalls experimentell bekannt, so kann man, indem man sie durch Formel (30.11) approximiert, die Parameter ε, n und ω bestimmen. Dabei ergibt sich ε als Grenzwert von $\varepsilon(\omega_l)$ bei $\omega_l^2 \ll \omega_g^2$, und n^2 als Grenzwert von $\varepsilon(\omega_l)$ bei $\omega_l^2 \gg \omega_g^2$, wobei ω_l aber nicht kleiner sein darf als die Frequenzen, welche die gebundenen Elektronen absorbieren. Hierbei muß also ω_l auf der experimentellen Dispersionskurve auf dem Plateau zwischen dem

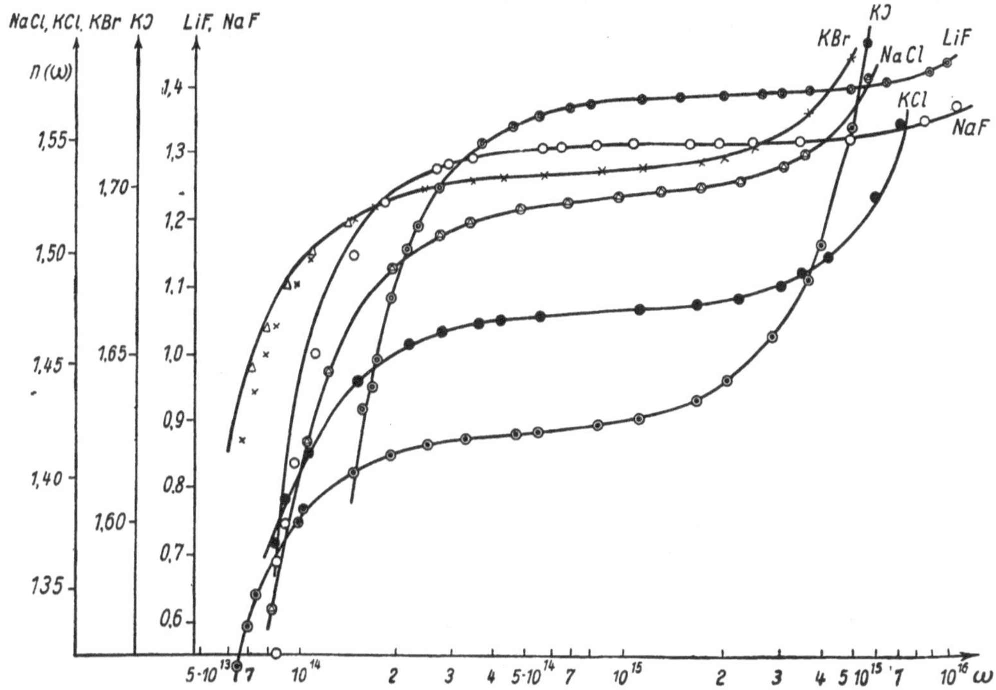

Abb. 30.1

Gebiet, wo vorwiegend die Ionen, und dem, wo vorwiegend die Elektronen absorbieren, liegen. Kennt man ε und n, so kann man ω aus der Beziehung (30.10) bestimmen.

K. B. Tolpygo verallgemeinerte die Dispersionsformel (30.11) [48], indem er sie in das Gebiet fortsetzte, in dem bereits Elektronendispersion vorliegt; er erhielt eine dreigliedrige Formel vom Typ:

$$\varepsilon(\omega_l) = 1 + \frac{n^2 - 1}{1 - \frac{\omega_l^2}{\omega_g'^2}} + \frac{\varepsilon - n^2}{1 - \frac{\omega_l^2}{\omega_g^2}}. \qquad (30.12)$$

Hier tritt noch ein weiterer Parameter ω_g' auf, der größenordnungsmäßig gleich den Frequenzen ist, welche die gebundenen Elektronen absorbieren können. Mit Hilfe dieser Formel approximierte K. B. Tolpygo die experimentellen Dispersionskurven für die Kristalle LiF, NaF, NaCl, KCl und KBr, KJ in einem größeren Frequenzbereich, als dies mit Formel (30.11) möglich ist. Die Ergebnisse sind in Abbildung 30.1 dargestellt. Die ausgezogenen Kurven stellen hier den theoretischen Gang der Dispersion nach Formel (30.12) dar, die Punkte die experimentellen Werte.

Bei der Approximation ergab sich, daß n sehr genau, dagegen ε weniger genau bestimmt werden kann (im Gebiet $\omega_l < \omega_g$ fehlen nämlich experimentelle Daten). Man ging also dazu über, für jeden Kristall mehrere Werte von ε vorzugeben, die innerhalb des Streuungsbereichs der experimentellen Werte lagen, welche die verschiedenen Verfasser bei unmittelbarer statischer Messung von ε erhielten. Für jeden der gewählten Werte ε wurde die Näherung durch zweckentsprechende Wahl von n, ω_g und ω_g' durchgeführt. Die Ergebnisse der Rechnungen sind in Tabelle 30.1 zusammengestellt.

Tabelle 30.1

Kristall	ε	n^2	$\omega_g \cdot 10^{-13}$	$\omega_d \cdot 10^{-13}$
LiF	8,142	1,926	6,083	
	8,726	**1,926**	**5,864**	**5,782**
	9,226	1,926	5,660	
NaF	**5,26**	**1,748**	**4,416**	**4,642**
NaCl	5,26	2,330	3,178	
	5,80	**2,330**	**3,095**	**3,085**
	6,00	2,330	3,011	
	6,29	2,330	2,898	
KCl	4,50	2,175	2,828	
	4,68	2,175	2,736	
	4,778	**2,175**	**2,687**	**2,666**
	4,94	2,175	2,604	
KBr	4,30	2,358	2,406	
	4,61	2,358	2,236	
	4,81	**2,358**	**2,141**	**2,135**
KJ	4,94	2,648	1,920	
	5,20	**2,648**	**1,828**	**1,848**

In der letzten Spalte der Tabelle sind zum Vergleich die Frequenzen maximaler Absorption in dünnen Schichten des Kristalls angegeben, die von Barnes [49] gemessen wurden. Der Vorzug wurde derjenigen Näherung gegeben, bei der ω_g dem Wert ω_d am nächsten kam. Die entsprechenden Zeilen in der Tabelle 30.1 sind durch Fettdruck hervorgehoben. In Abbildung 30.1 sind die Kurven dargestellt, die den hervorgehobenen Zeilen der Tabelle entsprechen.

Für andere Ionenkristalle, bei denen die Dispersion nicht in einem genügend großen Spektralgebiet gemessen worden war, beschränkte man sich auf eine gröbere Bestimmung der Parameter: der Brechungsindex n wurde in dem Gebiet des horizontalen Plateaus zwischen den Gebieten der Ionendispersion und der Elektronendispersion genommen. Für ε wurde der statische Wert benutzt. Die verschiedenen Autoren geben hier manchmal verschiedene Werte an. So rechnen z. B. für das Bleioxyd einige Verfasser mit einem Wert von 10, während in dem neusten

Artikel von GUDDEN und HENNINGER [50] die Werte 7,88 und 8,75 angegeben werden. Wir benutzen weiter unten für das Bleioxyd den abgerundeten Wert $\varepsilon = 9$.

Bis heute gibt es keine zuverlässige Methode zur Bestimmung der effektiven Masse des Elektrons. μ ist also der einzige unbekannte Parameter der Theorie. Unten werden wir μ durch Vergleich der berechneten Frequenz des Maximums der F-Absorptionsbande mit der entsprechenden experimentell gemessenen Größe bestimmen. Die auf diese Weise erhaltenen Werte von μ sind in Tabelle 31.1 angegeben.

§ 31. Vergleich der theoretischen Werte für die thermische Dissoziationsenergie der F-Zentren mit dem Experiment

Erhitzt man Alkalihalogenidkristalle mit F-Zentren auf einige hundert Grad Celsius, so tritt in ihnen eine elektronische „Dunkelleitfähigkeit" auf, deren Temperaturabhängigkeit durch

$$\sigma = \sigma_0 e^{-\frac{W}{2kT}} \tag{31.1}$$

gegeben wird; dabei liegt W bei den verschiedenen Kristallen zwischen 1,3 und 2 eV [51]. Diese Kristalle verwandeln sich also in typische Halbleiter, wobei die F-Zentren die Spenderterme für die Leitungselektronen darstellen. Letzteres ergibt sich daraus, daß eine entsprechende Erhitzung der gleichen Kristalle ohne F-Zentren nicht zu einer Elektronenleitfähigkeit führt.

Die spezifische elektrische Leitfähigkeit des Kristalls σ hängt mit der Beweglichkeit b und der Polaronenkonzentration N folgendermaßen zusammen:

$$\sigma = e\,b\,N\,. \tag{31.2}$$

Wie in § 20 gezeigt wurde, hängt die Beweglichkeit von der Temperatur verhältnismäßig wenig ab (insbesondere bei hohen Temperaturen); das beobachtete äußerst schnelle Anwachsen der Leitfähigkeit mit der Temperatur (31.1) beruht also auf der Temperaturabhängigkeit der Polaronenkonzentration N.

Die Gleichgewichtskonzentration der Polaronen wurde für den Fall, daß die F-Zentren Spenderterme sind, in § 29 berechnet. In den unten behandelten Fällen befindet sich der Hauptteil der zusätzlich in den Kristall eingeführten Elektronen im unangeregten Zustand. Außerdem ist in Formel (29.21) das zweite Glied im Nenner wesentlich kleiner als Eins. Die Gleichgewichtskonzentration der Polaronen wird also durch Formel (29.23) gegeben. Somit stellt die Aktivierungsenergie W, die in Formel (31.1) vorkommt und an Hand des Temperaturverlaufs der elektrischen Leitfähigkeit experimentell bestimmt werden kann, die thermische Dissoziationsenergie des F-Zentrums dar.

In der vierten Zeile der Tabelle 31.1 sind die Werte $\Omega_{\max}/A$ angegeben, die nach den Formeln (28.38) und (28.39) berechnet wurden. In der fünften Zeile sind die Lagen der Maxima der F-Banden, die experimentell gemessen wurden, angeführt. Der Koeffizient $A = \mu e^4/2\hbar^2\varepsilon^2$ wurde so gewählt, daß der theoretische Wert für $\Omega_{\max}$, der durch Formel (28.38) gegeben wird, mit dem gemessenen übereinstimmt. So wurden die Werte für μ, dem einzigen unbekannten Parameter

Tabelle 31.1

	Cu_2O	NaCl	NaBr	NaJ	KCl	KBr	KJ	RbCl	RbBr	RbJ
ε	9	5,8	6,39	6,6	4,78	4,81	5,2	5,2	5,16	5,58
n^2	4	2,33	2,6	2,91	2,175	2,36	2,65	2,18	2,36	2,6
εc	1,25	1,49	1,46	1,27	1,2	1,04	0,96	1,38	1,185	1,15
$\frac{\Omega_{\max}}{A}$	2,05	2,36	2,32	2,08	1,99	1,79	1,7	2,22	1,97	1,93
$\Omega_{\max}^{(\text{ber})} = \Omega_{\max}^{(\text{gem})}$ [eV]	0,62	2,65	2,29	2,1	2,19	1,96	1,8	1,98	1,71	1,59
A [eV]	0,302	1,12	0,985	1,01	1,10	1,10	1,06	0,895	0,867	0,825
$\frac{\mu}{m}$	1,81	2,78	2,96	3,25	1,85	1,87	2,11	1,78	1,70	1,89
$W_F^{(\text{ber})}$ [eV]	0,51	2,2	1,9	1,8	2,0	1,8	1,7	1,7	1,5	1,4
$W_F^{(\text{gem})}$ [eV]	0,5–0,6	1,9	1,6	1,5	2,0	1,7	1,7	1,7	1,4	1,3

der Theorie, bestimmt (siebente Zeile der Tabelle). Dann wurden nach Formel (29.1) die theoretischen Werte für die thermische Dissoziationsenergie des F-Zentrums berechnet (achte Zeile). In der neunten Zeile sind zum Vergleich die experimentellen Werte für die thermische Dissoziationsenergie des F-Zentrums angegeben, die aus der Temperaturabhängigkeit der Dunkelleitfähigkeit bestimmt wurden.

Für Alkalihalogenidkristalle wurden die Werte für W_F benutzt, die Smakula [51] an Kristallen maß, welche im ganzen Volumen gleichmäßig verfärbt waren.[1])

[1]) Bekannt sind die Experimente, bei denen nicht der ganze Kristall, sondern nur ein kleiner Teil verfärbt war und bei denen dann diese Verfärbungswolke unter dem Einfluß eines äußeren elektrischen Feldes durch den Kristall wanderte. Die Verschiebung dieser Wolke erfolgt dadurch, daß die F-Zentren dissoziieren, die hierbei freigewordenen Elektronen sich in Richtung des angelegten Feldes bewegen und sich erneut lokalisieren, wobei sie neue F-Zentren bilden. Obwohl die Beweglichkeit der F-Zentrenwolke exponentiell von der Temperatur abhängt, darf man nicht versuchen, aus diesen Experimenten die thermische Dissoziationsenergie der F-Zentren zu bestimmen. Das liegt daran, daß die beschriebene

In der ersten Spalte der Tabelle 31.1 sind die Daten für das Kupferoxydul angegeben. Hier bildet das *F*-Zentrum ein positives „Defektelektron", das sich an einem freien Kupfergitterpunkt lokalisiert hat. Das Absorptionsspektrum des *F*-Zentrums im Kupferoxydul liegt im ultraroten Gebiet. Diese Absorption ist verbunden mit einer Photoleitfähigkeit. SCHÖNWALD [52] untersuchte die spektrale Verteilung dieser Photoleitfähigkeit; seine Ergebnisse sind in Abbildung 31.1 dargestellt.

Das Maximum der Kurve entspricht einer Energie des Lichtquants von 0,62 eV. Die Kurve hat die typische Glockenform, die für *F*-Zentren in Alkalihalogenidkristallen kennzeichnend ist [53].

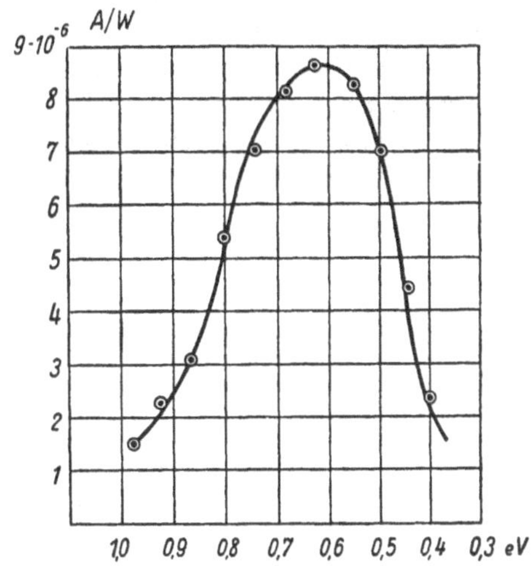

Abb. 31.1

Die Temperaturabhängigkeit der elektrischen Leitfähigkeit im Kupferoxydul wurde von vielen Verfassern untersucht. Die gemessenen Werte für die thermische Dissoziationsenergie weisen eine gewisse Streuung auf.

In Tabelle 31.1 sind die Werte von ENGELGARD [54] benutzt, da sie für die gleichen Cu_2O-Proben und für dieselben Zentren gelten wie die Messungen von SCHÖNWALD.

Beim Vergleich der beiden letzten Zeilen der Tabelle 31.1 sieht man, daß die berechneten Werte für die thermische Dissoziationsenergie gut mit den gemessenen übereinstimmen. Bei den drei Natriumsalzen, bei denen der Polarisationsradius des *F*-Zentrums kleiner ist als die Gitterkonstante und infolgedessen das Kriterium für die Anwendbarkeit der Theorie verletzt ist, ist die Übereinstimmung schlechter.[1])

Die charakteristischste Besonderheit unserer Theorie ist die Tatsache, daß die optische Anregungsenergie Ω_{max} größer ist als die thermische Dissoziations-

---

Bewegung der Wolke mit der Bewegung einer großen Raumladung im Kristall verbunden ist und ohne Neutralisationsströme, die in den unverfärbten Teil des Kristalls fließen, unmöglich werden. Die Beweglichkeit der Wolke wird also begrenzt und bestimmt durch die elektrische Leitfähigkeit des unverfärbten Kristalls, die ebenfalls exponentiell von der Temperatur abhängt.

[1]) Die Alkalihalogenidkristalle besitzen überhaupt außerordentlich kleine Polarisationsradien der *F*-Zentren, so daß die Kriterien für die Theorie der *F*-Zentren hier kaum erfüllt sind (für die Polaronentheorie liegen die Dinge anders). Halbleiter, die industriell verwandt werden, haben wesentlich größere Radien der *F*-Zentren. Das geht daraus hervor, daß die thermische Dissoziationsenergie der *F*-Zentren bei diesen Halbleitern von der Größenordnung einiger Zehntel eV ist, während sie bei den Alkalihalogenidkristallen 1,3 bis 2 eV beträgt (je geringer die thermische Dissoziationsenergie des *F*-Zentrums ist, desto größer ist im allgemeinen sein Radius). Leider sind die *F*-Absorptionsbanden der industriellen Halbleiter bisher wenig erforscht, da sie im ultraroten Spektralgebiet liegen. Wir mußten uns daher auf den Fall des Kupferoxyduls beschränken.

energie W_F, obwohl bei einem optischen Übergang das Elektron in einen diskreten Term, dagegen bei der thermischen Dissoziation in das Kontinuum gehoben wird. Das beruht darauf, daß beim optischen Übergang einige Dutzend Ionenschwingungsquanten erzeugt werden (siehe § 28). Aus Tabelle 31.1 geht hervor, daß sich auch experimentell die Energie eines optischen Übergangs als größer ergibt als die thermische Dissoziationsenergie.

Der Kürze halber lassen wir hier den Vergleich der in Kapitel IV dargelegten Theorie mit klassischer Behandlung der Ionenbewegung mit dem Experiment fort; der Leser findet ihn in dem entsprechenden Artikel [15]. Dort ergeben sich Werte für μ und W_F, die den in Tabelle 31.1 angeführten sehr nahe kommen.

Unter Benutzung der nunmehr bekannten Werte für μ können wir die effektive Masse M des Polarons berechnen. Die Ergebnisse dieser Rechnung sind in der folgenden Tabelle zusammengestellt.

Tabelle 31.2

	NaCl	KCl	KBr	KJ	Cu_2O
$\frac{M}{m}$	391	160	155	167	9,69

§ 32. *Breite, Form und Temperaturabhängigkeit der F-Absorptionsbanden*

Die typische Form der F-Absorptionsbanden und ihre Temperaturabhängigkeit sind in Abbildung 32.1 dargestellt. In dieser Abbildung ist das experimentell gemessene Absorptionsspektrum des KBr-Kristalls wiedergegeben [55].

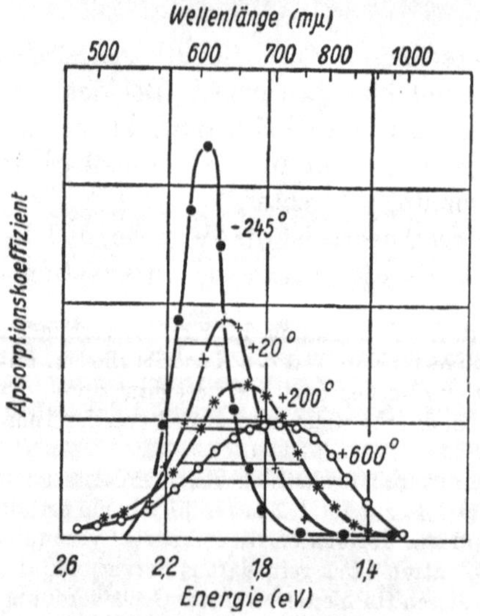

Abb. 32.1

Bei weiterer Abkühlung des Kristalls von $-245°$ C bis zum absoluten Nullpunkt ändert sich die Form der F-Bande nicht mehr. Im Fall hoher Temperaturen, bei denen die Ungleichung (28.30) erfüllt ist, wird die Halbwertsbreite der Absorptionsbande durch Formel (28.34) gegeben. Für alle oben behandelten Kristalle gehört die Zimmertemperatur zum Bereich der hohen Temperaturen. In Tabelle 32.1 werden die nach Formel (28.34) berechneten Halbwertsbreiten mit den bei Zimmertemperatur gemessenen verglichen. Bei den Berechnungen wurden die Werte der Parameter ε, n, ω und μ benutzt, die in den Tabellen 30.1 und 31.1 angegeben sind.

Die experimentellen Werte der Halbwertsbreiten für die Alkalihalogenidkristalle sind dem Buch von P. S. Tartakowski [33], für Kupferoxydul den Angaben von Schönwald entnommen (Abbildung 31.1). Da für das Kupferoxydul keine experimentellen Untersuchungen über die Dispersion im ultraroten Gebiet vorliegen, konnte ω nicht mit Hilfe der in § 30 dargelegten Methode bestimmt werden; man ging zu der weniger genauen Bestimmung von ω aus der Temperaturabhängigkeit der Beweglichkeit der Elektronen über, die in § 20 beschrieben wurde.

Tabelle 32.1. $T = 293°$ K

Kristall	NaCl	KCl	KBr	KJ	Cu_2O
$\hbar\omega$ [eV]	0,032	0,026	0,020	0,017	0,031
$\hbar\omega/kT$	1,28	1,04	0,795	0,675	1,24
$\sqrt{\bar{n}(\bar{n}+1)}$	0,73	0,92	1,22	1,45	0,76
$a = 2\,l_{max}$	52	47,6	51,9	53,7	11,6
z	37	43,8	63,3	77,8	8,78
δ_{ber} [eV]	0,47	0,40	0,37	0,35	0,22
δ_{gem} [eV]	0,47	0,35	0,35	0,35	0,35

Tabelle 32.1 zeigt, daß für die Alkalihalogenidkristalle die theoretischen Werte für die Halbwertsbreiten gut mit dem Experiment übereinstimmen. Beim Kupferoxydul ist die gemessene Halbwertsbreite 0,1 bis 0,15 *eV* größer als die berechnete, was sich folgendermaßen deuten läßt: die im vorigen Paragraphen erwähnte Streuung der experimentellen Werte für die thermische Dissoziationsenergie der *F*-Zentren im Kupferoxydul beruht auf der Nichtidealität der Kristalle und einer gewissen Verschiedenheit der *F*-Zentren. Nimmt man an, daß in den im vorigen Paragraphen erwähnten Cu_2O-Proben die Energieterme der *F*-Zentren eine Streuung von etwa 0,1 bis 0,15 eV hatten, so erklärt sich sowohl die Streuung der thermischen Dissoziationsenergien als auch die beobachtete zusätzliche Verbreiterung der *F*-Bande. Man muß auch beachten, daß die theoretische Formel (28.34) für Kristalle mit Steinsalzgitter abgeleitet wurde, und daß ihre Anwendung auf das Kupferoxydul keinen Anspruch auf hohe Genauigkeit erheben kann.

Bei einer Erhitzung der Kristalle wächst die Breite der Absorptionsbande, wie aus Abbildung 32.1 ersichtlich. Für die meisten Kristalle gilt bei Zimmer- und höheren Temperaturen die Formel (28.42), nach der die Breite proportional der Quadratwurzel aus der absoluten Temperatur steigen muß. Diese Schlußfolgerung aus der Theorie stimmt mit dem Experiment gut überein. So hängt beispielsweise im Fall des KBr-Kristalls nach Abbildung 32.1 das Verhältnis $\delta/\sqrt{T}$ nicht von der Temperatur ab:

T	293° K	473° K	873° K
$\delta/\sqrt{T}$	0,76	0,78	0,78

(δ ist hier in relativen Einheiten ausgedrückt.) Die Temperatur $-245°$ C zählt zu den tiefen Temperaturen. In diesem Fall wird die Halbwertsbreite der Bande durch Formel (28.47) gegeben. Für KBr errechnet sich δ^0 zu 0,24 eV, gemessen wird $\delta^0 = 0{,}22$ eV. Beim NaF ist $\delta^0_{ber} = 0{,}61$ eV, $\delta^0_{gem} = 0{,}62$ eV. Auch bei tiefen Temperaturen stehen also die theoretischen Werte für die Halbwertsbreite in guter Übereinstimmung mit dem Experiment.

Nach den Formeln (28.40) und (28.48) ist das Produkt $\tau_{max} \cdot \delta$ temperaturunabhängig. Diese Eigenschaft der F-Bande läßt sich experimentell in der Tat beobachten. Da die Theorie die richtige Temperaturabhängigkeit für die Halbwertsbreite δ liefert und das Produkt $\tau_{max} \cdot \delta$ temperaturunabhängig ist, ist offenbar auch die Temperaturabhängigkeit von τ_{max} in der Theorie richtig enthalten.

Nicht nur die Grundparameter der F-Bande (Halbwertsbreite und Höhe), sondern auch ihre charakteristische Form werden im Fall hoher Temperaturen durch Formel (28.35), im Fall tiefer Temperaturen durch Formel (28.44) gut wiedergegeben. Insbesondere bemerkten die Experimentatoren schon lange vor jeder Theorie der F-Bande die Ähnlichkeit dieser Kurve mit der „GAUSS-Kurve" (28.35). Die Temperaturunabhängigkeit der Form der F-Bande bei tiefen Temperaturen, die sich aus Formel (28.44) ergibt, wird experimentell ebenfalls festgestellt.

Das Experiment zeigt, daß sich bei einer Erhitzung des Kristalls das Maximum der F-Absorptionsbande nach langen Wellenlängen hin verschiebt [55]. Diese Verschiebung stellt einen verhältnismäßig kleinen Effekt dar: bei KBr etwa verringert sich Ω_{max} nach Abbildung 32.1 bei einer Änderung der absoluten Temperatur von 28 auf 873° K, bei der die Halbwertsbreite und die Höhe der Kurve sich fast um den Faktor vier ändern, nur um 15%. Die in Kapitel V dargelegte Theorie erhebt keinen Anspruch, diesen geringen Temperatureffekt erklären zu können, und zwar schon deshalb, weil bei einer so großen Temperaturänderung die Parameter ε und μ der Theorie sich ebenfalls merklich ändern können. Es ist jedoch interessant, festzustellen, daß die Formel (28.39) die Verringerung von Ω_{max} mit steigender Temperatur unerwartet gut wiedergibt, falls man in ihr die Temperaturabhängigkeit von ε berücksichtigt und die noch unbekannte Temperaturabhängigkeit von μ vernachlässigt: nach Formel (28.39) ist dann

$$\frac{1}{\Omega_{max}} \cdot \frac{d\Omega_{max}}{dt} = \left[\frac{(0{,}824 + 2\varepsilon c \cdot 0{,}173)(\varepsilon c + 1)}{0{,}749 + \varepsilon c \cdot 0{,}824 + (\varepsilon c)^2 \cdot 0{,}173} - 2\right] \frac{1}{\varepsilon} \cdot \frac{d\varepsilon}{dt}. \tag{32.1}$$

Der experimentell gefundene Wert für den Temperaturkoeffizienten von ε beträgt im Gebiet der Zimmertemperatur [56]

	NaCl	KCl
$\frac{1}{\varepsilon} \cdot \frac{d\varepsilon}{dt}$	$3{,}4 \cdot 10^{-4}$	$3{,}03 \cdot 10^{-4}$ [grad^{-1}]

Benutzt man diese Werte und berechnet nach Formel (32.1) die Temperaturabhängigkeit von Ω_{max}, so stimmt sie mit den experimentellen Daten überein [55]:

	NaCl	KCl
berechnetes $\frac{1}{\Omega_{max}} \cdot \frac{d\Omega_{max}}{dt}$	$2{,}0 \cdot 10^{-4}$	$1{,}9 \cdot 10^{-4}$
gemessenes $\frac{1}{\Omega_{max}} \cdot \frac{d\Omega_{max}}{dt}$	$1{,}8 \cdot 10^{-4}$	$1{,}8 \cdot 10^{-4}$

Aus den Darlegungen der Paragraphen 31 und 32 folgt die Anerkennung der Tatsache, daß die Theorie nicht nur qualitativ, sondern auch quantitativ die oben behandelten Grundeigenschaften der F-Zentren erklärt.

§ 33. Zur Theorie der Elektronenrekombination in Halbleitern [57]

Befindet sich ein Halbleiter im thermischen Gleichgewicht, so läßt sich die mittlere Elektronenzahl in den verschiedenen Energietermen leicht mit Hilfe der Statistik berechnen. Für diese Bestimmung braucht man nur die Energie und das statistische Gewicht der verschiedenen Quantenzustände des Elektrons zu kennen; eine Kenntnis des Mechanismus oder der Übergangswahrscheinlichkeit des Elektrons von einem Zustand in einen anderen ist nicht erforderlich.

Wesentlich schwieriger ist die Behandlung der Fälle, in denen das thermische Gleichgewicht gestört ist, z. B. wenn im Halbleiter durch Lichteinstrahlung, Röntgen-, γ-Strahlen oder durch Beschießung mit geladenen Teilchen eine zusätzliche Leitfähigkeit erzeugt wird. In diesen Fällen muß man zu kinetischen Gleichungen übergehen und dazu die Rekombinationswahrscheinlichkeiten der Elektronen kennen. Besonders schwierig ist die theoretische Behandlung einer Rekombination, die mit einem Übergang von Energie in Wärme verbunden ist; bis heute ist nämlich der Mechanismus der „thermischen Rekombination" nicht einmal qualitativ aufgeklärt. Nur ADIROWITSCH [71] erzielte auf diesem Gebiet bisher einige qualitative Ergebnisse[1]). In den kinetischen Gleichungen hat das Rekombinationsglied im allgemeinen die Form

$$\beta N' N,$$

wobei N die Konzentration der Leitungselektronen, N' die Konzentration der Rekombinationszentren und β der Rekombinationskoeffizient ist, den man gewöhnlich nur durch einen Vergleich der Theorie mit dem Experiment bestimmen kann. In diesem Paragraphen wird β für einige wichtige Spezialfälle theoretisch berechnet.

Die folgende Berechnung des Rekombinationskoeffizienten beruht nicht auf der Voraussetzung, daß die Ladungsträger stets Polaronen sind. Deshalb sind die gewonnenen Ergebnisse, obwohl die Darlegung im Rahmen der Polaronentheorie der Leitfähigkeit stattfindet, auch für andere Arten von Ladungsträgern gültig; insbesondere lassen sie sich auf homöopolare Kristalle anwenden, in denen die am Stromtransport beteiligten Ladungsträger von komplizierterer Natur sind [58].

Die Rekombinationszentren werden als unbeweglich (Fehlordnung des Kristalls) oder zumindest als weniger beweglich als die Polaronen angenommen (zum letzten Fall gehören Defektelektronen, falls sie eine große effektive Masse besitzen). Besitzen die Rekombinationszentren positive Ladung, so zieht ihr COULOMBsches Feld die Polaronen an. Sind sie neutral, so werden sie durch das Feld des herannahenden Polarons polarisiert, wodurch ebenfalls eine Anziehungskraft zwischen den Polaren und dem Rekombinationszentrum entsteht. Im allgemeinen Fall nehmen wir an, diese Anziehungskraft habe ein Potential $V(r)$ und reiche bis in Abstände von der Größenordnung mehrerer freier Weglängen des Polarons.

Wir umgeben in Gedanken die Rekombinationszentren mit Kugelflächen von einem kleinen Radius r und berechnen den Polaronenstrom, der in diese Kugeln

[1]) Anm. d. Red.: Vgl. z. B. KUBO, Phys. Rev. 86 (1952) 929.

eintritt. Dabei wird vorausgesetzt, daß r bedeutend kleiner ist als der mittlere Abstand zwischen den Zentren und daß man bei der Betrachtung des Stromes durch eine gegebene Kugelfläche den Einfluß der übrigen Zentren vernachlässigen kann. Andererseits wird r größer als die freie Weglänge des Polarons vorausgesetzt, so daß man bei der Berechnung des Stromes die üblichen Gleichungen der elektrischen Leitung und der Diffusion benutzen kann. Die Anzahl der Polaronen, die in der Sekunde in die Kugeln eindringen, welche pro Volumeneinheit des Halbleiters enthalten sind, beträgt:

$$z = S N b \frac{dV}{dr} + S D \frac{dN}{dr}, \tag{33.1}$$

dabei ist b die Beweglichkeit des Polarons, D sein Diffusionskoeffizient und S die Gesamtoberfläche aller Kugeln in der Volumeneinheit

$$S = 4\pi r^2 N'. \tag{33.2}$$

Unter $N(r)$ ist die Konzentration in der Umgebung der mehrfach zusammenhängenden Fläche, die aus den oben erwähnten Kugelflächen besteht, zu verstehen. Diese Kugeln schließen nur einen unbedeutenden Anteil des Gesamtvolumens des Kristalls ein. Die Elektronen, die durch eine Bestrahlung des Kristalls in das Leitfähigkeitsband gehoben wurden, werden sich also nach ihrer Bremsung und nach ihrem Übergang in den Polaronenzustand in der Mehrzahl aller Fälle außerhalb dieser Kugeln befinden und müssen, um ihre Rekombination zu ermöglichen, in Form des Stroms (33.1) durch die Kugeloberflächen dringen. Dieser Strom nimmt sehr bald quasistationären Charakter an: seine Relaxationszeit ist von der Größenordnung 10^{-12} Sekunden und darunter. Da sich während dieser kurzen Zeit die Gesamtzahl der Leitungselektronen im Kristall nicht merklich ändern kann, kann man z als quasistationären Strom betrachten, der nicht mehr von r abhängt, und z gleich der Anzahl der Rekombinationen setzen, die pro Sekunde und Volumeneinheit erfolgen.

Bestimmt man aus der Differentialgleichung (33.1) (wobei man z als von r unabhängig ansieht) die Größe $N(r)$, bezeichnet die Polaronenkonzentration in großer Entfernung von den Rekombinationszentren mit $N(\infty) = N_\infty$ und beachtet die bekannte Beziehung

$$\frac{D}{b} = \frac{\mathrm{k}T}{e}, \tag{33.3}$$

so erhält man

$$N(r) = \left(N_\infty - \frac{z}{4\pi N' D} \int_0^x e^{\frac{eV}{\mathrm{k}T}} dx\right) e^{-\frac{eV}{\mathrm{k}T}}, \qquad x = \frac{1}{r}. \tag{33.4}$$

Nähert sich das Polaron einem Rekombinationszentrum bis auf einen Abstand r_0 von der Größenordnung des Polaronenradius, so besteht eine gewisse Wahrscheinlichkeit für den Übergang des Elektrons in den gebundenen Zustand. Die Berechnung dieser Wahrscheinlichkeit ist außerordentlich schwierig. Man kann jedoch behaupten, daß die Anzahl der Elektronen, die in der Sekunde und in der Volumeneinheit in den gebundenen Zustand übergehen (die Anzahl der

Rekombinationsakte), proportional der Anzahl N' der Zentren und der Konzentration $N(r_0)$ der Polaronen in unmittelbarer Umgebung der Zentren ist. Die Zahl der Rekombinationsakte läßt sich also schreiben:

$$\beta_1 N' N(r_0),$$

dabei ist β_1 ein unbekannter Proportionalitätsfaktor. Nach Formel (33.4) ist:

$$N(r_0) = \left(N_\infty - \frac{z}{4\pi N' D} \int\limits_0^{\frac{1}{r_0}} e^{\frac{eV}{kT}} dx\right) e^{-\frac{eV(r_0)}{kT}}. \tag{33.5}$$

Wie bereits erwähnt, hat man im quasistationären Fall den Strom z gleich der Zahl der Rekombinationsakte zu setzen:

$$z = \beta_1 N' N(r_0). \tag{33.6}$$

Aus den Gleichungen (33.5) und (33.6) folgt

$$z = \frac{\beta_1 N' N_\infty e^{-\frac{eV(r_0)}{kT}}}{1 + \frac{\beta_1}{4\pi D} e^{-\frac{eV(r_0)}{kT}} \int\limits_0^{\frac{1}{r_0}} e^{\frac{eV}{kT}} dx}. \tag{33.7}$$

Es sind hier zwei Grenzfälle möglich:

A. Das zweite Glied im Nenner der Formel (33.7) ist bedeutend kleiner als Eins. Dann erhalten wir unter Vernachlässigung dieses Gliedes

$$z = \beta N' N_\infty, \quad \beta = \beta_1 e^{-\frac{eV(r_0)}{kT}}. \tag{33.8}$$

Diese Formeln zeigen, daß in den Rekombinationskoeffizienten β der BOLTZMANNsche Exponentialfaktor eingeht, der die Erhöhung der Polaronenkonzentration in der Nähe der Rekombinationszentren, bewirkt durch das Feld $V(r)$, berücksichtigt. Der Wert von β bleibt jedoch unbekannt, da der Koeffizient β_1 unbekannt ist.

B. Das zweite Glied im Nenner der Formel (33.7) ist wesentlich größer als Eins. In diesem Fall ist

$$z = \beta N' N_\infty, \quad \beta = \frac{4\pi D}{\int\limits_0^{\frac{1}{r_0}} e^{\frac{eV}{kT}} dx}. \tag{33.9}$$

Diese Formeln sind von Bedeutung, da sie die Berechnung des thermischen Rekombinationskoeffizienten in verschiedenen konkreten Fällen ermöglichen. Ist die Ungleichung des Falles B nicht erfüllt, so gibt die Formel (33.9) die obere Grenze für den Rekombinationskoeffizienten an, da sie durch Vernachlässigung der Eins im Nenner der Formel (33.7) gewonnen wurde.

Die Fälle A und B lassen sich folgendermaßen deuten: im Fall A bildet nicht die Zufuhr der Polaronen zu den Rekombinationszentren, sondern der Übergang der Elektronen in den gebundenen Zustand den „Engpaß“ des Rekombinationsprozesses. Infolgedessen hängt der Rekombinationskoeffizient β nicht von dem Diffusionskoeffizienten D (oder von der Beweglichkeit b) ab, sondern er wird bestimmt durch die Wahrscheinlichkeit für den Übergang eines Elektrons in den gebundenen Zustand (β_1). Im Fall B bildet umgekehrt nicht der Übergang des Elektrons in den gebundenen Zustand, sondern die Zufuhr der Polaronen zu den Rekombinationszentren den bestimmenden Faktor für die Rekombinationsgeschwindigkeit. Infolgedessen hängt β nicht von β_1, sondern von D (oder b) ab. Unten wird nun vom Fall B die Rede sein.

Rekombination mit positiv geladenen Zentren

Das Wechselwirkungspotential zwischen Polaron und Zentrum hat hier die COULOMBsche Form

$$V = -\frac{e}{\varepsilon r} = -\frac{e}{\varepsilon} x, \tag{33.10}$$

wobei ε die Dielektrizitätskonstante ist. In Formel (33.9) kann man das Integral von 0 bis $1/r_0$ durch das Integral von 0 bis ∞ ersetzen, falls

$$e^{-\frac{e^2}{\varepsilon r_0 \mathrm{k} T}} \ll 1 \tag{33.11}$$

ist. Es ist also

$$\int_0^{\frac{1}{r_0}} e^{\frac{e V}{\mathrm{k} T}} dx \cong \int_0^{\infty} e^{-\frac{e^2 x}{\varepsilon \mathrm{k} T}} dx = \frac{\varepsilon \mathrm{k} T}{e^2}. \tag{33.12}$$

Setzen wir dies in Formel (33.9) ein, so erhalten wir

$$\beta = \frac{4\pi D e^2}{\varepsilon \mathrm{k} T} = \frac{4\pi e b}{\varepsilon}. \tag{33.13}$$

Bei einem derartigen Rekombinationskoeffizienten ergibt sich für die mittlere Lebensdauer des Elektrons im freien Zustand der Ausdruck

$$t = \frac{1}{\beta N'} = \frac{\varepsilon}{4\pi e b N'}. \tag{33.14}$$

Die mittlere Verschiebung Δ des Elektrons unter dem Einfluß eines äußeren elektrischen Feldes[1]) ergibt sich durch Multiplikation von t mit der Driftgeschwindigkeit $\mathfrak{v} = b\,\mathfrak{E}$ des Polarons:

$$\Delta = t b \mathfrak{E} = \frac{\varepsilon \mathfrak{E}}{4\pi e N'}. \tag{33.15}$$

In dem behandelten Spezialfall hängt also die Verschiebung nicht von der Beweglichkeit und der Temperatur ab.

Hebt die Bestrahlung des Kristalls pro Sekunde und Volumeneinheit L Elektronen in das Leitfähigkeitsband, so ist im stationären Fall

$$L = \beta N' N_\infty. \tag{33.16}$$

[1]) Die mittlere Wegstrecke, die das Elektron bis zu seiner Rekombination in Richtung des angelegten Feldes zurücklegt.

Mit Hilfe der Formel (33.13) folgt daraus

$$\sigma = e\,b\,N_\infty = \frac{\varepsilon L}{4\pi N'}\,. \tag{33.17}$$

Hier ist σ die spezifische elektrische Leitfähigkeit des Kristalls, die durch die stationäre Bestrahlung erzeugt wird. Formel (33.17) zeigt, daß σ bei gegebenem festem N' weder von der Beweglichkeit noch von der Temperatur abhängt.

Rekombination mit neutralen Zentren

Ein neutrales Zentrum wird durch das Feld des herannahenden Polarons dielektrisch polarisiert. Das hierbei entstehende Dipolmoment beträgt:

$$p = \gamma \frac{e}{\varepsilon r^2}, \tag{33.18}$$

dabei ist γ die Polarisierbarkeit des Zentrums und r der Abstand zwischen Polaron und Zentrum. Dieser Dipol zieht das Polaron mit dem Feld

$$E = -\frac{2p}{\varepsilon r^3} = -\frac{2\gamma e}{\varepsilon^2 r^5}$$

an. Diesem Feld entspricht das Potential

$$V = -\frac{1}{2}\frac{\gamma e}{\varepsilon^2 r^4} = -a\,x^4, \qquad a = \frac{\gamma e}{2\varepsilon^2}\,. \tag{33.19}$$

Unter Berücksichigtung von

$$\frac{e\,a}{r_0^4\,\mathrm{k}\,T} > 1 \tag{33.20}$$

kann man das Integral von 0 bis $1/r_0$ in Formel (33.9) durch das Integral von 0 bis ∞ ersetzen. In diesem Fall ist

$$\int_0^{\frac{1}{r_0}} e^{\frac{eV}{\mathrm{k}T}}\,dx \cong \int_0^\infty e^{-\frac{e\,a\,x^4}{\mathrm{k}T}}\,dx = 0{,}9064\left(\frac{\mathrm{k}\,T}{e\,a}\right)^{1/4}. \tag{33.21}$$

Setzen wir diesen Ausdruck in Formel (33.9) ein, so erhalten wir

$$\beta = 1{,}1\,\frac{4\pi D}{\left(\frac{\mathrm{k}\,T}{e\,a}\right)^{1/4}} = 1{,}1\cdot 4\pi b\left(\frac{(\mathrm{k}\,T)^3 a}{e^3}\right)^{1/4}. \tag{33.22}$$

Die mittlere Lebensdauer des Elektrons im freien Zustand beträgt

$$t = \frac{1}{N'\beta} = \frac{0{,}9064}{4\pi b N'}\left(\frac{e^3}{(\mathrm{k}\,T)^3 a}\right)^{1/4}, \tag{33.23}$$

und die mittlere Verschiebung des Elektrons

$$\Delta = t\,b\,\mathfrak{E} = \frac{0{,}9064\,\mathfrak{E}}{4\pi N'}\left(\frac{e^3}{a(\mathrm{k}\,T)^3}\right)^{1/4}. \tag{33.24}$$

Eine stationäre Bestrahlung des Halbleiters erregt demnach eine elektrische Leitfähigkeit von

$$\sigma = \frac{0{,}9064\,e\,L}{4\pi N'}\left(\frac{e^3}{a(\mathrm{k}\,T)^3}\right)^{1/4}. \tag{33.25}$$

Diese Rekombinationstheorie wird im folgenden Paragraphen auf konkrete Kristalle angewendet und mit den experimentellen Ergebnissen verglichen.

§ 34. *Die Rekombination der Leitungselektronen mit F-Zentren. Vergleich zwischen Theorie und Experiment* [59]

Die Absorption von Licht durch die *F*-Zentren erzeugt eine Photoleitfähigkeit des Kristalls. Die optisch freigesetzten Elektronen bewegen sich als Polaronen in Richtung des elektrischen Feldes, bis sie an den Rekombinationszentren haften bleiben. Unter diesen Rekombinationszentren spielen die neutralen *F*-Zentren, die ein zweites Elektron in sich aufnehmen können, sehr oft die dominierende Rolle. So verhält es sich beispielsweise mit den verfärbten Alkalihalogenidkristallen; die führende Rolle der Rekombination mit den *F*-Zentren ergibt sich aus folgenden experimentell festgestellten Tatsachen:

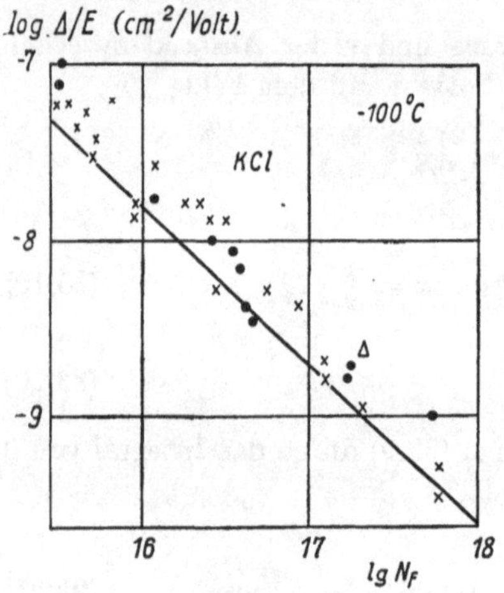

Abb. 34.1

1. Die mittlere Lebensdauer des Photoelektrons im freien Zustand und seine mittlere Verschiebung sind umgekehrt proportional der Konzentration der neutralen (durch das Licht nicht ionisierten) *F*-Zentren, was sich aus Abbildung 34.1 ergibt.

2. Nach Maßgabe der Absorption von Licht durch die *F*-Zentren wird die *F*-Absorptionsbande zunehmend schwächer, und gleichzeitig erscheint eine neue Absorptionsbande im längerwelligen Teil des Spektrums. Das bedeutet, daß das Licht bei der Ionisierung der *F*-Zentren die *F*-Absorptionsbande zerstört und daß die optisch freigesetzten Elektronen nicht in ihren Anfangszustand zurückkehren, sondern sich an anderen Stellen lokalisieren, wobei sie die Zentren bilden, von denen die neue Absorptionsbande herrührt. Bei einer darauffolgenden Erhitzung des Kristalls oder bei der Einstrahlung von Licht im Gebiet der neuen Bande dissoziieren die neuen Zentren: Es entsteht eine elektrische Leitfähigkeit, die neue Bande wird schwächer und die alte *F*-Bande wird wiederhergestellt (die Elektronen kehren in ihren ursprünglichen Zustand zurück) [33].

Es ist wesentlich, daß bei der Zerstörung jedes der neuen Zentren zwei *F*-Zentren wiederhergestellt werden und daß umgekehrt zur Bildung jedes neuen Zentrums zwei *F*-Zentren verbraucht werden [60].

Man kann dieses Verhältnis 1 : 2 nur erklären, indem man annimmt, daß das neue Zentrum ein *F*-Zentrum darstellt, das ein „überschüssiges" (zweites) Elektron in sich aufgenommen hat, d. h. eins der in § 26 behandelten *F'*-Zentren ist. Bei der Dissoziation eines *F'*-Zentrums bleibt ein *F*-Zentrum übrig, während das freigesetzte Elektron sich entweder in einer Halogenfehlstelle festsetzen kann, wodurch ein zweites *F*-Zentrum entsteht (im ganzen verschwindet also ein *F'*-Zentrum und es entstehen zwei *F*-Zentren), oder in einem neutralen *F*-Zentrum, wodurch sich dieses in ein F'-Zentrum verwandelt. (Dabei bleiben also die Gesamtzahlen der F- und F'-Zentren unverändert.) Bei der Lichtanregung eines F-Zentrums hat das frei werdende Elektron ebenfalls zwei Möglichkeiten: es kann sich unter Bildung eines F-Zentrums in einer Halogenfehlstelle festsetzen (die Gesamtanzahlen der F- und F'-Zentren bleiben dabei unverändert); es kann sich aber auch an ein F-Zentrum anschließen und dieses in ein F'-Zentrum verwandeln (dabei verschwinden zwei F-Zentren, und es entsteht ein F'-Zentrum).

Die oben angeführten Tatsachen sprechen dafür, daß die Leitungselektronen hauptsächlich mit den neutralen F-Zentren rekombinieren. Die Rekombination mit ionisierten F-Zentren und den übrigen Kristallfehlstellen (Sprüngen, Fremdatomen usw.) spielte in den oben beschriebenen Experimenten eine verhältnismäßig geringe Rolle. Diese Tatsachen stimmen gut mit den theoretischen Schlußfolgerungen (§ 26), daß in den Alkalihalogenidkristallen, bei denen die Energie $W_{F'}$ [die durch Formel (26.18) gegeben wird] positiv ist, die Vereinigung eines zweiten Elektrons mit einem F-Zentrum energetisch vorteilhaft ist, überein.

Im vorigen Paragraphen wurde die mittlere Verschiebung des Photoelektrons in einem äußeren elektrischen Feld theoretisch berechnet. Im Fall der Rekombination mit den neutralen F-Zentren beträgt diese Verschiebung nach den Formeln (33.24) und (33.19)

$$\Delta = \frac{0{,}9064\,\mathfrak{E}}{4\pi N_F}\left(\frac{2e^2\varepsilon^2}{\gamma(\mathrm{k}\,T)^3}\right)^{1/4}, \tag{34.1}$$

dabei ist $\mathfrak{E}$ die Feldstärke des elektrischen Feldes, das an den Kristall angelegt wurde, N_F die Konzentration der F-Zentren und γ die Polarisierbarkeit des F-Zentrums. Diese letzte Größe wurde von J. J. Perlin auf Grund der in Kapitel IV entwickelten Theorie der F-Zentren berechnet [61].

Sämtliche Parameter der Formel (34.1) sind also hinreichend genau bekannt, so daß man aus ihnen die Verschiebung des Elektrons bei verschiedenen Konzentrationen der F-Zentren und verschiedenen Temperaturen berechnen kann. In Abbildung 34.1 stellt die gerade Linie die berechneten Verschiebungen im elektrischen Feld von der Feldstärke 1 in Abhängigkeit von der Konzentration der F-Zentren bei einer Temperatur von $-100°$ C für KCl dar. Die Punkte, die Kreuze und die Dreiecke stellen die Ergebnisse der experimentellen Messungen von G. Glaser [62] dar, die sich auf verschiedene Kristallproben beziehen. Die Übereinstimmung zwischen Theorie und Experiment ist als gut zu bezeichnen. Die Temperaturabhängigkeit der Verschiebung wurde für Alkalihalogenidkristalle von Glaser und Lehfeld im Laboratorium von Pohl untersucht [55]. In den Abbildungen 34.2 und 34.3 ist die von ihnen gefundene Temperaturabhängigkeit des Produkts von $\Delta/\mathfrak{E}$ mit der Quantenausbeute $\eta(T)$ an Photoelektronen bei der Lichtanregung der F-Zentren dargestellt. Um aus diesen Kurven unmittelbar die Temperaturabhängigkeit der Verschiebung Δ zu erhalten, muß man den Temperaturverlauf von $\eta(T)$ auf unabhängigem Wege bestimmen.

Wie in § 25 gezeigt, besteht die Lichtanregung aus zwei Stadien: das Licht führt das Elektron aus dem Grundzustand in einen angeregten Term des diskreten Spektrums über, worauf eine thermische Schwankung das Elektron in das Kontinuum bringt, so daß es das F-Zentrum verlassen kann. Die Quantenausbeute $\eta(T)$ an Photoelektronen geht deshalb bei starker Abkühlung des Kristalls schnell gegen Null (proportional $e^{-a/T}$). Über den Temperaturverlauf der Funktion $\eta(T)$ erhält man aus den Messungen von PICK [60] Aufschluß, der die Lichtanregung der F-Zentren unter Bildung von F'-Zentren untersuchte. Aus seinen Messungen geht hervor, daß $\eta(T)$ bei tiefen Temperaturen zunächst schnell mit der Temperatur ansteigt (dadurch erklärt sich der steile Anstieg der Kurven in den Abbildungen 34.2 und 34.3, und dann gegen den Grenzwert 1 geht. Beim KCl ist praktisch oberhalb von $-100°$ C $\eta = 1$, beim NaCl oberhalb von $-140°$ C. Die Abschnitte der Kurven in den Abbildungen 34.2 und 34.3 rechts von diesen Punkten stellen also die Temperaturabhängigkeit von $\Delta/\mathfrak{E}$ dar.

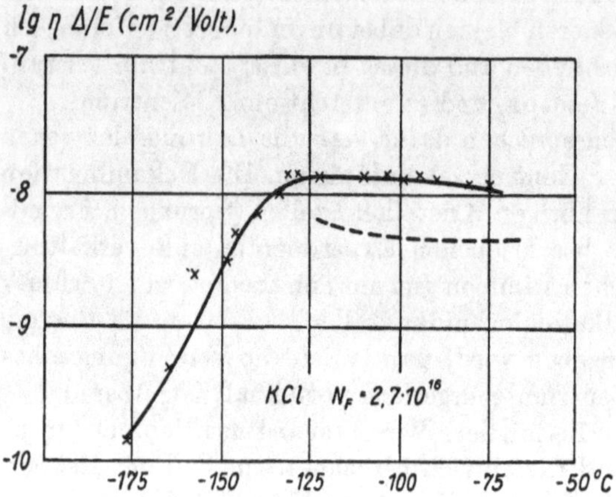

Abb. 34.2

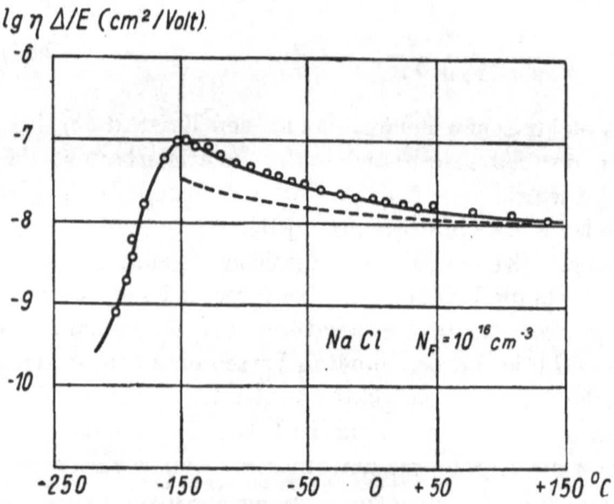

Abb. 34.3

Außer den experimentellen Werten sind in den Abbildungen 34.2 und 34.3 die theoretischen Kurven für $\Delta/\mathfrak{E}$ punktiert angegeben, die aus Formel (34.1) folgen. Vergleicht man die berechneten Werte für die Verschiebung mit den gemessenen, so hat man zu beachten, daß die Konzentrationen der F-Zentren, die in den beiden Abbildungen angegeben sind, nur näherungsweise bekannt sind; sowohl für Abbildung 34.2 als auch für 34.3 kann man also sagen, daß die berechneten Absolutwerte der Verschiebung innerhalb der experimentellen Fehlergrenzen mit den gemessenen übereinstimmen. Der Temperaturverlauf der theoretischen Kurve ($\Delta \sim T^{-3/4}$) entspricht beim KCl den experimentellen Ergebnissen. Beim NaCl nimmt die experimentelle Kurve zunächst etwas schneller mit der Temperatur ab als die theoretische; von einer Temperatur von 40 oder 50° C ab decken sich beide Kurven beinahe. Möglicherweise ist unterhalb von 40 bis 50° C für das NaCl die Ungleichung des Falles B in § 33 noch nicht erfüllt (β_1 wächst mit steigender Temperatur), und in diesem Fall liefert die Theorie nur die obere Grenze für den Rekombinationskoeffizienten und somit die untere Grenze für die Verschiebung.

§ 35. Die Quantenausbeute der Photoionisation der F- und F'-Zentren

Für jedes elektrisch neutrale Zentrum (F-Zentrum, Fremdatom, Molekül der Grundsubstanz des Kristalls) weist das Energiespektrum der Elektronen unendlich viele diskrete Terme auf, die in Richtung auf das Kontinuum, d. h. auf den Term $E = 0$, immer dichter zusammenrücken. Das wird klar, wenn man sich ein Elektron von dem Restion entfernt denkt: dieses Elektron befindet sich in dem COULOMBschen Feld des positiven Restions, so daß sein Energiespektrum und seine ψ-Funktionen mit dem Spektrum und den ψ-Funktionen der hochangeregten Zustände des Wasserstoffatoms übereinstimmen.

Wie in § 9 gezeigt wurde, besitzt das Elektron im Polaron ebenfalls ein Energiespektrum mit unendlich vielen diskreten Termen, die sich bei Annäherung an den Term $E = 0$ dichter zusammendrängen. Dieser „wasserstoffähnliche" Charakter des höheren Teils des diskreten Spektrums bleibt auch dann erhalten, wenn sich das Polaron an einem neutralen Zentrum festsetzt, weil in diesem Teil des Spektrums die ψ-Funktionen des Elektrons einen großen effektiven Radius haben und der Einfluß des neutralen Zentrums klein ist (sein Radius ist wesentlich kleiner als der „Radius" der ψ-Funktion des Elektrons). In diesem Fall entsteht kein neutrales, sondern ein negativ geladenes Zentrum, aber der angedeutete Charakter des oberen Teils des Spektrums bleibt erhalten. Ein Beispiel für ein solches negativ geladenes Zentrum bildet das F'-Zentrum bei $z = 1$.

Vom Standpunkt der gewöhnlichen Bändertheorie erfolgt eine Dissoziation eines Zentrums nur dann, wenn die Energie des Elektrons positiv ist. Führt eine Lichtemission das Elektron in einen diskreten Term ($E < 0$) über, so ist folglich dann für eine Dissoziation *stets* noch eine thermische Schwankung notwendig, die das Elektron in das Leitfähigkeitsband hebt. Die Quantenausbeute der Lichtanregung müßte also bei starker Abkühlung des Kristalls schnell (exponentiell) gegen Null gehen. Das Experiment widerspricht jedoch dieser Schlußfolgerung aus der Bändertheorie: bei der Lichtanregung der F'-Zentren in Alkalihalogenidkristallen wird die größte Quantenausbeute $\eta' = 1$ bei einer Temperatur in der Nähe des absoluten Nullpunkts beobachtet [60], wie in Abbildung 35.1 dargestellt ist.

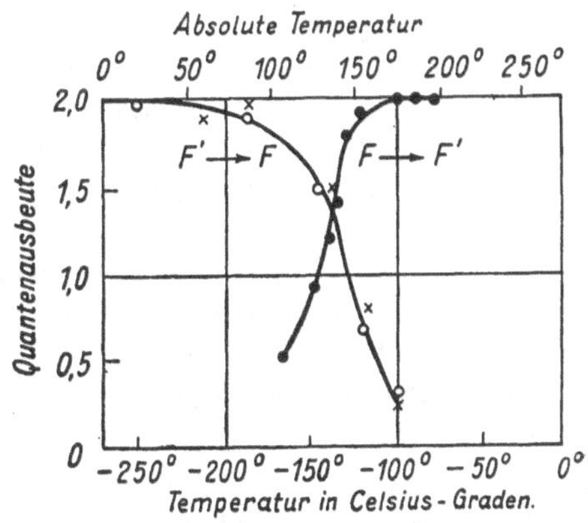

Abb. 35.1

Eine andere Tatsache, die darauf hindeutet, daß bei einer Temperatursenkung die Quantenausbeute der Lichtanregung der F'-Zentren nicht gegen Null geht, besteht in folgendem: bei der Absorption im Gebiet der F'-Bande wird eine Photoleitfähigkeit erzeugt, die bis zu den tiefsten Temperaturen einen bedeutenden Wert behält, wie Abbildung 35.2 zeigt [69].

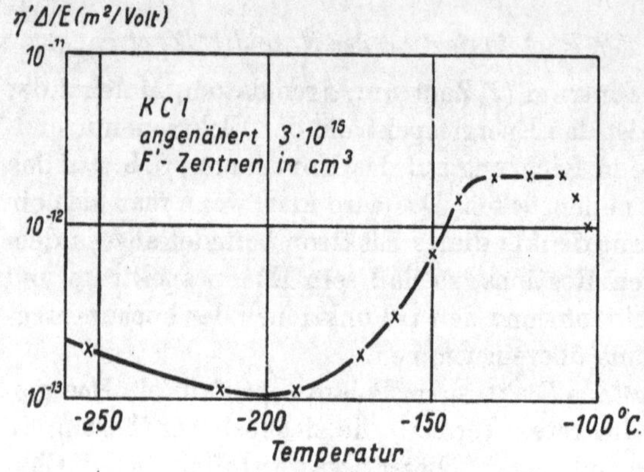

Abb. 35.2

Setzt man voraus, daß bei der Absorption im Gebiet der F'-Bande das Elektron nicht in einen diskreten Term, sondern unmittelbar in das Leitfähigkeitsband übergeht, so ist die oben erwähnte hohe Quantenausbeute der Lichtanregung bei tiefen Temperaturen verständlich. In diesem Fall ergibt sich aber eine andere Schwierigkeit: im F'-Zentrum hat das Energiespektrum der Elektronen unendlich viele diskrete Terme. Die intensivste Lichtabsorption beruht, wie die Rechnungen zeigen, nicht auf Elektronenübergängen in das Kontinuum, sondern auf den Übergängen in die diskreten Terme, wobei der Übergang eines oder beider Elektronen auf den tiefsten p-Term am wahrscheinlichsten ist. Nimmt man also an, die F'-Bande beruhe auf Übergängen in das Kontinuum, so müßte auf der langwelligen Seite dieser Bande eine bedeutend intensivere Absorptionsbande zu beobachten sein, die den Übergängen in die diskreten Terme entspricht. Eine solche Bande wird nicht beobachtet. Die Annahme, daß die experimentell zu beobachtende F'-Bande durch Überdeckung der Linien entsteht, die den Übergängen auf die diskreten Terme und ins Kontinuum entsprechen, würde bedeuten, daß die Elektronen bei der Absorption in den meisten Fällen in die diskreten Terme übergehen; in diesem Fall müßte beim absoluten Nullpunkt der Temperatur die Quantenausbeute der Lichtanregung wesentlich kleiner als Eins sein, was nicht beobachtet wird. Die gewöhnliche Bändertheorie erklärt also nicht einmal qualitativ die beobachteten Tatsachen.

Wir behandeln jetzt diesen Sachverhalt vom Standpunkt der Polaronentheorie der Leitfähigkeit, d. h. wir nehmen an, daß infolge einer Dissoziation des F'-Zentrums ein F-Zentrum und ein freies Polaron, also *kein* Bandelektron, entstehen. In diesem Fall ist die Energie des Systems im dissoziierten Zustand geringer als im Bandzustand, und die thermische Dissoziationsenergie sowohl des angeregten als auch des unangeregten F'-Zentrums entsprechend geringer. Diese thermische Dissoziationsenergie ergibt sich in der Rechnung als negativ, und zwar nicht nur für die angeregten Zustände des F'-Zentrums, sondern manchmal sogar für den Grundzustand, wie in § 26 erwähnt wurde. Die negative thermische Dissoziationsenergie bedeutet (siehe § 26), daß in Wirklichkeit keine entsprechenden stationären Zustände des F'-Zentrums existieren.

S. F. Tomassewitsch berechnete das Energiespektrum der F'-Zentren der Alkalihalogenidkristalle [63]. Es ergab sich, daß in diesen Kristallen die Grundzustände der F'-Zentren existieren und daß ihre thermische Dissoziationsenergie zwischen $+0{,}1$ und 0,3 eV liegt. Sämtliche angeregten Zustände dagegen entsprechen bereits der Dissoziation. Das Energiespektrum eines Kristalls mit einem F'-Zentrum besteht also (neben dem Schwingungsanteil) aus einem diskreten Term und einem darübergelegenen kontinuierlichen Band dissoziierter Zustände (Abbildung 35.3). Eine Absorption in der F'-Bande führt das System unmittelbar in den dissoziierten Zustand über; irgendeine thermische Schwankung ist für die Dissoziation nicht erforderlich. Die Quantenausbeute der Lichtanregung muß unabhängig von der Temperatur gleich Eins sein. Bei dieser qualitativen Erklärung der experimentellen Tatsachen erheben sich keine solchen Schwierigkeiten, wie sie der Bändertheorie entgegenstehen.

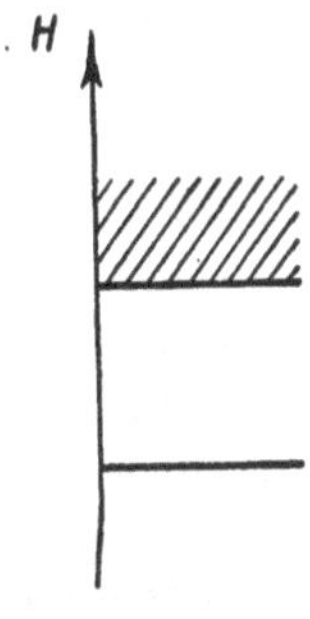

Abb. 35.3

Das Energiespektrum des F'-Zentrums, das in Abbildung 35.3 dargestellt ist, wurde bereits von Seitz [35] als mit den experimentellen Tatsachen in gutem Einklang stehend vorgeschlagen. Es läßt sich jedoch im Rahmen der Bändertheorie, die annimmt, daß ein Elektron, welches das F'-Zentrum verlassen hat, sich nur im Leitfähigkeitsband, d. h. mit positiver Energie bewegen kann, nicht begründen. Tatsächlich zeigt in diesem Fall eine Berechnung des Energiespektrums des F'-Zentrums auf Grund einer direkten Variationsmethode [63], daß es außer dem Grundzustand noch andere diskrete Terme, darunter auch p-Terme geben muß. Eine genaue Lösung des Problems liefert bekanntlich noch tiefere Termwerte, kann also ihre Existenz erst recht nicht in Zweifel stellen.

Wir betrachten nun die Quantenausbeute der Lichtanregung der F-Zentren. Die Energieterme der F-Zentren liegen tiefer als die der F'-Zentren bei $z = 1$. Die Rechnung zeigt, daß es außer dem Grundzustand eine ganze Reihe angeregter Zustände des Systems mit positiven Dissoziationsenergien gibt. Mit anderen Worten besitzt das Energiespektrum des Systems eine Reihe diskreter Terme unterhalb des kontinuierlichen Bandes dissoziierter Zustände. Bei der Absorption von Licht in der F-Bande gelangt das Elektron in den meisten Fällen in den $2p$-, manchmal auch in den $3p$-Term. Diese Terme besitzen eine positive Dissoziationsenergie. Nach der optischen Anregung des F-Zentrums erfordert also seine Dissoziation noch eine thermische Schwankung. So erklärt sich die beobachtete Abnahme der Quantenausbeute der Lichtanregung des F-Zentrums bei Abkühlung des Kristalls.

G. J. Silberman berechnete die angeregten Zustände der F-Zentren und ihre thermischen Dissoziationsenergien für die Kristalle NaCl und KCl, ferner den Temperaturverlauf der Quantenausbeute $\eta(T)$ [64, 43]. Diese Temperaturabhängigkeit steht in qualitativer Übereinstimmung mit dem Experiment und erklärt gleichzeitig die Temperaturabhängigkeit der Quantenausbeute der Reaktion $F \rightarrow F'$, die in Abbildung 35.1 dargestellt ist, sowie auch den steilen Abfall der Größe $\eta(T)\Delta/E$ bei Abkühlung des Kristalls, der in den Abbildungen 34.2 und 34.3 zu erkennen ist.

§ 36. Metallähnliche Elektronenhalbleiter Das Bleisulfid

Die Mehrzahl der Elektronenhalbleiter besitzt beim absoluten Nullpunkt der Temperatur keine Leitungselektronen; diese treten erst bei einer Erwärmung des Kristalls infolge thermischer Ionisation der Fremdatome oder der Atome des Grundgitters auf. Die Elektronenkonzentration wächst dabei exponentiell mit der Temperatur ($\sim e^{-W/2kT}$), wie in den Paragraphen 19 und 29 dargelegt wurde.

Einige Halbleiter dagegen weisen auch beim absoluten Nullpunkt noch eine bedeutende Leitungselektronenkonzentration auf, die bis zu einer Temperatur von mehreren hundert Grad temperaturunabhängig ist. Bei diesen Halbleitern nimmt in dem erwähnten Temperaturintervall, in dem die Leitungselektronenkonzentration konstant ist, die Leitfähigkeit bei der Erhitzung ab (wie bei den Metallen), weil sich die Beweglichkeit verringert [65]. Diese Halbleiter werden als *Halbleiter vom metallischen Typ* bezeichnet. Zu diesem Halbleitertyp gehört beispielsweise das Bleisulfid mit Bleiüberschuß.

Gewöhnlich erklärt man die oben erwähnten Eigenschaften der Halbleiter vom metallischen Typ durch Besonderheiten des Energiespektrums der Elektronen in diesen Kristallen; man nimmt an, daß die lokalisierten Elektronenspenderterme (die Terme der Fremdatome) nicht unterhalb des unteren Randes des Leitfähigkeitsbandes liegen, wie bei den meisten Fremdhalbleitern, sondern oberhalb dieses unteren Randes. Deshalb ist der Übergang eines Spenderelektrons in das Leitfähigkeitsband energetisch vorteilhaft (die thermische Dissoziationsenergie ist negativ). Beim absoluten Nullpunkt befinden sich die Elektronen in den Zuständen mit der geringsten Energie, d. h. im Leitfähigkeitsband und nicht in den lokalisierten Termen. Die Konzentration der Leitungselektronen wird durch die Konzentration der Spenderterme gegeben und hängt folglich nicht von der Temperatur ab. Erst bei ziemlich hohen Temperaturen, bei denen die thermische Ionisierung des Grundgitters des Halbleiters oder der Spenderatome mit positiver Dissoziationsenergie einsetzt, beginnt die Leitungselektronenkonzentration mit steigender Temperatur zuzunehmen.

Diese Erklärungsweise der Eigenschaften der Halbleiter vom metallischen Typ ist weit verbreitet, jedoch vom theoretischen Standpunkt aus trotzdem unzulänglich. Tatsächlich folgt aus der Bedingung der elektrischen Neutralität des Halbleiters offenbar, daß neben den Leitungselektronen stets auch positive Ladungen in gleicher Menge vorhanden sein müssen. Dies können beispielsweise ionisierte Spenderatome sein, die ihre Elektronen ans Leitfähigkeitsband abgegeben haben. Jede dieser positiven Ladungen bildet für das Elektron einen Potentialtopf, der in hinreichend großen Abständen von der Ladung Coulombsche Form hat. In diesem Topf gibt es unendlich viele diskrete Energieterme für das Elektron, die sämtlich unterhalb des unteren Randes des Leitfähigkeitsbandes liegen. Um dies unter Berufung auf die Bändertheorie zu zeigen, braucht man nur mit Hilfe der Methode der effektiven Masse des Elektrons das periodische Potential, das auf das Elektron im Kristall wirkt, zu eliminieren und dann die stationären Elektronenzustände mit großen effektiven Radien zu betrachten. Dadurch reduziert sich das Problem auf die Behandlung der Bewegung eines Teilchens mit der effektiven Masse μ im COULOMBschen Feld. Die Energiewerte, die sich dabei ergeben, stellen die Energieterme des Elektrons dar, und zwar gerechnet vom unteren Rande des Leitfähigkeitsbandes aus (siehe § 4). In dem oben erwähnten Problem des wasserstoffähnlichen Atoms sind diese Terme bekanntlich negativ, d. h. liegen unterhalb des unteren Randes des Leitfähigkeitsbandes. Diese Methode ist ungeeignet zur Untersuchung der lokalisierten Zustände mit geringem Radius, da in diesem Fall die Methode der effektiven Masse unbrauchbar und das Feld nicht COULOMBsch ist. Bei der Untersuchung der Zustände mit großen Radien dagegen bestehen weder an der Anwendbarkeit der Methode der effektiven Masse noch an der COULOMBschen Form des Feldes irgendwelche Zweifel.

Die Existenz lokalisierter Zustände der Ladungsträger in der Umgebung jeder positiven Ladung läßt sich auch unter Berufung auf die Polaronentheorie dartun. Der Beweis ist völlig analog dem eben geführten, nur mit dem Unterschied, daß man in diesem Fall die Bewegung des Polarons als Ganzes, als eines Teilchens mit der effektiven Masse der positiven Ladung im COULOMBschen Feld zu behandeln hat.

Das Vorhandensein diskreter Terme und lokalisierter Zustände der Ladungsträger in der Umgebung jeder positiven Ladung bedeutet, daß beim absoluten Nullpunkt sämtliche Ladungsträger in diesen Termen sitzen. Man muß also die oben erwähnte Voraussetzung fallenlassen, daß es nämlich für die Ladungsträger energetisch vorteilhaft sei, die Spenderterme zu verlassen und sich in das Leitfähigkeitsband zu begeben.

Bevor wir an die Deutung der metallischen Leitfähigkeit dieser Halbleiter gehen, besprechen wir noch einige besondere Eigenschaften der Halbleiter dieses Typs. Einen typischen Vertreter bildet das Bleisulfid mit Bleiüberschuß. Die Notwendigkeit des Bleiüberschusses deutet darauf hin, daß die metallische Leitfähigkeit eine Fremdleitfähigkeit ist, wobei die überschüssigen Bleiatome als Elektronenspender fungieren. Die Dielektrizitätskonstante des Bleisulfids ist $\varepsilon = 17{,}9$ [66]. Was die Parameter n, ω und μ angeht, so ließen sie sich mangels der notwendigen experimentellen Daten leider nicht auf dem in den Paragraphen 30 und 31 dargelegten Wege bestimmen. Man mußte sich mit einer weniger genauen Abschätzung begnügen. Der Parameter ω wurde in § 20 aus dem Temperaturverlauf der Beweglichkeit bestimmt. Dabei ergaben sich $\hbar\omega = 0{,}074$ eV, $b_0' = 14$ cm²/sec. DUNAJEW und MASLAKOWEZ untersuchten dann experimentell die Abhängigkeit der Thermokraft und der Ladungsträgerkonzentration N [65] des PbS von der Temperatur. In den Abbildungen 36.1 und 36.2 ist die Thermokraft α in μV pro Grad aufgetragen.

Die in den Abbildungen dargestellte Temperatur- und Konzentrationsabhängigkeit von α stimmt mit der theoretischen Formel von N. A. Pissarenko

$$\alpha = \frac{k}{e}\left[2 + \ln \frac{2\,(2\,\pi\, M\, \mathrm{k}\, T)^{3/2}}{h^3\, N}\right] \tag{36.1}$$

gut überein.

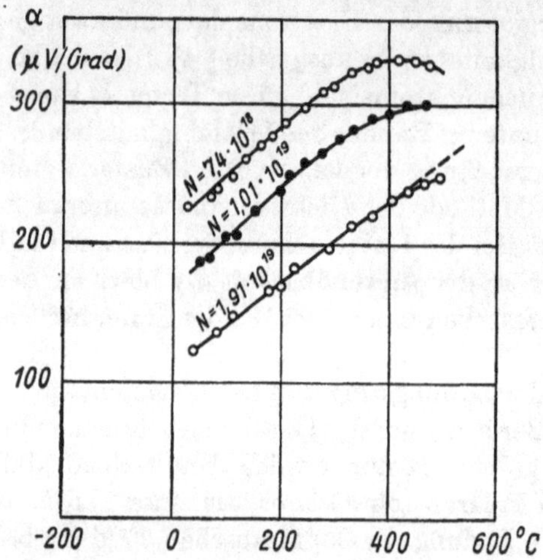

Abb. 36.1

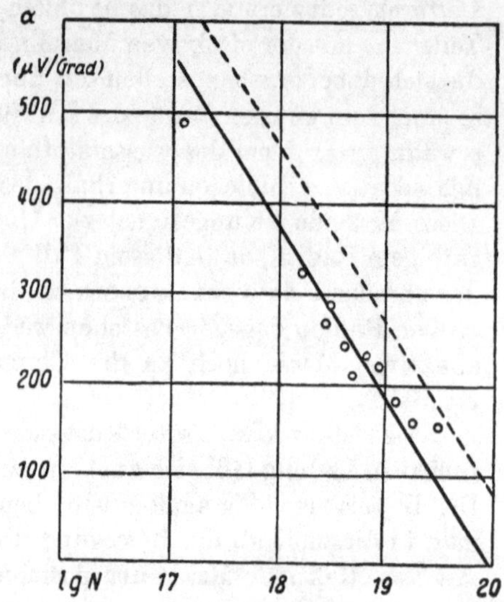

Abb. 36.2

Hier ist M, die effektive Masse der Ladungsträger, der einzige unbekannte Parameter. Sie wurde durch Vergleich der Formel (36.1) mit dem Experiment bestimmt und ergab sich zu $M = 0{,}6$ m. In Abbildung 36.2 stellt die ausgezogene Gerade die theoretische Abhängigkeit (36.1) bei $M = 0{,}6$ m dar; die punktierte Gerade entspricht der Formel (36.1) bei $M = m$. Setzen wir die theoretischen Ausdrücke für $M(c, \mu)$ und $b_0'(c, \mu)$ [siehe Formeln (10.35) und (20.35)] ihren experimentell gefundenen Werten gleich, so erhalten wir zwei Gleichungen für die Unbekannten c und μ. Ihre gemeinsame Lösung bildet $c = 0{,}3$ und $\mu = 0{,}46$ m. Bei diesen Parameterwerten ergibt sich der Polarisationsradius des Polarons, der in § 7 eingeführt wurde, zu

$$r_p = \frac{10\,\hbar^2}{\mu\, e^2\, c} = 38{,}3\ \text{Å}. \tag{36.2}$$

Dieser große Wert für den Radius beruht auf dem außerordentlich großen ε und den kleinen Werten von M und μ im Bleisulfid.

Bei diesen Parameterwerten werden die Radien der Valenzelektronen in den Atomen des überschüssigen Bleis so groß, daß die Behandlung der Bewegung dieser Elektronen auf das Problem des F'-Zentrums führt. Das positive Donatorion läßt sich als Punktladung mit $z = 2$ auffassen. Nimmt man an, daß die in den Kristall eingeführten überschüssigen Bleiionen einen Umbau des Gitters bewirken und somit nicht auf Zwischengitterplätzen sitzen, sondern die positiven Gitterpunkte des neuen Gitters bilden, nachdem sie ihre Valenzelektronen abgegeben haben, so liegt im Kristall ein Defizit an negativen Schwefelionen vor, d. h., es gibt leere negative Gitterpunkte. Diese müssen wie positive Ladungen die Elektronen an sich heranziehen, die bei der Ionisierung der Spenderatome frei geworden sind; hierbei entstehen F'-Zentren.

Berechnet man die thermische Dissoziationsenergie eines solchen F'-Zentrums nach Formel (26.17), so erhält man den Wert $W_{F'} = 0{,}03$ eV. Man hat zu beachten, daß die Formel (26.17) im Fall des Bleisulfids nicht genau ist, da der gewonnene Wert für $W_{F'}$ bedeutend kleiner ist als die Bindungsenergie des „Polarons"; diese beträgt:

$$-J[\psi_0] + \tfrac{3}{2}\hbar\,\omega = 0{,}173 \text{ eV}.$$

Das bedeutet, daß man sich das F'-Zentrum im PbS wegen der anomalen Parameterwerte als zwei Polaronen vorzustellen hat, die gemeinsam mit ihren Polarisationspotentialtöpfen mit großer Amplitude um die zweifache positive Ladung schwingen. Das Feld der positiven Ladung deformiert diese Polaronen nur leicht. Zur Beschreibung dieser Bewegung ist die Näherung (26.12) nur schlecht geeignet. Das Kriterium der Adiabasie (16.41) ist im Bleisulfid ebenfalls schlecht erfüllt; man kann also die oben angegebenen Parameterwerte c und μ nur unter Vorbehalt verwenden. Der daraus gewonnene Wert für $W_{F'}$ ist deshalb ungenau.

Es ist noch eine andere Abschätzung für die thermische Dissoziationsenergie des F'-Zentrums möglich, bei der nicht die Werte der Parameter c und μ, sondern nur der Wert für M benutzt wird, der oben unmittelbar dem Experiment entnommen wurde. Hierbei ist auch die Voraussetzung der Adiabasie (16.41) nicht erforderlich. Diese Abschätzung wird durch die Kleinheit von $W_{F'}$ gegenüber der „Bindungsenergie" des Polarons begründet. Sie gilt deshalb für PbS, ist dagegen auf die Alkalihalogenidkristalle weniger gut anwendbar. Bei dieser zweiten Abschätzung setzen wir voraus, daß die beiden Elektronen mit ihren Polarisationspotentialtöpfen wie zwei Quasiteilchen mit den effektiven Massen M um die positive Zentralladung schwingen. Befindet sich das Quasiteilchen in großem Abstand von der positiven Ladung, so hat die potentielle Wechselwirkungsenergie mit dieser Ladung die COULOMBsche Form. In Abständen von der Größenordnung des „Radius" der ψ-Wolke des Elektrons im Polaron (13 Å im PbS) und darunter weicht jedoch die Form des Potentialtopfes von der COULOMBschen ab, und der Potentialtopf besitzt am Ort der positiven Punktladung ein parabolisches Minimum und keinen Pol. (Die potentielle Energie hat die gleiche Form, als wenn die positive Punktladung mit einer verschmierten starren negativen Wolke in Wechselwirkung stünde.)

Bei der Abschätzung der Dissoziationsenergie eines derartigen F'-Zentrums nehmen wir zwei Vereinfachungen vor, die zu Fehlern verschiedenen Vorzeichens führen, so daß sie sich fast kompensieren: wir nehmen an, das Potential sei durchweg COULOMBsch und die effektive Ladung des positiven Kerns sei $z_{\text{eff}} = 1$ und nicht $z_{\text{eff}} = 1{,}35$ wie im Heliumatom. Unter Benutzung der Formel für das wasserstoffähnliche Atom erhalten wir

$$W_{F'} \sim \frac{M e^4}{2 \hbar \varepsilon^2} = 0{,}025 \text{ eV}, \tag{36.3}$$

was fast mit der Abschätzung dieser Größe nach Formel (26.17) übereinstimmt. Der effektive Radius der ψ-Funktion, welche die Bewegung der Polaronen im F'-Zentrum beschreibt, ist

$$r \sim \frac{\hbar^2 \varepsilon}{M e^2} = 16 \text{ Å}. \tag{36.4}$$

Wir wenden uns wieder der Deutung der „metallischen" Leitfähigkeit des Bleisulfids zu. Bei den oben angegebenen Werten für ε und M und bei Konzentrationen der F'-Zentren von der Größenordnung 10^{18} cm^{-3} können die Polaronen verhältnismäßig leicht (ohne thermische Dissoziation) durch die Potentialschwelle von einem F'-Zentrum zu einem anderen gelangen. Diese elektrische Leitfähigkeit ist völlig analog der gewöhnlichen elektrischen Leitfähigkeit der Metalle, nur mit dem Unterschied, daß die Rolle der Gitterpunkte hier von den F'-Zentren übernommen wird und daß die Gitterkonstante durch den Abstand zwischen ihnen repräsentiert wird. Die strenge Periodizität der Gitterpunkte ist hier wie auch im Fall der Metalle nicht von wesentlicher Bedeutung. Das wird durch die größenordnungsmäßige Übereinstimmung der elektrischen Leitfähigkeiten fester und flüssiger Metalle bestätigt.

Je größer die „Überlappung" der ψ-Funktionen benachbarter Gitterpunkte ist, desto leichter können die Elektronen von Gitterpunkt zu Gitterpunkt gelangen. Diese Überlappung wird bestimmt durch das Verhältnis des effektiven Radius der Atom-ψ-Funktion zur „Gitterkonstanten". Folglich ergibt sich im Bleisulfid bei einem Radius der ψ-Funktion des F'-Zentrums von etwa 16 Å und einem Abstand zwischen den Zentren von etwa 70 Å die gleiche „Überdeckung" wie bei einem Metall mit einem Radius der Atomfunktion von 1 Å und einer Gitterkonstanten von 4 Å[1]).

Man kann den Grad der Bindung der Elektronen an die Gitterpunkte des „Quasimetalls" noch auf eine andere Weise abschätzen, und zwar unter Benutzung des eindimensionalen Kronig-Modells [28], in dem die Potentialschwelle zwischen den Gitterpunkten durch eine Rechtecksform approximiert wird. In diesem Modell wird bekanntlich der Bindungsgrad der Elektronen gegeben durch den Parameter

$$P = \frac{M V_0}{\hbar^2} b_1 b_2, \tag{36.5}$$

wobei V_0 die Höhe der Potentialschwelle zwischen den Atomen, b_2 ihre Breite und b_1 die Breite des Raums zwischen den Schwellen (d. h. des Potentialtopfes des Atoms) ist. In Abbildung 36.3 ist die Abhängigkeit der Breiten der verbotenen (ungestrichelt) und der erlaubten (gestrichelt) Energiebänder von der Bindung P des Elektrons im Kronigschen Potentialtopfmodell dargestellt.

In dem oben behandelten Beispiel des Bleisulfidkristalls, in dem der Abstand zwischen den F'-Zentren 70 Å betrug, hat man zu setzen $b_1 = 30$ Å, $b_2 = 40$ Å,

[1]) Anm. d. Red.: Zur Tunnelhaftleitung vgl. Schottky.

$V_0 = 0{,}025$ eV. Es ergibt sich dabei $P = 2{,}4$. Aus Abbildung 36.3 ist ersichtlich, daß bei diesem P-Wert die erlaubten Energiebänder breiter sind als die verbotenen Zonen, d. h. wir haben einen Fall schwacher Bindung vor uns.

In diesem Fall hat die Unterteilung der Polaronen an freie und an F'-Zentren gebundene keinen Sinn, ähnlich wie es für die Metalle keinen Sinn hat, die Valenzelektronen in freie und in solche zu unterteilen, welche an Atome gebunden sind. Solche Polaronen können sich frei durch den ganzen Kristall bewegen, wobei ihre effektive Masse von der Größenordnung der Masse M des freien Polarons ist.

Im Fall der schwachen Bindung beträgt die Breite des ersten erlaubten Energiebandes für ein kubisches Gitter bekanntlich

$$\frac{3\hbar^2}{2M}\left(\frac{\pi}{a}\right)^2, \tag{36.6}$$

wobei a die Gitterkonstante ist.

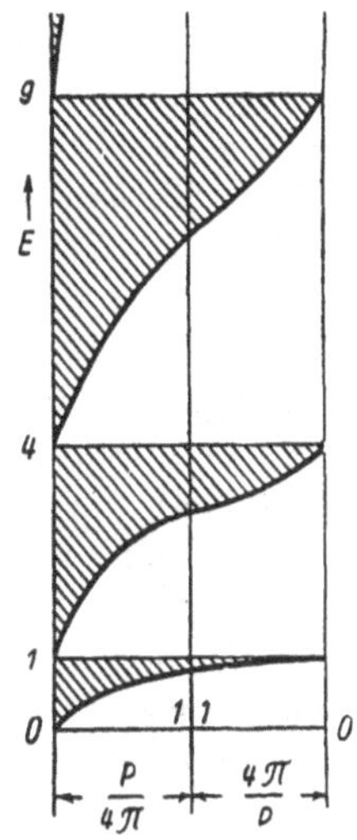

Abb. 36.3

Im Fall des „quasimetallischen" Gitters des Bleisulfids erhalten wir, wenn wir $M = 0{,}6$ m und $a = 70$ Å setzen, für die Breite des ersten Energiebandes 0,04 eV. Diese Bandbreite ist größer als der energetische Abstand zwischen den diskreten Termen, die der Bahnbewegung des Polarons als Ganzes um die positive Ladung im isolierten F'-Zentrum entsprechen. Die Energiebänder, die den verschiedenen diskreten Termen des F'-Zentrums entsprechen, überdecken sich also. Folglich bildet das Quasigitter der F'-Zentren ein Analogon eines Metalls und nicht eines Dielektrikums.

Die oben durchgeführte qualitative Betrachtung zeigt, daß im Bleisulfid die Ladungsträgerkonzentration nicht von der Temperatur abhängen kann. Die elektrische Leitfähigkeit muß wegen der Verringerung der Beweglichkeit mit wachsender Temperatur abnehmen, was auch beobachtet wird.

Das oben behandelte Beispiel, bei dem der mittlere Abstand zwischen benachbarten F'-Zentren 70 Å betrug, entspricht einer Konzentration der überschüssigen Bleiatome von $2{,}9 \cdot 10^{18}$ cm^{-3}. Wir fragen uns nun, wie sich das Bild mit Verringerung der Konzentration des überschüssigen Bleis ändert. Der Abstand zwischen den F'-Zentren nimmt zu, die Überdeckung der ψ-Funktionen benachbarter F'-Zentren ab, und der Fall schwacher Bindung geht allmählich in den Fall starker Bindung über. Hierbei ändert sich das Energiespektrum der Ladungsträger im Kristall wesentlich, ähnlich wie sich das Elektronenspektrum im Metall bei einer stetigen Vergrößerung der Gitterkonstanten ändern würde (hierbei würde das Metall allmählich in ein Gas übergehen).

In diesem Fall kann man das Energiespektrum der Ladungsträger in zwei wesentlich verschiedene Gebiete einteilen. Das erste tiefere Spektralgebiet besteht aus Bändern, die den diskreten Termen der Polaronenenergie in den F'-Zentren entsprechen. Je größer der Abstand zwischen den F'-Zentren wird, desto schmaler werden diese Bänder, während die effektive Masse der Ladungsträger im Band zunimmt (die effektive Masse nimmt mit wachsendem Abstand zwischen den F'-Zentren exponentiell zu). Mit Verringerung der Konzentration des überschüssigen Bleis geht die elektrische Leitfähigkeit in diesen Bändern exponentiell gegen Null. Der zweite, höhere Teil des Spektrums entspricht den ionisierten Zuständen der F'-Zentren. Je größer hier der Abstand zwischen den F'-Zentren ist, desto besser ist die Bedingung für den Grenzfall der schwachen Bindung erfüllt (siehe [28], § II). Der Ladungsträger bewegt sich wie ein freies Polaron in einem idealen verunreinigungsfreien Kristall mit einer entsprechenden Beweglichkeit und der effektiven Masse M. Die Potentialtöpfe der F'-Zentren streuen die Polaronen nur schwach, und zwar um so weniger, je geringer ihre Konzentration ist.

Die oben gegebene Erklärung für die metallische Leitfähigkeit des Bleisulfids läßt sich auch auf andere Halbleiter vom metallischen Typ ausdehnen.

Der experimentellen Nachprüfung dieser Deutung hat man die aus der Theorie folgende charakteristische Änderung der Eigenschaften des Halbleiters in Abhängigkeit von der Spenderkonzentration zugrunde zu legen. Mit Verringerung dieser Konzentration müssen nacheinander folgende drei Fälle durchlaufen werden:

1. Bei hohen Konzentrationen der Fremdatome, bei denen die ψ-Funktionen benachbarter Spenderatome sich stark überdecken, müssen die Zustände der Ladungsträger und ihr Energiespektrum genauso beschaffen sein wie bei einem „Quasimetall", dessen Gitterkonstante gleich dem Abstand zwischen den Spendern ist und dessen periodisches Potential eine äußerst geringe Amplitude hat (im PbS beispielsweise einige hundertstel eV). Die Konzentration der Ladungsträger hängt nicht von der Temperatur ab, während die Leitfähigkeit wegen der Verringerung der Beweglichkeit mit steigender Temperatur abnehmen muß. Erst bei ziemlich hohen Temperaturen, bei denen die thermische Ionisation der Grundsubstanz des Kristalls einsetzt, beginnt die Ladungsträgerkonzentration mit der Temperatur zu wachsen.

2. Bei geringeren Konzentrationen der Spenderatome überdecken sich ihre ψ-Funktionen nur wenig. In diesem Fall zerfällt das Energiespektrum der Ladungsträger in zwei Teile: einen tieferen mit schmalen erlaubten Bändern und hohen effektiven Massen der Ladungsträger, die von der Konzentration der Spender exponentiell abhängen, und einen höheren, in dem die Stromträger sich wie freie Polaronen in einem idealen verunreinigungsfreien Kristall bewegen.

Bei nicht allzu hohen Temperaturen, bei denen die thermische Ionisation der Grundsubstanz noch unbedeutend ist, muß sich der größere Teil der Ladungsträger im unteren Teil des Spektrums befinden: ihre Konzentration hängt hier praktisch nicht von der Temperatur ab. Im oberen Teil des Spektrums dagegen befindet sich, da es oberhalb der Fermigrenze gelegen ist, nur ein geringer Teil der Ladungsträger, deren Konzentration exponentiell von der Temperatur abhängt (proportional $e^{-b/T}$ ist).

Die Beweglichkeit der Ladungsträger ist im oberen Teil des Spektrums größer als im unteren. Bei einer bestimmten Spenderkonzentration sind also die Rollen beider Teile des Spektrums bei der elektrischen Leitung vergleichbar. Die Temperaturabhängigkeit der Leitfähigkeit muß dann die Form

$$\sigma = A + B e^{-\frac{b}{T}} \tag{36.7}$$

haben. Das erste Glied stellt hierbei die Leitfähigkeit des unteren Teils, das zweite Glied die des oberen Teils des Spektrums dar.

Eine Abhängigkeit von der Form (36.7) wurde tatsächlich im Jahre 1934 von KURTSCHATOW, KOSTINA und RUSSINOW am Karborund (SiC) festgestellt [68]. Diese Forscher erklärten sie durch die Annahme, daß es zwei Leitfähigkeitsbänder gäbe: ein „Verunreinigungs"-Leitfähigkeitsband, in dem die Elektronenkonzentration temperaturunabhängig ist, und ein zweites gewöhnliches Band, in dem die Elektronenkonzentration exponentiell von der Temperatur abhängt. Hierzu muß gesagt werden, daß eine solche Deutung der Abhängigkeit (36.7) durch ein Modell mit zwei Bändern nicht eindeutig ist: im Fall 1, in dem sämtliche Bänder sich überdecken und ein gemeinsames Leitfähigkeitsband metallischen Typus entsteht, hat man ebenfalls eine Temperaturabhängigkeit der Leitfähigkeit von der Form (36.7) zu erwarten, sobald die thermische Ionisation einsetzt. Der überzeugendste Beweis für diese „Zwei-Bänder-Leitung" wäre eine Messung der Abhängigkeit der Größen A und B von der Spenderkonzentration, bei der sich zeigen müßte, daß A exponentiell mit wachsendem Abstand zwischen den Spendern abnimmt, während B von der Spenderkonzentration nur wenig abhängt.

3. Bei weiterer Verringerung der Spenderkonzentration verschwindet die Überdeckung ihrer Wellenfunktionen, die Breite der erlaubten Bänder im unteren Teil des Spektrums geht gegen Null und die entsprechenden effektiven Massen gegen Unendlich. Eine Bewegung der Ladungsträger in diesen Bändern wird unmöglich. Im oberen Teil des Spektrums dagegen gehen keine wesentlichen Änderungen vor sich.

In diesem Fall ist der Kristall nicht mehr ein Halbleiter vom metallischen, sondern nur noch vom gewöhnlichen Spendertyp. Beim absoluten Nullpunkt der Temperatur befinden sich alle Elektronen im unteren Teil des Spektrums, d. h. sind an die Spenderatome gebunden. In diesem Fall gibt es hier keine elektrische Leitung. Bei einer Erwärmung des Kristalls wird ein kleiner Teil der Elektronen in den oberen Teil des Spektrums gehoben, wo sie sich als Polaronen mit der effektiven Masse M frei durch den Kristall bewegen können. Die Konzentration der Leitungspolaronen hängt, wie im § 29 gezeigt, exponentiell von der Temperatur ab.

Wir müssen betonen, daß in Halbleitern von der Art des Bleisulfids, bei denen die halbe thermische Dissoziationsenergie des Spenders kleiner als $\hbar\omega$ ist, die Beweglichkeit sich schneller mit der Temperatur ändert als die Konzentration der Ladungsträger. In diesem Fall wird die Leitfähigkeit des Halbleiters bei Abkühlung des Kristalls trotzdem zunehmen. Erst bei ganz tiefen Temperaturen, bei denen die Streuung der Polaronen durch die thermischen Schwingungen unbedeutend wird und die Beweglichkeit durch den temperaturunabhängigen

„Restwiderstand" bestimmt wird, beginnt die Leitfähigkeit, nachdem sie durch ein Maximum gegangen ist, bei weiterer Abkühlung abzunehmen.

Mit Abnahme der Spenderkonzentration verringert sich die Überdeckung zuerst bei den ψ-Funktionen der tiefsten Terme der F'-Zentren, bei denen die effektiven Radien am kleinsten sind, dann erst tritt dies auch für die ψ-Funktionen der höheren Bänder des unteren Teils des Spektrums ein. Dabei hört die elektrische Leitung nach und nach für immer höher gelegene Bänder des unteren Teils des Spektrums auf, um sich im Grenzfall bei ganz kleinen Verunreinigungskonzentrationen ganz auf den oberen Teil des Spektrums zu beschränken. Das muß sich im Experiment als ein „Anwachsen der thermischen Dissoziationsenergie" des Halbleiters mit abnehmender Spenderkonzentration auswirken. Ein solches Anwachsen läßt sich in der Tat bei vielen Fremdhalbleitern mit geringer thermischer Dissoziationsenergie beobachten.

Es gibt in der Literatur Hinweise darauf, daß sich jeder Fremdhalbleiter mit wachsender Verunreinigungskonzentration in einen Halbleiter von metallischem Typ verwandelt [32] (falls die Verunreinigung nicht zu einem Kolloid koaguliert). Das experimentelle Material ist jedoch nicht umfassend genug, um endgültige Schlüsse zuzulassen. Zum Zwecke einer vollständigen Prüfung der Theorie müßte man die Temperaturabhängigkeit der Leitfähigkeit bis zu den tiefsten Temperaturen und ihre Abhängigkeit von der Spenderkonzentration in einem großen Konzentrationsgebiet experimentell untersuchen. Für diese Halbleiter müssen auf unabhängige Weise die Parameter der Theorie ε, n, μ und ω bestimmt werden.

§ 37. *Schluß*

Die oben entwickelte Theorie enthält die vier Parameter ε, n, ω und μ. Die ersten drei sind für die meisten betrachteten Kristalle wohlbekannt. Sie lassen sich unmittelbar unabhängig von den oben behandelten Erscheinungen messen. Der einzige unbekannte Parameter ist die effektive Masse μ des Elektrons. Sie wurde in § 31 dadurch bestimmt, daß man die Abszisse des Maximums der F-Absorptionsbande Ω_{max} mit dem entsprechenden experimentellen Wert zur Deckung brachte. Danach enthält die Theorie keine unbekannten Parameter mehr, und sämtliche anschließenden Berechnungen einer Reihe physikalischer Eigenschaften der Kristalle führen zu konkreten zahlenmäßigen Ergebnissen. Ihr Vergleich mit dem Experiment war der Prüfstein für die Theorie.

So wurden die thermischen Dissoziationsenergien der F'-Zentren in 10 Ionenkristallen (Tabelle 31.1) berechnet; sie standen in guter Übereinstimmung mit dem Experiment. Es wurde eine quantitative Erklärung für die experimentell zu beobachtende verhältnismäßig große Energie Ω_{max} der optischen Anregung des F-Zentrums gegenüber der thermischen Dissoziationsenergie gegeben.

Die berechneten Werte für die Oszillatorenstärken, die der Absorption der F-Zentren für NaCl und KCl entsprechen, stimmen innerhalb der experimentellen Fehlergrenzen mit der Erfahrung überein (§ 25). Die berechneten Werte für die Halbwertsbreiten der F-Absorptionsbanden stimmen für fünf behandelte

Kristalle mit dem Experiment überein (Tabelle 32.1). Die Temperaturabhängigkeit dieser Halbwertsbreiten steht ebenfalls in dem großen Temperaturintervall von fast 0° K bis 873° K im Einklang mit dem Experiment. Die Theorie deutet die typische Form der *F*-Absorptionsbanden, ihre Deformation bei einer Temperaturänderung bei hohen Temperaturen und ihre Temperaturunabhängigkeit bei tiefen Temperaturen (§ 32).

Die Theorie führt zu einem richtigen Wert des Rekombinationskoeffizienten der Polaronen mit den *F*-Zentren unter Bildung eines *F'*-Zentrums. Die berechneten Werte für die mittleren Verschiebungen der Polaronen in verfärbten KCl- und NaCl-Kristallen stimmen mit dem Experiment überein (Abbildungen 34.1, 34.2, 34.3). Die Theorie liefert die Existenzbedingung für *F'*-Zentren im Kristall (§ 26). In den Alkalihalogenidkristallen ist diese Bedingung erfüllt, und man beobachtet in ihnen in der Tat *F'*-Zentren. Die Theorie erklärt die Temperaturabhängigkeit der Quantenausbeute der Photoionisation von *F*- und *F'*-Zentren. Insbesondere erklärt sie, weshalb bei starker Abkühlung der Kristalle die Quantenausbeute der Photoionisation bei den *F*-Zentren gegen Null, dagegen bei den *F'*-Zentren gegen Eins geht (§ 35).

Die Abschätzung der Parameter der Theorie im Bleisulfid zeigt, daß infolge der anomalen Werte der Parameter die ψ-Funktionen der Elektronen in Donatortermen sich schon bei Donatorkonzentrationen von der Größenordnung 10^{18} cm^{-3} stark überdecken. Dies führt zu einer qualitativen Erklärung der metallischen Leitfähigkeit, die man beim PbS mit Bleiüberschuß beobachtet.

Die berechneten Werte für die Polaronenbeweglichkeit stimmen größenordnungsmäßig mit den gemessenen Beweglichkeiten der Ladungsträger in Halbleitern überein. Im Fall tiefer Temperaturen wurde experimentell eine Temperaturabhängigkeit der Beweglichkeit bestimmt, die qualitativ mit der aus der Theorie folgenden übereinstimmt.

Die gute Übereinstimmung zwischen Theorie und Experiment bestätigt die Berechtigung der theoretischen Annahmen. Sie zeigte, daß die vorgeschlagene Theorie trotz der Vereinfachungen und Idealisierungen, die sie enthält, die Hauptzüge des Problems richtig wiedergibt und einen großen Komplex elektrischer, photoelektrischer und optischer Eigenschaften der Kristalle unter einem einheitlichen Gesichtspunkt erklärt. In vielen Fällen führt die Theorie zu quantitativen Ergebnissen, die mit dem Experiment gut übereinstimmen. Diese Tatsache erlaubt Rückschlüsse auf die Genauigkeit, die der oben entwickelte mathematische Apparat zuläßt.

Man muß jedoch zugeben, daß der Vergleich der vorgeschlagenen Mikrotheorie mit dem Experiment sich noch in seinen Anfangsstadien befindet. Eine weitaus größere Anzahl von Kristallen und ein größerer Kreis von Erscheinungen sind in Betracht zu ziehen. Dies wird gegenwärtig dadurch erschwert, daß einerseits erst wenige Kristalle allseitig experimentell untersucht sind (es gelang erst für 10 Kristalle, die Parameter der Theorie zu bestimmen), und andererseits dadurch, daß die Anwendungen der Theorie auf zahlreiche beobachtete Erscheinungen ungenügend ausgearbeitet sind.

Diese Bemerkungen gelten nicht nur für die Mikrotheorie, die in diesem Buch entwickelt wurde, sondern in noch höherem Maße für die gewöhnliche Bänder-Mikro-Theorie, bei der sich die Arbeit der Theoretiker bisher hauptsächlich auf die Berechnung der Energiebänder und der Elektronenbeweglichkeit beschränkt hat. Die Elektronenbeweglichkeit in Ionenkristallen wurde von FRÖHLICH und MOTT [14] berechnet. Sie ergab sich als abhängig von der effektiven Masse μ des Elektrons. Offenbar haben die erwähnten Autoren keinen zuverlässigen Weg zur unabhängigen Bestimmung von μ gefunden, wodurch der Vergleich der berechneten Beweglichkeiten mit dem Experiment erschwert wird.

Die oben behandelten Anwendungen der Theorie auf konkrete Kristalle und Erscheinungen erschöpfen die Möglichkeiten der Theorie bei weitem nicht. Gegenwärtig liegen die Ergebnisse der Anwendung der Theorie auf die Erscheinungen der Lumineszenz und der Eigenabsorption in Ionenkristallen, auf die optischen Eigenschaften im flüssigen Dielektrikum gelöster Atome und auf viele andere Erscheinungen vor. Auch die Bewegung der Polaronen im flüssigen Dielektrikum wurde behandelt (A. S. DAWYDOW [70]).

Es wurden auch Versuche zur Verfeinerung der Theorie durch eine Verallgemeinerung und Vervollkommnung der Methode der effektiven Masse des Elektrons und durch eine genaue Behandlung der inhomogenen Polarisation des Kristalls unter Berücksichtigung seiner Ionenstruktur unternommen (K. P. TOLPYGO [46, 48]). Diese Verfeinerungen haben besonders in Kristallen eine große Bedeutung, in denen der Radius des Polarons klein gegenüber der Gitterkonstante ist.

ANHANG

Versuch zur Behandlung der Polaronen unter der Voraussetzung schwacher Wechselwirkung des Elektrons mit den Polarisationsschwingungen

Unter den Erwiderungen auf die Veröffentlichungen des Verfassers über Polaronentheorie erschien im Jahre 1950 eine Arbeit von FRÖHLICH, PELZER und ZIENAU unter dem Titel: „Eigenschaften langsamer Elektronen in polaren Substanzen" [72]. In dieser Arbeit wurden die Polaronen mit Hilfe einer anderen mathematischen Näherung behandelt, der eine Ungleichung zugrunde liegt, die das Gegenteil der Adiabasiebedingung (7.2), (7.3) darstellt; es wird also der entgegengesetzte Grenzfall behandelt. Einige der gewonnenen Ergebnisse stimmen qualitativ mit den Ergebnissen der Paragraphen 16 und 17 überein: das Leitungselektron kann sich, umgeben von einer örtlichen, trägen Polarisation, frei durch den Kristall bewegen; die thermischen Ionenschwingungen führen zu einer Streuung der Polaronen. Andere Ergebnisse unterscheiden sich selbst qualitativ von den in dieser Monographie dargelegten. So hat z. B. die ψ-Funktion des Systems einen ganz anderen Charakter, die Masse der Ladungsträger stimmt fast überein mit der effektiven Masse μ des Elektrons usw. Die quantitativen Ergebnisse sind völlig verschieden von der in dieser Monographie dargelegten, was auch ganz natürlich ist.

In der erwähnten Arbeit wird die Schlußfolgerung gezogen, daß sich das Polaron als Ganzes durch den Kristall bewegen kann, und diese Schlußfolgerung wird den Ergebnissen der in der UdSSR durchgeführten Arbeiten gegenübergestellt, in denen angeblich das Polaron als unbeweglich angenommen wird. In Wirklichkeit wurde bereits in der ersten Arbeit des Verfassers über die Polaronentheorie, die im Jahre 1946 veröffentlicht wurde [12], darauf hingewiesen, daß sich das Polaron in einem äußeren elektrischen Feld bewegen muß; in den darauffolgenden Arbeiten aus den Jahren 1947 [15] und 1948 [17, 18] wurde das Polaron als wichtigster Ladungsträger angesehen.

Die polemische Bemerkung von FRÖHLICH, PELZER und ZIENAU, die im Jahre 1950 ausgesprochen wurde, beruht also auf einem Mißverständnis.

Wir gehen nun zur Betrachtung der Hauptpunkte der erwähnten Arbeit über. Die Verfasser gehen aus von der HAMILTON-Funktion (12.18). Man kann sie folgendermaßen schreiben:

$$\boldsymbol{H} = -\frac{\hbar^2}{2\mu}\Delta + \frac{1}{2}\sum_{\mathfrak{w}} \hbar\,\omega\left(q_{\mathfrak{w}}^2 - \frac{\partial^2}{\partial q_{\mathfrak{w}}^2}\right) + \boldsymbol{H}', \tag{A. 1}$$

wobei

$$H' = e\int \frac{(\mathfrak{r}-\mathfrak{r}_1)\,\mathfrak{P}(\mathfrak{r}_1)}{|\mathfrak{r}-\mathfrak{r}_1|^3}\,d\tau_1 = -e\sqrt{4\pi\,\hbar\,\omega\,c}\sum_{\mathfrak{w}}\frac{q_{\mathfrak{w}}}{|\mathfrak{w}|}\chi_{-\mathfrak{w}}(\mathfrak{r}) \tag{A. 2}$$

ist. Dann wird nach den Methoden der üblichen Bändertheorie das Glied H' als kleine Störung angesehen (was in dieser Monographie nicht geschieht). In nullter Näherung wird H' weggelassen; die Eigenfunktionen des Energieoperators haben dann die Form

$$\Psi_0(\mathfrak{k}, \ldots, n_{\mathfrak{w}}, \ldots) = \frac{1}{L^{3/2}} e^{i\mathfrak{k}\mathfrak{r}} \prod_{\mathfrak{w}} \Phi_{n_{\mathfrak{w}}}(q_{\mathfrak{w}}), \tag{A. 3}$$

wobei $\Phi_{n\mathfrak{w}}$ die Eigenfunktionen der Gleichung für den harmonischen Oszillator sind, welche die Form (14.17) haben. Das Energiespektrum des Systems wird in nullter Näherung durch die Formel

$$E_0(\mathfrak{k}, \ldots, n_{\mathfrak{w}}, \ldots) = \frac{\hbar^2 \mathfrak{k}^2}{2\mu} + \sum_{\mathfrak{w}} \hbar\,\omega \left(n_{\mathfrak{w}} + \frac{1}{2}\right) \tag{A. 4}$$

gegeben. Nun wird das Glied H' als kleine Störung eingeführt. Die Störungsmatrix hat die Form

$$|H'_{\mathfrak{k}', \ldots, n'_{\mathfrak{w}}; \mathfrak{k}, \ldots, n_{\mathfrak{w}}, \ldots}| = \frac{e}{\mathfrak{w}} \sqrt{\frac{\pi\,\hbar\,\omega\,c}{L^3}} \cdot \begin{cases} (n_{\mathfrak{w}} + 1)^{1/2} & \text{für} \quad n'_{\mathfrak{w}} = n_{\mathfrak{w}} + 1, \\ n_{\mathfrak{w}}^{1/2} & \text{für} \quad n'_{\mathfrak{w}} = n_{\mathfrak{w}} - 1. \end{cases} \tag{A. 5}$$

Ihre Elemente sind nur dann von Null verschieden, wenn gilt

$$\mathfrak{k}' - \mathfrak{k} = \pm \mathfrak{w} \tag{A. 6}$$

und

$$\left. \begin{aligned} n'_{\mathfrak{w}_1} &= n_{\mathfrak{w}_1} \quad \text{bei} \quad |\mathfrak{w}_1| \neq |\mathfrak{w}|, \\ n'_{\mathfrak{w}} &= n_{\mathfrak{w}} \pm 1. \end{aligned} \right\} \tag{A. 7}$$

Ohne uns näher auf die Rechtfertigung der Anwendung der Störungstheorie auf das vorliegende Problem, bei dem das Energiespektrum kontinuierlich ist, einzulassen, sehen wir, daß man sich zumindest auf die Fälle beschränken muß, in denen die Rechnung nicht zu uneigentlichen Integralen führt. Diese treten nur bei der Behandlung der Störung solcher Zustände des Systems nicht auf, bei denen gilt

$$n_{\mathfrak{w}} = 0 \quad \text{und} \quad \frac{\hbar^2 \mathfrak{k}^2}{2\mu} < \hbar\,\omega \tag{A. 8}$$

ist. Führen wir die Bezeichnungen

$$E_0(\mathfrak{k}) = \frac{\hbar^2 \mathfrak{k}^2}{2\mu}, \quad E_0(\mathfrak{k}, \mathfrak{w}) = \frac{\hbar^2 (\mathfrak{k} - \mathfrak{w})^2}{2\mu} + \hbar\,\omega, \quad \frac{\hbar^2 u^2}{2\mu} = \hbar\,\omega \tag{A. 9}$$

ein und lassen im folgenden die Energie der Nullpunktsschwingungen der Ionen fort, so können wir die Energie des Systems in zweiter Näherung in der Form

$$\begin{aligned} E(\mathfrak{k}) &= E_0(\mathfrak{k}) - 2 \sum_{\mathfrak{w}} \frac{|H'_{\mathfrak{w}}|^2}{E_0(\mathfrak{k}, \mathfrak{w}) - E_0(\mathfrak{k})} \\ &= \frac{\hbar^2 \mathfrak{k}^2}{2\mu} - \frac{4\mu\, e^2 \pi\,\omega\,c}{L^3 \hbar} \sum_{\mathfrak{w}} \frac{1}{\mathfrak{w}^2[(\mathfrak{k} - \mathfrak{w})^2 + u^2 - k^2]} \end{aligned} \tag{A. 10}$$

schreiben. Die Wellenfunktion des Systems hat in erster Näherung die Form

$$\Psi(\mathfrak{k}) = \Psi_0(\mathfrak{k}; 0, 0, \ldots) + \sum_{\mathfrak{w}} C_{\mathfrak{w}} \Psi_0(\mathfrak{k} - \mathfrak{w}; 0, 0, \ldots, 1_{\mathfrak{w}}, \ldots, 0, \ldots) \tag{A. 11}$$

mit

$$C_{\mathfrak{w}} = -\frac{2\mu i e\sqrt{2\hbar\,\omega\,\pi\,c}}{\hbar^2 L^{3/2}\mathfrak{w}[(\mathfrak{k}-\mathfrak{w})^2+u^2-\mathfrak{k}^2]}. \tag{A. 12}$$

Die Autoren der erwähnten Arbeit benutzen die Ergebnisse der Störungstheorie nur zu einer vorläufigen Orientierung und versuchen mit Hilfe einer direkten Variationsmethode zu genaueren Ergebnissen zu gelangen. Die ψ-Funktion des Systems wird durch den Ausdruck (A.11) approximiert, wobei die Koeffizienten $C_{\mathfrak{w}}$ die Parameter der Näherung sind und sich aus der Minimumbedingung für das Funktional

$$Q[\Psi] = \frac{\int \Psi^* H \Psi\, d\tau\, dq}{\int \Psi^* \Psi\, d\tau\, dq} \tag{A. 13}$$

bestimmen lassen.

Die Energie des Systems wird als Minimum von $Q[\psi]$ berechnet. Man erhält

$$\begin{aligned} E(\mathfrak{k}) &= E_0(\mathfrak{k}) - 2\sum_{\mathfrak{w}} \frac{|H'_{\mathfrak{w}}|^2}{E_0(\mathfrak{k},\mathfrak{w}) - E(\mathfrak{k})} \\ &= \frac{\hbar^2 k^2}{2\mu} - \frac{4\mu e^2 \pi\,\omega\,c}{L^3 \hbar} \sum_{\mathfrak{w}} \frac{1}{\mathfrak{w}^2\left[(\mathfrak{k}-\mathfrak{w})^2 + u^2 - \frac{2\mu}{\hbar^2}E(\mathfrak{k})\right]}. \end{aligned} \tag{A. 14}$$

Dieser Ausdruck geht in den entsprechenden Ausdruck der Störungstheorie (A.10) über, wenn die Störenergie hinreichend klein ist.

Zur Auflösung der Gleichung (A.14) nach $E(\mathfrak{k})$ führt man zweckmäßigerweise folgende dimensionslose Variablen ein:

$$x = \frac{k}{u}, \qquad \alpha = \frac{c}{2}\,\frac{e^2 u}{\hbar\,\omega}, \qquad y = \frac{E_0(\mathfrak{k}) - E(\mathfrak{k})}{\hbar\,\omega}. \tag{A. 15}$$

Die Energie des Systems läßt sich dabei folgendermaßen darstellen:

$$E(\mathfrak{k}) = \hbar\,\omega(x^2 - y). \tag{A. 16}$$

Setzt man die dimensionslosen Variablen in Formel (A.14) ein und ersetzt die Summation durch eine Integration, so erhält man

$$y = \frac{\alpha u}{2\pi^2}\int_0^\infty dx \iint \frac{d\Omega}{(\mathfrak{k}-\mathfrak{w})^2 + u^2(1+y) - \mathfrak{k}^2} = \frac{\alpha}{x}\arcsin\frac{x}{(1+y)^{1/2}}. \tag{A. 17}$$

Der Ungleichung (A.8) entspricht $x^2 < 1$. In diesem Fall hat der Nenner des Ausdrucks unter dem Integral keine Nullstellen.

Die Gleichung (A.17) kann man bequemer schreiben:

$$\frac{x}{(1+y)^{1/2}} = \sin\frac{x\,y}{\alpha}. \tag{A. 18}$$

In dem Zustand mit der geringsten Energie ist $\mathfrak{k} = 0$, also $x = 0$. In diesem Fall geht (A.18) über in

$$y_0(1 + y_0)^{1/2} = \alpha. \tag{A. 19}$$

Ist hier $\alpha \ll 1$, so ergibt sich $y_0 \cong \alpha$, was dem Grenzfall kleiner Wechselwirkung entspricht und mit den Ergebnissen der Störungsrechnung übereinstimmt.

Wir gehen nunmehr zum Vergleich der Ergebnisse von Fröhlich, Pelzer und Zienau mit den unseren über und untersuchen, wann welche der beiden Rechenmethoden den Vorzug hat. In der vorliegenden Monographie wurde die Energie des Grundzustandes des Systems auf zwei Wegen bestimmt. Die direkte Variationsmethode lieferte in § 14 einen groben Näherungswert für die Energie. Er wird gegeben durch Formel (14.25):

$$J[\psi_0] = -0{,}544 \frac{\mu e^4}{\hbar^2} c^2 = -0{,}109 \alpha^2 \hbar \omega. \qquad (A.20)$$

Hier ist α der durch Formel (A. 15) eingeführte Parameter. Die zweite, genauere Rechnung in § 16 führte zur Formel (16.20). Die Energie des Grundzustandes des Systems betrug in diesem Fall unter Ausschluß der Energie der Nullpunktsschwingungen der Ionen:

$$J[\psi_0] - \frac{3}{2} \hbar \omega \qquad (A.21)$$
$$= -\left(0{,}109 \alpha^2 + \frac{3}{2}\right) \hbar \omega.$$

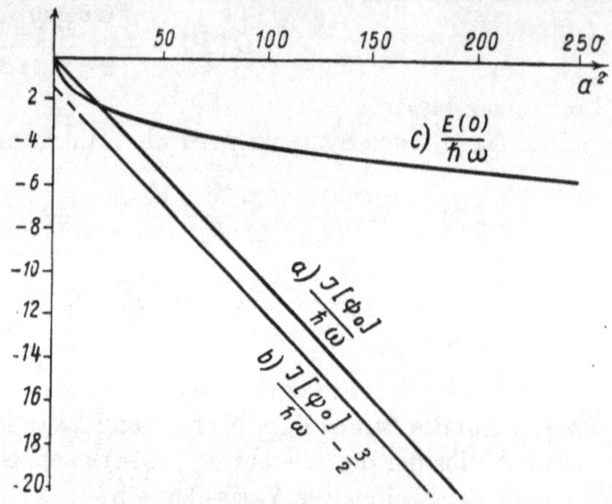

Abb. A. 1

In Abb. A. 1 sind die Werte für die Energie des Grundzustandes in der Einheit $\hbar \omega$ in Abhängigkeit von dem Parameter α dargestellt. Die Kurve a) gibt Formel (A. 20), die Kurve b) Formel (A. 21) und die Kurve c) die Formel (A. 19) wieder. Vergleicht man die mit Hilfe der direkten Variationsmethoden gewonnenen Energiewerte, so hat man derjenigen den Vorzug zu geben, die zu dem tiefsten Energiewert führt.

Aus der Abbildung ist ersichtlich, daß die Methode von Fröhlich, Pelzer und Zienau im Fall

$$\frac{|J[\psi_0]|}{\hbar \omega} < 1 \qquad (A.22)$$

vorteilhafter ist, d. h. eben dann, wenn die Adiabasiebedingung (7.2) und (7.3), die unserer Methode zugrundeliegt, verletzt ist. In realen Ionenkristallen kommt dies selten vor.

Unsere Methode ist im Fall

$$\frac{J[\psi_0]}{\hbar \omega} > 1 \qquad (A.23)$$

vorteilhafter, der bei den meisten Kristallen und insbesondere bei allen in Kapitel VI behandelten Kristallen (möglicherweise mit Ausnahme des PbS) vorliegt. Dies ergibt sich aus der folgenden Tabelle.

Tabelle A. 1

	NaCl	KCl	KBr	KJ	Cu_2O
c	0,275	0,251	0,217	0,185	0,139
μ/m	2,78	1,85	1,87	2,11	1,81
$\lvert J[\psi_0]\rvert = 1{,}47 \frac{\mu}{m} c^2$ [eV]	0,270	0,172	0,129	0,106	0,0513
$\hbar\omega$ [eV]	0,0322	0,0262	0,02	0,017	0,0313
$\lvert J[\psi_0]\rvert/\hbar\omega$	8,39	6,56	6,45	6,24	1,64
$\alpha^2 = 9{,}18 \frac{\lvert J[\psi_0]\rvert}{\hbar\omega}$	77	60,3	59,3	57,3	15,9

In dem Zwischenbereich, in dem

$$\frac{|J[\psi_0]|}{\hbar\omega} \sim 1 \tag{A. 24}$$

ist, liefern offenbar beide Methoden nur qualitative Ergebnisse.

Wir überlegen jetzt, in welchen Fällen man die Wechselwirkung des Leitungselektrons mit den Polarisationsschwingungen der Ionen als kleine Störung auffassen kann, wie das in der üblichen Bändertheorie geschieht. Wie FRÖHLICH, PELZER und ZIENAU zeigten, muß dazu $\alpha \ll 1$ sein, also nach Formel (A. 20)

$$\frac{|J[\psi_0]|}{\hbar\omega} \ll 0{,}1\,. \tag{A. 25}$$

Es gibt kaum Kristalle, für die diese Bedingung erfüllt ist.

LITERATUR

[1] D. I. Blochinzew u. B. I. Dawydow: (Д. И. Блохинцев и Б. И. Давыдов, ДАН СССР.) Ber. Ak. Wiss. UdSSR **20**, 279, 1938.

[2] S. I. Pekar: (С. И. Пекар, ЖЭТФ.) Z. exp. u. theor. Phys. **9**, 534, 1939.

[3] N. F. Mott, Proc. Roy. Soc. (A) **171**, 27, 1939.

[4] B. I. Dawydow: (Б. И. Давыдов, ЖЭТФ.) Z. exp. u. theor. Phys. **10**, 1342, 1940. — N. F. Mott, Proc. Cambr. Phil. Soc. **34**, 568, 1938. — S. I. Pekar: (С. И. Пекар, ЖЭТФ.) Z. exp. u. theor. Phys. **10**, 1210, 1940. — S. I. Pekar: (С. И. Пекар, ИАН СССР.) (сер. физ.) Nachr. Ak. Wiss. UdSSR (Serie Physik) **5**, 422. 1941. — Schottky u. Spenke: Wissenschaftliche Veröffentlichungen aus den Siemens-Werken **18**, 1939.

[5] S. M. Rywkin: (С. М. Рывкин, ЖЭТФ.) Z. theor. Phys. **18**, 1521, 1948. — ДАМ СССР, Ber. Ak. Wiss. **68**, 487, 1949. — ЖЭТФ, Z. exp. u. theor. Phys. **20**, 139. 1950. — W. P. Shuse u. S. M. Rywkin: (В. П. Жузе и С. М. Рывкин, ДАН СССР.) Ber. Ak. Wiss. **68**, 673, 1949. — ЖЭТФ, Z. exp. u. theor. Phys. **20**, 152, 1950. — W. J. Laschkarjow: (В. Е. Лашкарёв, ЖЭТФ.) Z. exp. u. theor. Phys. **18**, 962, 1948; **19**, 876, 1949. — K. B. Tolpygo: (К. Б. Толпыго «Труды VII Совещания по свойствам полупроводников», Изл. АН СССР.) Arbeiten der 7. Konferenz über Eigenschaften der Halbleiter. Verl. Ak. Wiss. 1951.

[6] L. D. Landau: (Л. Д. Ландау.) Sow. Phys. **3**, 664, 1933. — J. I. Frenkel: (Я. И. Френкель.) Sow. Phys. **9**, 158, 1936. — D. I. Blochinzew: (Д. И. Блохинцев, ЖЭТФ.) Z. exp. u. theor. Phys. **6**, 1053, 1936.

[7] M. Born: Z. Phys. **40**, 167, 1926. — E. Fermi u. F. Persico: Rend. Lincei (6) **4**, 452, 1926. — M. Born u. V. Fock: Z. Phys. **51**, 165, 1928. — P. Güttinger: Z. Phys. **73**, 169, 1931.

[8] F. Bloch: Z. Phys. **52**, 555, 1929. — R. Peierls: Ann. Phys. **4**, 123, 1930; **5**, 244, 1930. — R. de L. Kronig und W. C. Penney: Proc. Roy. Soc (A.) **130**, 499, 1931.

[9] J. I. Frenkel: (Я. И. Френкель.) Phys. Rev, **37**, 17, 1931; **37**, 1276, 1931; R. Peierls, Ann. Phys. **13**, 905, 1932.

[10] S. I. Pekar: (С. И. Пекар, ЖЭТФ.) Z. exp. u. theor. Phys. **18**, 525, 1948.

[11] S. I. Pekar: (С. И. Пекар, ЖЭТФ.) Z. exp. u. theor. Phys. **16**, 933, 1946.

[12] S. I. Pekar: (С. И. Пекар, ЖЭТФ.) Z. exp. u. theor. Phys. **16**, 341, 1946.

[13] S. I. Pekar: (С. И. Пекар, ЖЭТФ.) Z. exp. u. theor. Phys. **16**, 335, 1946.

[14] N. F. Mott u. R. W. Gurney: (Н. Ф. Мотт и Р. В. Герни.) Electronic Processes in Ionic crystals. Oxford, Clarendon Press 1948.

[15] S. I. Pekar: (С. И. Пекар, ЖЭТФ.) Z. exp. u. theor. Phys. **17**, 868, 1947.

[16] S. I. Pekar u. M. F. Deigen: (С. И. Пекар и М. Ф. Дейген, ЖЭТФ.) Z. exp. u. theor. Phys. **18**, 481, 1948.

[17] S. I. Pekar: (С. И. Пекар, ЖЭТФ.) Z. exp. u. theor. Phys. **18**, 105, 1948.

[18] L. D. Landau u. S. I. Pekar: (Л. Д. Ландау и С. И. Пекар, ЖЭТФ.) Z. exp. u. theor. Phys. **18**, 419 1948.

[19] Landolt-Börnstein: Phys. Chem. Tabellen III Ergänz.-Band, S. 1471.

[20] Evans: Phys. Rev. **57**, 47, 1940.

[21] Siehe z. B. Born u. Göppert-Meyer: Борн и Гепперт-Мейер.) Handb. d. Phys. **24**, II.

[22] S. I. Pekar: (С. И. Пекар, ЖЭТФ.) Z. exp. u. theor. Phys. **19**, 796, 1949.

[23] D. R. Hartree: Proc. Cambr. Phil. Soc. **24**, 89, 1928.

[24] W. Fock: (В. Фок.) Z. Phys. **61**, 126, 1930.

[25] N. F. Mott: Proc. Roy. Soc. **167**, 384, 1938.

[26] A. S. Dawydow: (А. С. Давыдов, ЖЭТФ.) Z. exp. u. theor. Phys. **19**, 168, 1949.

[27] J. J. PERLIN: (Ю. Е. Перлин, ЖЭТФ.) Z. exp. u. theor. Phys. **21**, 547, 1951.
[28] G. BETHE u. A. SOMMERFELD: (Г. Бете и А. Зоммерфелд.) Электронная теория металлов, Handb. d. Physik. **24**, II.
[29] I. J. TAMM: (И. Е. Тамм.) Sow. Phys. **1**, 733, 1932; Z. Phys. **76**, 849, 1932. — SSOKOLOW u. MACHALOWA; (Соколов и Махалова.) Z. Phys. **99**, 503, 1936.
[30] W. C. ROENTGEN u. A. F. JOFFÉ: Ann Phys. **64**, 1, 1921.
[31] S. A. ARZYZBYSCHEW: (С. А. Арцыбышев, Труды ФИАН.) Arbeiten des Phys.-Inst. Ak. Wiss. Band I, Heft 3, 5, 1938.
[32] F. F. WOLKENSTEIN: (Ф. Ф. Волькенштейн.) Электропроводность полупроводников, Elektrische Leitung der Halbleiter. Staatl.-Techn.-Verl. 1947.
[33] P. S. TARTAKOWSKI: (П. С. Тартаковский.) Внутренний фотоэффект в диэлектриках, Der innere Photoeffekt im Dielektrikum. Staatl.-Techn.-Verl. 1940.
[34] A. L. JUS: (А. Л. Юз, Усп, физ. наук.) Fortschr. Phys. Wiss. **17**, 55, 1937.
[35] F. SEITZ: Rev. Mod. Phys. **18**, 384, 1946.
[36] R. HILSCH u. R. POHL: Gött. Nachr. **11**, 46, 1933.
[37] MOLLWO: Gött. Nachr. **79**, 6, 1934.
[38] S. I. PEKAR: (С. И. Пекар, ЖЭТФ.) Z. exp. u. theor. Phys. **20**, 510, 1950.
[39] J. M. NUTTAL: Phys. Rev. **31**, 742, 1928.
[40] G. KLEINSCHROD: Ann. Phys. **27**, 97, 1936.
[41] M. F. DEIGEN: (М. Ф. Дейген, ЖЭТФ.) Z. exp. u. theor. Phys. **18**, 818, 1948.
[42] S. I. PEKAR u. O. F. TOMASSEWITSCH: С. И. Пекар и О. Ф. Томасевич, ЖЭТФ.) Z. exp. u. theor. Phys. **21**, 1951.
[43] G. J. SILBERMAN: (Г. Е. Сильберман, ЖЭТФ.) Z. exp. u. theor. Phys. **19**, 135, 1949.
[44] Siehe z. B. B. I. BLOCHINZEW: (Д. И. Блохинцев.) Основы квантовой мехапики, Deutsch. Verl. d. Wiss. Berlin 1953.
[45] E. RASCHBA: (З. Рашба, Студ. науч. работы Киевского гос. университета.) X, Wiss. Arb. d. Kiewer Staatl. Univ. **10**, 81, 1950.
[46] K. B. TOLPYGO: (К. Б. Тольпыго, ЖЭТФ.) Z. exp. u. theor. Phys. **21**, 1951.
[47] N. N. BOGOLJUBOW: (Н. Н. Боголюбов, Украниский математический журнал.) Ukrain. math. Z. Band II, Nr. 2/3, 1950.
[48] K. B. TOLPYGO: (К. Б. Токпыго, ЖЭТФ.) Z. exp. u. theor. Phys. **20**, 497, 1950.
[49] BARNES: Z. Phys. **75**, 723, 1932.
[50] B. GUDDEN u. P. HENNINGER: Z. Phys. **125**, 757, 1949.
[51] A. SMAKULA: Gött. Nachr. **1**, 55, 1934.
[52] SCHÖNWALD: Ann. Phys. **15**, 395, 1932.
[53] DSHULAJ: (Джулай.) Z. Phys. **32**, 103, 1925. — A. N. ARSSENJEWA: (А. Н. Арсеньева.) Z. Phys. **37**, 701, 1926.
[54] E. ENGELGARD: Ann. Phys. **17**, 501, 1933.
[55] R. W. POHL: Proc. Roy. Soc. **49** (extra part), 3, 1937.
[56] G. I. SKANAWI: (Г. И. Сканави, Физика диэлектриков.) Physik der Dielektrika. Staatl.-Techn.-Verl. 1949.
[57] S. I. PEKAR: (С. И. Пекар, ЖЭТФ.) Z. exp. u. theor. Phys. **20**, 267, 1950.
[58] S. I. PEKAR u. M. F. DEIGEN: (С. И. Пекар и М. Ф. Дейген, ЖЭТФ.) Z. exp. u. theor. Phys. **21**, 7, 1951.
[59] S. I. PEKAR u. J. J. PERLIN: (С. И. Пекар и Ю. Е. Перлин, ЖЭТФ:) Z. exp. u. theor. Phys. **20**, 271, 1950.
[60] H. PICK: Ann. Phys. **31**, 365, 1938.
[61] J. A. PERLIN: (Ю. А. Перлин, ЖЭТФ.) Z. exp. u. theor. Phys. **20**, 274, 1950.
[62] G. GLASER: Gött. Nachr. **2**, 1937.
[63] O. F. TOMASSEWITSCH: (О. Ф. Томасевич, ЖЭТФ.) Z. exp. u. theor. Phys. **51**, 1951.
[64] G. J. SILBERMAN: (Г. Е. Зильберман, ЖЭТФ.) Z. exp. u. theor. Phys. **19**, 146, 1949.
[65] J. A. DUNAJEW u. J. P. MASLAKOWEZ: (Ю. А. Дунаев и Ю. П. Маслаковец, ЖЭТФ.) Z. exp. u. theor. Phys. **17**, 901, 1947.

[66] Landolt-Börnstein: Phys. Chem. Tabellen.
[67] B. I. Dawydow u. I. N. Schmuschkewitsch: (Б. И. Давыдов и И. М. Шмушкевич, Усп. физ. наук.) Fortschr. Phys. Wiss. **24**, 21, 1940.
[68] I. Kurtschatow, T. Kostina u. L. Russinow: (И. Курчатов, Т. Костина и Л. Русинов.) Sow. Phys. **7**, 129, 1935.
[69] F. Domanik: (Ф. Доманик.) Ann. Phys. **43**, 187, 1943.
[70] A. F. Dawydow: (А. С. Давыдов, ЖЭТФ.) Z. exp. u. theor. Phys. **18**, 913, 1948.
[71] I. I. Adirowitsch: (Э. И. Адирович, Труды ФИАН.) Arbeiten des Phys. Inst. Ak. d. Wiss., **5**, 1950.
[72] H. Fröhlich, H. Pelzer and S. Zienau: Phil. Mag. **41**, 221, 1950.
[73] S. W. Tjablikow: (С. В. Тябликов, ЖЭТФ.) Z. exp. u. theor. Phys. **21**, 377, 1951.

MIX
Papier | Fördert
gute Waldnutzung
FSC® C083411

Zeitfracht Medien GmbH
Ferdinand-Jühlke-Straße 7
99095 Erfurt, Deutschland
produktsicherheit@kolibri360.de